爆米花財務學

看電影學財務

張宮熊博士 著

「求你指教我們怎樣數算自己的日子，

好叫我們得著智慧的心」

……………………◎詩篇90篇第12節◎

序

從事財務相關領域教學近二十年。目前整理一些電影時，產生對財務學理可以貫通啓發的想法。並整理後用在教學上，教學效果頗受研究生與大學部同學之好評。因此整理成冊，以餉廣大讀者，讓一般讀者能在看電影的同時學習到簡單的財務學概念，取名爲『爆米花財務學』。

本書收錄十二篇文章：

以【命運交錯】探討效用與風險態度；以【寶貝計劃】探討風險與報酬；以【功夫】探討貨幣時間價值；以【奪寶大作戰】與【鬼計神偷】探討投資計劃，以上單元與投資計劃有關。以【芝加哥】探討融資決策；以【虛擬偶像】探討證券市場與效率市場，以上單元與融資計劃有關。以【雨人】探討代理問題；以【瞞天過海】與【偷天換日】探討公司治理問題；以【怒海爭鋒】探討平衡計分卡；以上單元與公司治理有關。以【神鬼奇航】探討創業投資。十二個單元基本上已涵蓋財務學的基本架構。此爲達成讓讀者「能在看電影的同時學習到簡單的財務學概念」的目的。也期盼原本對財務學懷抱著霧裡看花但有興趣的朋友，在學習財務學上能有個成功的開始。

『爆米花財務學』一書內容不但屬於原創性著作，亦可爲學術與藝術的結合之策略思考方向。謹以此書獻給想一窺財務學奥妙的朋友們。

張宮熊謹識於2009年盛夏

目 錄

1.效用與風險態度【命運交錯】................ 01

2.風險與報酬的權衡【寶貝計劃】.............. 19

3.貨幣時間價值的衡量【功夫】................ 69

4.投資計劃的評估【奪寶大作戰】..............111

5.投資計劃的評估【鬼計神偷】................149

6.融資決策的選擇【芝加哥】..................165

7.證券市場與市場效率性【虛擬偶像】..........187

8.代理問題的討論【雨人】....................207

9.公司治理問題的審視【瞞天過海】............219

10.公司治理問題的審視【偷天換日】...........235

11.平衡計分卡之應用【怒海爭鋒】.............255

12.創業投資的規劃【神鬼奇航】...............293

1.效用與風險態度【命運交錯】

【個案簡介】

在美國紐約市交通最繁忙的公路上發生一起交通事故，有一輛高級轎車輕微追撞另一輛平凡小車，通常這種小車禍並不會引起任何連鎖反應，但是這一次卻大大不同，這兩名陌生人卻因爲這一件小小的交通事故，成爲勢不兩立的仇敵，也改變了他們的風險態度與行爲。

蓋文貝納是一名年輕精明的律師，經過多年努力晉升上等社會階級。他似乎擁有許多人夢想的一切：美麗的妻子、豪華的賓士轎車和一艘遊艇。但是在他遇上一場看似平凡的車禍後，卻改變他的一生。

蓋文貝納所屬法律事務所讓他涉入一件在道德上有瑕疵的案件，他必須面對以往不曾遇過的道德難題。某一天在趕上法庭的途中，他開著車在壅塞的車陣中穿來穿去。而一個很普通的小老百姓杜威吉普森是那種你走在紐約街上絕對不會注意到的人，正前往法院爭取小孩的探視權，他在另一個車道上。假若他遲到，鐵面無私的法官絕不容情。

貝納和吉普森在表面上看來是兩個南轅北轍的人，貝納在努力要達到事業巔峰，吉普森卻拼命地想從人生谷底往上爬。但是這一起看似平常的小車禍卻把他們都逼到幾乎是自我毀滅的田地，效用理論如何看待此一現象，如何解釋倆個人的行爲？

學理討論

一、效用的基本概念

效用的概念起源於丹尼爾·伯努利（Daniel Bernoulli）解釋聖彼得堡悖論[1]，他目的在於挑戰以金額期望值作爲決策的傳統標準模式。伯努利在1738年的論文對這個悖論的解答主要包括兩項原理：

（一）邊際效用遞減原理：一個人對於財富的擁有多多益善，即效用函數一階微分導數大於零；但隨著財富的增加，滿足程度的增加速度會不斷下降，因此效用函數二階微分導數小於零。

（二）最大效用原理：在風險和不確定條件下，個人的決策行爲準則是爲了獲取期望效用最大值而非期望金額最大值。

在不同的消費數量下，邊際效用可能大於、等於，或小於零。基於消費者理性的基本假設，他將在總效用呈現正的增加時(亦即當邊際效用爲正)，才願意繼續增加物品的消費。反之，當邊際效用爲負時，該物品總效用將隨消費量的增加

---

[1] 1730年代，數學家丹尼爾·伯努利（Daniel Bernoulli）的堂兄尼古拉·伯努利提出一個謎題：如果參加一個擲硬幣遊戲。如果第一次擲出正面，你就賺1元。如果第一次擲出反面，那就要再擲一次，如果第二次擲的是正面，你便賺2元。如果第二次擲出反面，那就要擲第三次，若第三次擲的是正面，你便賺4元（2^2）...以此類推。遊戲可能擲一次便結束，也有可能反覆擲沒完沒了。你最多肯付多少錢參加這個遊戲？你最多肯付的錢應等於該遊戲的期望值，而這個遊戲的期望值卻是無限大的。但是即使你願意付出無限的金錢去參加這個遊戲，你可能只賺到1元、2元，或者4元……那你爲什麼肯付出無限的金錢參加遊戲呢？這便是聖彼得堡悖論。以上取材自維基百科，

http://zh.wikipedia.org/zh-tw/%E5%9C%A3%E5%BD%BC%E5%BE%97%E5%A0%A1%E6%82%96%E8%AE%BA

而下降。

二、風險的概念

「風險」一詞一直被廣泛地使用，各個領域的學者所賦予的意義不盡相同。若以經濟學的角度來看，風險表示對於某一事件發生與否無法完全預知(Incomplete Predictability)的狀態。心理學家則認爲風險是發生某種損失的可能性，此種損失可能是實體上的或心理上的。因此綜合來說，可將風險定義爲：在資訊不完全的情況下，引發未來某一事件發生與否的不確定性，可能導致企業或投資人在財務方面的損失機率。此一不確定性越高表示風險越高。

三、風險態度偏好

經濟學學理上常用效用來描述投資人對風險與報酬相對應的偏好程度。簡單來說，效用是指投資人對某件事件可能結果（outcomes）的滿足程度。一般而言，期望財富越高，投資人的效用也就越高；但隨著期望財富水準提高，風險態度也隨之增加，出現了風險趨避的情況。

一般學理上將風險態度大致歸爲三類：第一類是不喜歡風險，生性保守的人，我們稱之爲風險趨避者(Risk averter)：第二類是對可能結果比較有野心且願意冒險的人，我們稱之爲風險愛好者(Risk lover)；第三類是面對風險時，並不會特別逃避也不會特別積極，或者是說他只看期望報酬卻不管變化的可能性，我們稱之爲風險中立者(Risk neutral)。這三種風險態度可以利用邊際效用來作簡單的判別，每增加一單位的財富及隨之而來的風險態度，爲三種投資人所帶來的額外效用之增減變化有所不同。

（一）風險趨避者

風險趨避者是典型的保守傾向態度者，隨著風險損益的增加，決策者對邊際效用的偏好會隨之遞減。換句話說，風險趨避者對於風險的判斷有高估危險發生機率，或高估不利結果的主觀傾向。但這並不意味著他們不願意冒任何風險，只要有足夠的風險溢酬予以補償，他們仍然願意承擔風險。（如圖1-1）

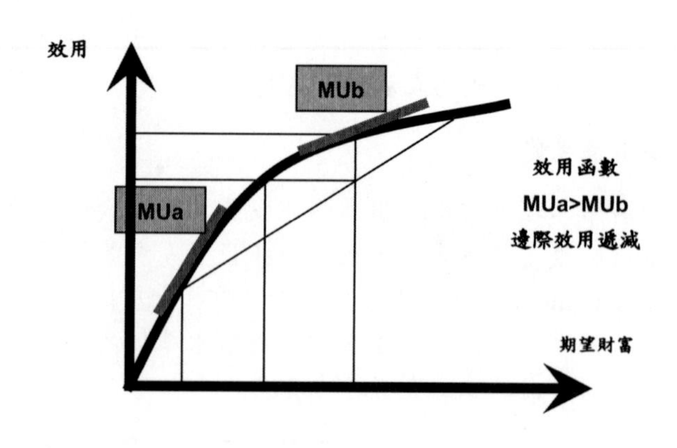

圖1-1　風險趨避者的效用曲線

（二）風險中立者

風險中立者對於不同的風險的反應沒有任何差異，他的邊際效用偏好一直維持固定不變。以圖1-2來說明，某投資人對資產C，以及對期望值爲C，但由資產A與B各半的偏好相同(Uc=Uab)。邊際效用也不隨財富水準而改變，表示**風險中立者並不在意於期望報酬的不確定性，只注重期望報酬的絕對數字**，此即爲風險中立者。

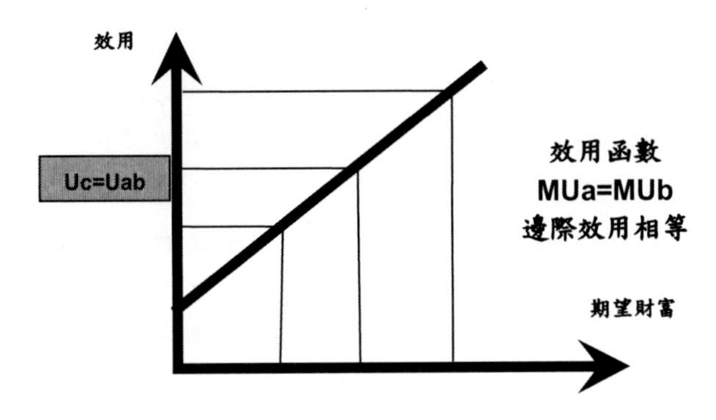

圖1-2　風險中立者的效用曲線

（三）風險愛好者

風險愛好者是本性偏好冒險的人，願意承擔較大的風險去獲取等額的報酬。風險愛好者的邊際效用會隨著風險損益增加而遞增，他對風險的判斷常有低估不利情況發生的機率或高估有利的結果的一種主觀傾向，對於可能結果太過樂觀。（如圖1-3）

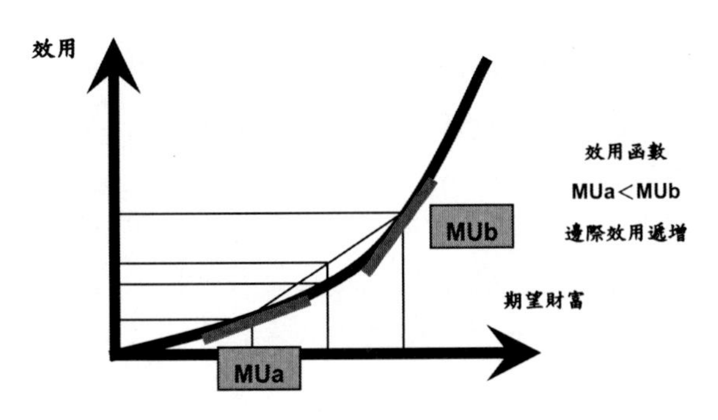

圖1-3　風險愛好者的效用曲線

四、展望理論

卡尼曼和特佛斯基在 1979 年提出展望理論[2]，認爲傳統效用理論在解釋人們面對風險時，所作的選擇和實際情況會有所差異，尤其在面對獲利或損失的狀況下。另外，對機率的主觀評價並非理性的發現，也是展望理論的研究核心。**展望理論的提出有別於傳統經濟學或財務學理論無法解釋實際現象，認爲個人在評估風險性決策時，會因爲參考點（benchmark）的不同而影響決策。展望理論認爲決策者所使用的價值函數是以參考點爲中心，呈現 S 型的形狀**，對於價值函數主要有以下三個特性: [3]（如圖 1-4）

（一）參考點在考量決策上的重要性

所謂的價值函數是定義在相對於參考點的利得或損失，而參考點則視爲個人心理感受的指標之一，爲影響決策的重要關鍵因素。個人並非只是單一的風險趨避或愛好者，而是風險趨避與風險愛好的混合體。**當處在相對低於參考點的位置時，多數人會是風險愛好的；當處在相對高於參考點的位置時，多數人是風險趨避的。**

（二）價值函數爲 S 型的函數

多數人的價值函數在面對利得時是凹函數(concave)，但面對損失時卻是凸函數(convex)。亦言之，投資人面對利得時是風險趨避者，面對損失時是風險愛好者。這表示投資人每增加一單位的利得，其增加的效用低於前一單位利得所帶來的效用；而每增加一單位的損失，其失去的效用也低於前一單

[2] Kahneman, Daniel, and Amos Tverskey. 1979. "Prodpect Theory: An Analysis of Decision under Risk." Econometrica 47.

[3] 張宮熊主編，2009，投資學，滄海書局，頁 219。

位損失所失去的效用。也就是說，**對已經擁有正向報酬的投資人來說，對下一次賺錢所感受到額外的快樂(正效用)不比之前來得快樂；反之，對擁有負向報酬的投資人而言，對下一次賠錢所感受到額外的痛苦(負效用)不比之前來得痛苦。**

（三）價值函數之損失的斜率比利得的斜率陡峭

投資者在相對應的利得與損失下，對於邊際損失比邊際利得的感受更加敏感。在獲利區爲正效用遞減，投資人呈現風險趨避傾向；反之，在損失區爲負效用遞減，投資人有風險愛好傾向。但損失的斜率比利得的斜率來得高，亦即損失一單位的邊際痛苦大於獲取一單位的邊際利潤，換言之，個人有『損失趨避』的傾向。

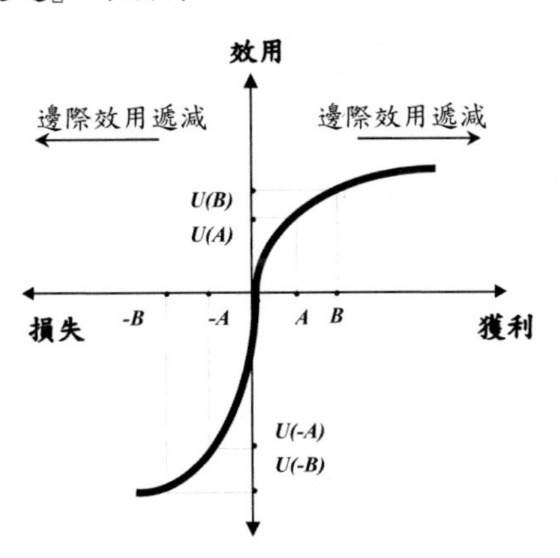

圖1-4 展望理論下的效用曲線

五、心理帳户（Mental Accounting）

所謂心理帳户系統是在投資人的心智中存放著許多不同的檔案櫃，針對不同的行動或決策中，甚至於最終結果，都

會存放在自己心智中不同檔案櫃中，在這些檔案櫃裡，包含了每一次決策的成本及效益。**人們習慣在自己的心理帳戶中，將其特定的效益與成本合併在一起，但不同的決策卻分開計算**。

這個現象就像股票投資人每一次在購買一支股票時，就會在自己心中開立一個新的帳戶，直到賣掉持股，才會關掉該投資標的的心理帳戶。心理帳戶或許可以使人們保持身心平衡，降低認知失調，但是，如果把它運用在投資的領域當中，破壞了投資組合理論分散風險的優點，使投資人去冒不必要的風險，做出非理性的投資決策。

心理帳戶所衍生出來的效用即強烈的沉沒成本，即一旦人們在時間與金錢投入後，便會有一股強烈的傾向，使其往後繼續努力下去以便見到預期成效。另一方面，心理帳戶也會影響到人們在投資組合風險上的正確認知，因爲投資人會忽略在投資組合中，個別資產的彼此互動關係，進而使投資人錯估了風險。也就是說，人們會將每一項不同的投資，放在一個彼此獨立的心理帳戶裡頭，忽略掉不同心理帳戶彼此之間可以合而爲一的關係，忽略資產間的互動性，進而影響投資組合的績效。

六、過度自信（Overconfidence）

所謂**過度自信是決策者（投資人）常高估知識、低估風險、誇大對事件的自我控制能力**。在進行投資決策時，過度自信常使我們錯判資訊的內涵、高估自己的分析能力，因而常常造成不佳的投資決策，例如，過度交易、過度承擔風險...等。依實證研究發現，男性比女性更具備過度自信傾向。而且，過度自信影響人們風險承擔的行爲。有兩項因素使過度自信的投資人承擔較高的風險：（一）他們傾向購買高風險的決策行爲；（二）他們傾向低度多角化，也就是投資組合（風險控管）不足。整體而言，過度自信的投資人低估了自己所承擔的風險。

「知識幻覺」是造成過度自信的原因之一，亦即決策者傾向於相信他們預測的準確度隨著所收集到的資訊量的增加而提升。然而，事實卻不盡然如此。即使決策者可立即接觸大量資訊，但缺乏分析與解釋資訊的能力，加上選擇性的收集資料[4]，過度氾濫的訊息往往令投資人迷失方向。

「控制幻覺」是造成過度自信的原因之二，亦即人們自以爲對於不可控制的事件具有比一般人更高的影響力。造成這種控制幻覺的關鍵因素包括選擇性注意、任務的熟悉度、結果出現的順序，以及積極涉入程度等等，例如散户投資人買A股票，便以爲A股票一定會漲。

[4] 決策者喜歡聽到自己看法相近的資訊，排除與自己看法不同的資訊。久而久之，決策者的資訊將具備高同質性。

【個案解析】

一、效用與風險態度

第一階段:發生車禍

(一) 蓋文是一名成功的律師，擁有美麗的妻子、豪華的賓士轎車及令人稱羨的頭銜。但事業伴隨而來的優渥報酬已無法為蓋文帶來更多的邊際效用，如同岳父兼合夥人打算把遊艇送給他時，在他臉上沒有產生多少喜悅可得知，因此蓋文即處於邊際效用遞減階段。但由於蓋文把勝訴視為首要任務，所以在重要官司途中發生車禍，選擇以趨避風險的態度因應，試圖用他認為最簡單、快速的方式解決問題，以求能及時趕上開庭，順順利利的提交委任授權書，獲得勝訴。

(二) 杜威是一名戒了酒的酒鬼，他太太想把他們的小孩搶走，當他生命中最重要的財富-家庭即將離他而去時，內心感到十分痛苦，因此杜威在發生車禍之時，正面臨正、負效用的轉捩點。如能準時到法庭，可能得到兩個兒子的監護權，甚至一家團圓，趨向正效用；反之，則趨向負效用。

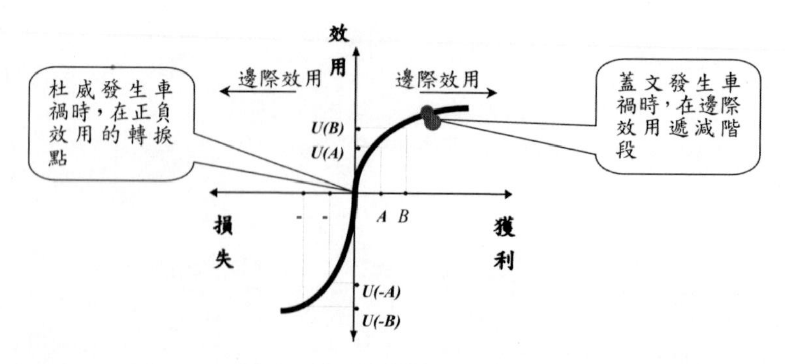

圖 1-5 第一階段的效用改變

第二階段:法院宣判

（一）好不容易蓋文趕上了開庭，但由於遺失委任授權書，所以法官將判他敗訴。這時蓋文的正效用往下驟降，但因爲還有一天時間與可能的機會，所以其效用尚未跌到負效用階段。

（二）由於蓋文拒絕載杜威一程，所以在杜威到達法院前，法官已將兒子的監護權判給妻子，而原本擬定好的説詞，甚至購屋計畫頓時已無用武之地了，效用更從原點大幅往負的方向移動。對杜威而言，失去家庭的痛苦遠大於先前既有的快樂生活（對他而言是，但對杜威妻子而言卻苦不堪言），因此面對歉意滿滿的蓋文也不爲所動。

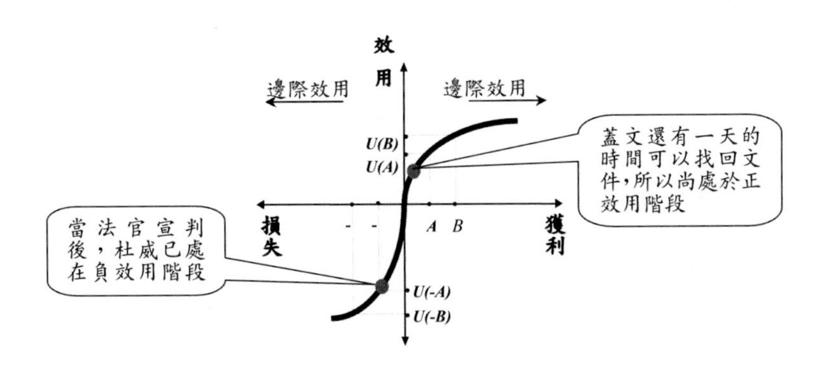

圖 1-6 第二階段的效用改變

第三階段：展開報復

（一）當蓋文在大雨中懇求杜威交還文件被拒後，因爲不想讓垂手可得的翻身機會縱逝，因此找上駭客幫忙，企圖用他認爲保險、穩當的高壓手段，迫使杜威乖乖交出文件，此時他仍位於正效用階段。但當蓋文知道基金會管理權的取得缺乏正當性時，內心開始充滿矛盾，一方面不想因打輸官司而坐牢，失去現有富裕的物質生活，一方面卻也不想因爲這種事羈絆自己的良心，因此逐漸趨近負效用階段。然而當車子被杜威破壞，差點命喪黃泉時，滿腔的怒氣取代了先前良心不安所形成的負效用，直到蓋文完全失去理智反擊，欲陷害杜威入獄之際，已達負效用遞減階段。

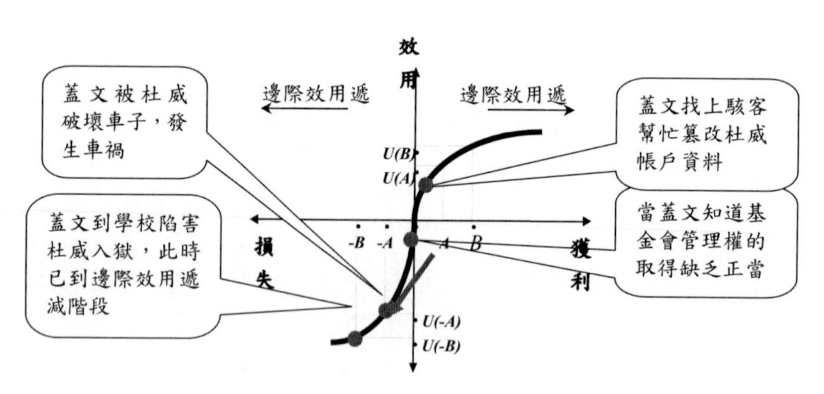

圖 1-7 第三階段蓋文的效用改變

（二）雖然法院已將兒子的監護權判給太太，但杜威仍存有一絲希望。因此在他得知房貸帳戶被蓋文惡搞凍結後，連唯一可能挽回家庭的機會都被摧毀時，其**負效用已達邊際效用遞減走平階段，此時對杜威而言，「再做多一些壞事已沒什麼差別」**，因此便決定破壞蓋文的車子，只爲報復他之前的種種行爲。

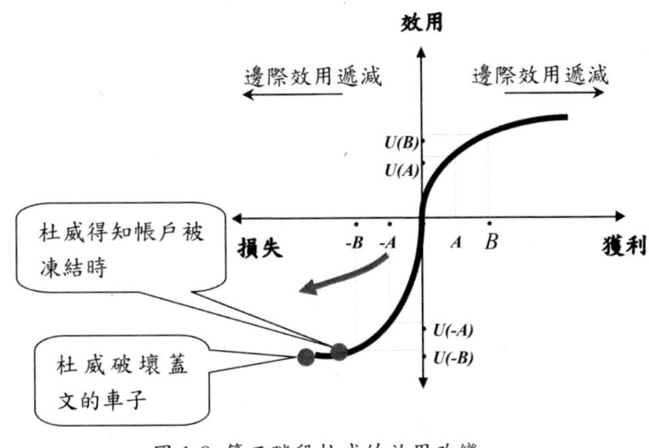

圖 1-8 第三階段杜威的效用改變

第四階段：尋回良知

（一）當蓋文的車子被杜威破壞差點喪命時，他認爲只有用更激進的手段才能讓杜威交出授權書。因此便運用專業技能（水可載舟亦可覆舟！）巧妙的陷害杜威入獄。只是當他在學校外面手足舞蹈的慶祝之餘，卻看見杜威的太太擁抱著兩個哭泣、失去爸爸的孩子，頓時才驚覺自己是多麼無知、可惡。**他在道德上的效用曲線已由正效用遽降爲負效用。**驚嚇的小孩子幫他找回當初身爲律師的初衷與熱忱！於是他幫杜威取得房貸，也告訴岳父及情婦，他想承認整件官司有失正當性，更想獨自面對司法審判。雖然岳父及另一合夥人已將變造的文件提交法院，免去牢獄之災，但蓋文仍執意在往後的時間，免費提供法律咨詢服務並戮力於公益活動，重新找回人生的價值。這時蓋文的效用已由負效用上升至原點。

（二）杜威從不知道家庭的失敗源自於本身的個性。因此當太太到拘留所看他時，便毫不保留的指責他總是無端惹是非，總是喜歡小事化大惹麻煩，凡是只想到自己卻不考慮別人的感受。當他被好友保釋出獄時，好友也責備杜威「今天你差點殺了人，明天就會得手，會繼續犯錯...酗酒不是你的問題，愛惹事生非才是！」杜威當頭棒喝，原來他一直以爲對的事情，在別眼裡卻是如此不堪。於是他將授權書交還給蓋文，也學會放手與忍耐。

（三）最後在兩人都找回人生失去的價值的同時，效用都返回到了原點。

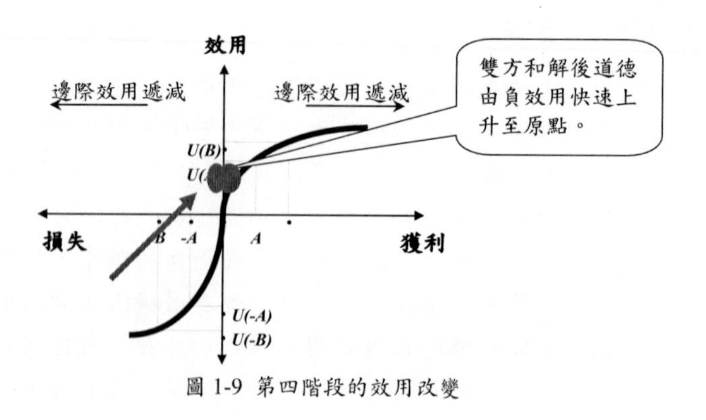

圖 1-9 第四階段的效用改變

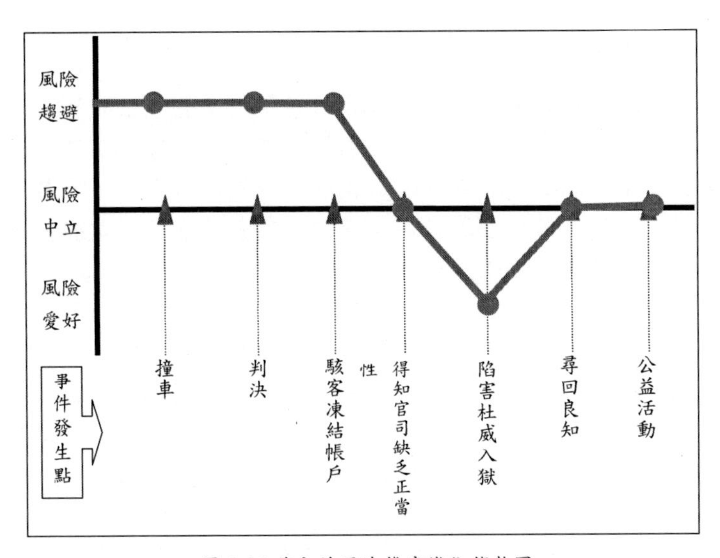

圖 1-10 蓋文的風險態度變化趨勢圖

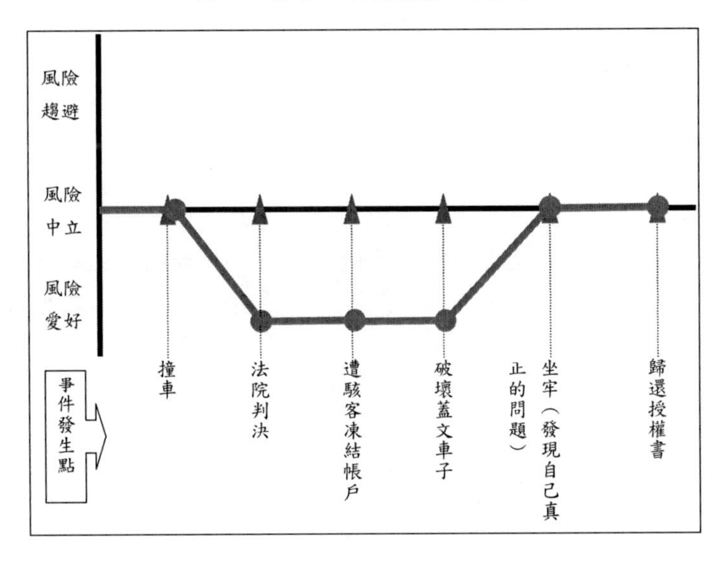

圖 1-11 杜威的風險態度變化趨勢圖

二、心理帳户

個案中蓋文與岳父有場精采的對話，當蓋文決定獨自承擔所有過錯時，沒料到岳父早已把僞造的文件寄到法院，更愼重地告誡他：「一直以來，我做的好事比壞事多，我於心無愧！」試圖爲自己的行爲合理化。蓋文的岳父，是將做好事與做壞事時的心理帳户合併計算，認爲只要做好事帶來的正效用大於做壞事衍生的負效用，即可接受。蓋文的妻子、岳母亦是如此，明明知道丈父外遇的事實，卻選擇睜一隻眼閉一隻眼的面對，對她們而言，與其正面衝突致離婚收場，倒不如快快樂樂的享受丈夫提供的優渥生活，這都是統合與權衡不同事件的效益與成本的結果。只是對蓋文而言，一件壞事帶來的罪惡感，遠勝於贏得多場訴訟的成就感，他無法苟同將做好事與壞事等同看待，每件事都有特定的心理帳户，而罪惡感更會深深羈絆他的決策結果。

三、過度自信

過度自信使人高估知識、低估風險、誇大控制事件的自我能力。如同個案的開端，蓋文選擇以開支票方式替代保險卡，希望能藉此縮短車禍處理時間，也許就他認知而言，沒個人會抗拒一張空白金額支票的誘惑，不料卻碰上凡事講規矩的杜威，衍生一連串的連鎖效應。再者，蓋文爲了不想夜長夢多，決定找駭客凍結杜威的帳户資料，企圖掌握主控權逼迫杜威就範。然而卻也惱怒了杜威，差點讓自己命喪黃泉。而杜威總認爲自己可以解決許多問題，他愛惹麻煩，善後的永遠是家人與好友，也是過度自信的結果。而基金會創辦人鄧西蒙，信任好友恣意授權、簽署文件等等，不也是過度自信所造成的嗎？

管理意涵

一、失去才懂得珍惜

聖嚴法師說：「擁有的多，不一定讓人滿足；擁有的少，不一定讓人貧乏。」重要的是如何懂得珍惜現有的種種。每個人都能「擁有」，只是大小、形式、價值、用途等不同，因而促成個人發展有別、社會影響不同。許多公司往往在獲利後，便大肆擴張，跨足離本業甚遠的產業，但最後往往因技術條件不夠、財務週轉不靈等因素黯然退場，不啻也是失去才懂得珍惜嗎！

二、窮寇莫追

孫子兵法軍爭篇有云：「故用兵之法，高陵勿向，背丘勿逆，佯北勿從，銳卒勿攻，餌兵勿食，歸師勿遏，圍師必闕，窮寇勿迫，此用兵之法也。」其中的「窮寇勿迫」，意指圍困敵人，要留個缺口，不追迫走投無路的敵人。亦即要逃回家的軍隊，不要去加以阻擋，走投無路的寇賊，也不要窮追死逼。因爲把敵人逼迫到不得不背水一戰、毫無退路的處境，反而會激勵他們拚死奮戰，而造成我方的損失。當蓋文試著用各種方式要陷杜威於絕境時，杜威的不顧後果的反撲讓蓋文差點命喪黃泉，毀了終身的努力成果。

對敵人是否一定得趕盡殺絕？未必，有時利用它去牽制另一個更強大的敵人，自己再從中取利，反而是更好的選擇。如同三國時期，東吳陸遜不消滅劉備，留著他來牽制曹魏，東吳便可漁翁得利。有時候「留下敵人」要比「消滅敵人」的好處更大。

因此中國人講究，話到嘴邊留三分，其實留下來的空間，也是給自己的轉圜之地。除惡也應留給他們一條生路，如不給他們一個改過自新的機會，逼其陷於絕境，則必使之鋌而走險，造成更大的不幸。

三、錦上添花不如雪中送炭

錦上添花所帶來的效用提升遠遠不如雪中送炭所帶來的效用提升。七十五年前，洛克菲勒(John D. Rockefeller)成立了芝加哥大學，還將鉅額資金捐給了黑人學校，爲黑人婦女提供獎學金，洛克菲勒爲富非但沒有不仁，還捐款幫助弱勢團體的義舉給了股神巴菲特非常大的啓發。在巴菲特的遺囑中，超過個人財產九九％將捐給慈善事業，用來提供清寒獎學金和計畫生育的醫療研究之用。巴菲特表示，如果這些錢被分配到「知名學府」將會是他的一大失敗，因爲那些知名大學有自己的財源還有政府的資助，他的捐款不過是錦上添花，發揮不了雪中送炭的作用。重要的是，錦上添花不易受人重視，雪中送炭才會讓人感激。

這句話用在轉換工作跳槽時，也值得玩味。許多人跳槽時，常把當時最紅的公司當做第一志願，但最紅的公司往往已人才濟濟，即使自己加入也未必能在眾多人才中脫穎而出；如果對自己的才能很有自信，投靠不是那麼紅、但未來發展潛力雄厚的公司，不但「邊際效用」較大，自己也能得到更大的發揮空間。

（文字整理：田光祐、李郁臻、張育誌、劉文欽）

參考文獻

1. 張宮熊主編，2009，投資學，滄海書局。
2. 盧育明，2003，行為財務學，台北市：商鼎文化出版社。
3. Kahneman, Daniel, and Amos Tverskey, 1979. “Prodpect Theory: An Analysis of Decision under Risk.” *Econometrica* 47, no.2.
4. Kahneman, D. and M.W. Riepe, 1998. “Aspects of Investor Psychology,” *Journal of Portfolio Management,* summe),

2.風險與報酬的權衡【寶貝計劃】

【個案簡介】

香港「神偷拍檔」是由包租公、人字拖和百達通所組成的怪盜集團。三個人憑藉著專業知識和神奇的作案技巧，加上多年來累積的絕佳默契，可說是百戰百勝，只要哪裡有「賺頭」，都逃不過他們手掌心。不過他們向來秉持著「盜亦有道」的精神，「不姦淫擄掠，也不傷天害理。」是他們犯案的最高宗旨。

香港富豪李氏家族的掌上明珠敏兒爲老公 Calvin 生下兒子 BB，卻招惹前男友 MAX 的妒忌。MAX 自以爲 BB 是自己的親生骨肉，不惜一切代價進入醫院要搶奪 BB 卻不愼失足摔死，其父深信 BB 是世上唯一的後代，竟出價 3,000 萬元要「神偷拍檔」將 BB 綁走給他！

違反作案原則的「寶貝計劃」應該被「神偷拍檔」推翻，卻因爲三個人各有突發狀況而不得不違心接下。在綁走 BB 後，人字拖和百達通在照顧 BB 的過程中逐漸被嬰兒的天眞可愛而感化，加上二人在感情上也分別有斬獲，人字拖邂逅了善良美麗的育嬰護士 Melody、百達通的女友白燕忽然懷孕。與 MAX 父親約定「交貨」的期限即將到來，他們究竟會爲了追求千萬富貴而捨棄良心嗎？到底報酬與風險之間的抵換關係爲何？它在行爲決擇上是否扮演重要角色？

投資與風險

企業進行任何投資計畫或是財務計畫評估時，通常必須精確的估計出成本與收益。但因爲這些**財務數字大多來自人爲估計，必然存在著估計錯誤的風險，最可怕的是利用財務窗飾效果來美化報表或是作假帳來吸引或矇騙投資者的資金投入**。

就如同數年前一連串爆發的地雷股一樣，著名的博達掏空事件爆發後，引發出投資大眾對於股票市場失去信心，之後進而發生了連爆五檔地雷股(博達、衛道、訊碟、皇統、宏達科)對股市仍不免有不小的衝擊。**大股東的爲所欲爲，有的利用外資帳户操控股價，聯合坑殺散户，有的則是在海外的帳上大動手腳，更低劣的則是製造假的財務報表來欺騙投資人，因此台灣的資本市場投資人一次一次的受創**。原本民眾樂觀預期未來國內景氣上揚，在但由於受到博達事件衝擊，對於股票市場前景異常悲觀，投資人信心遭到嚴重打擊。當時預期「未來半年投資股票時機」降至比 2001 年 11 月新低，甚至比 2003 年 SARS 爆發時低。而台灣到底還有多少地雷公司，也讓投資者深陷恐懼之中。[5]

因此，財務經理人再進行任何計畫評估時，除了更精確去評估現金流量外，對於其中隱含的不確定性亦必須同時加入考慮，以符合我們的期望-極大化公司價值(降低風險、提高報酬之目標)。

我們利用個案『寶貝計畫』來探討其風險與報酬，本文先簡約說明人物關係，再詳談風險和報酬之間的抵換關係之變化。

---

[5]中央大學台經中心公布 2004 年 6 月份消費者信心指數調查。

報酬與風險

報酬一般指投資的收益，而報酬率(Rate of Return)是指投資的收益率。而報酬率又可區分爲期望報酬率及實質報酬率。**期望報酬率爲是以事前的眼光來看投資的可行性，代表爲實現的利益；實際報酬率是事後的報酬率，代表可獲得的實際利益。但期望報酬率不一定等於實質報酬率**，例如投資人以爲股價爲來會上漲，期望報酬率應爲正，但買進股票後，股價卻下跌，實際報酬率爲負。在此，企業欲進行投資之評估或投資人的股市行爲，均是以事前的預期評估可能的報酬率來做分析與判斷。

風險可定義爲：「暴露於損失和傷害下」。所以，風險就投資的觀點來講，可視爲投資損失或發生不利情形的可能性。而每項投資都有潛在風險，我們無法完全排除風險，所以必須要了解所承受的風險爲何。從企業的角度來看，即是指在營運上可能遇到的財務損失，企業所面臨的風險大致可用圖 2-1 來表示。

在個案中我們可以發現，小偷三人組與 Max 父親的事前期望報酬率與事後的實際報酬率均不相同，主要因素在於因爲自己風險態度的改變，而使在面臨風險時，可以承受的風險程度也就有所不同作致。就如同一般來說，高報酬必會伴隨著高風險這句話，在個案中也可將報酬分爲兩種來做探討。一種爲實質報酬，這是指實際獲得的財富，也爲一開始小偷三人組的目的；另一種爲無形報酬，這裡指的是三人與BB、家人或朋友所發展出來的情感交流，在個案中可以逐漸發現無形報酬的重要性。在此，不僅僅是風險與實質報酬可以看出兩者之間的正向抵換關係，也可進一步看出風險與無形報酬的負向抵換關係和實質報酬與無形報酬間的變化。

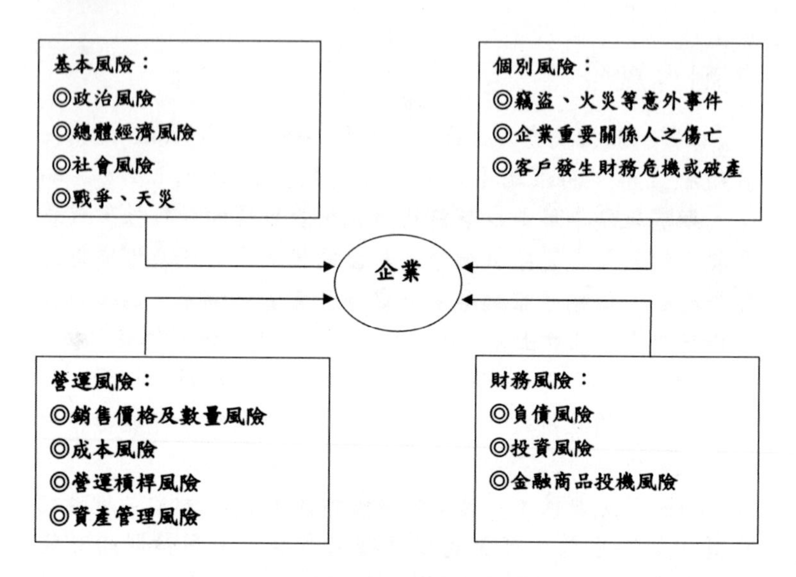

圖 2-1 企業經營面臨之各項風險

而在圖 2-1 上方的基本風險與個別風險，可以說是企業無法抗拒的事件。圖 2-1 下方的營運風險及財務風險，則與企業的政策及管理有關。企業風險是指產品在銷售、價格、需求、成本所負擔的風險，大多是因環境變化所帶來的風險；另一方面、財務風險包含了負債、投資及投機風險，狹義上係指企業因舉債及在資金運用上所承擔的風險，亦即爲公司的破產風險。在此，本文將兩大風險細分爲以下幾個企業較關心的風險議題。

(一)營運風險

意指營運現金流量變動所產生的風險，包括了收益與成本之間現金流量的不確定性。企業在經營上受到經濟景氣衰退蕭條影響，或是因經營者管理經營方針錯誤，使的財務調度、財務結構失當等因素而造成業績衰退，甚至營運發生危機，稱爲經營風險。可用營運槓桿程度(DOL)衡量營運風險對現金流量的影響程度：

DOL=營運現金流動變動% / 銷售毛利變動%　　　　(2-1)

一般可將其經營風險分爲固定成本與變動成本兩種混合所產生，當固定成本佔營運成本比例越大時，則營運風險越高。

◎成本之收益之現金流量之不確定性

在個案中，針對小偷三人組再收益的現金流量之不確定性上，除了面臨每次偷取地點的環境不同而有所風險外，主要是受到本身三人對於信念的堅持。如在執行 BB 計畫時包租公未事前告知計畫的眞正目標是 BB，而使人字拖與百達通以爲只是單純的偷取保險箱而已，在此我們加以分析其偷竊與擄人勒贖的刑期，我們發現這兩者間的固定成本就有很大的差別，而偷 BB 便是得營運風險變高。事後發現後，兩人若是堅持盜亦有道的精神放棄偷 BB 計畫，則會喪失高達 700/3000 萬的報酬，一旦失去這個高額的流動現金，三人面對各自的金錢壓力（包租公被爆竊、人字拖欠錢、百達通的泡妞沈沒成本)，將使得營運成本更高，兩害相權下，因此決定繼續偷竊；但兩人最後仍是繼續計畫的進行，則可使未來的現金流量收益有實現的機會，但這是預期未實現的報酬，是否能夠變成實際報酬則很難肯定。

另外在個人方面，人字拖將偷來的錢與地下錢莊借的錢拿去賭博，但由於賭博在輸贏的不確定性高，可能大贏或大輸的情況產生，也使的收益的現金流量之不確定性提高，進而使營運風險提升；百達通將偷來的錢全部砸在十大富豪女兒身上，主要就是秉持著炮個有錢妞的精神，希望藉此攀上有錢女變成眞正的有錢人。但一直無限的投入資金，不一定就可以得到相同或是更高的收益報酬，而使百達通的營運風險提高；包租公自己親自下海執行偷 BB 計畫，希望可以藉由此計畫來補回之前被爆竊的存款，但是他卻沒想到 Max 的父親卻在背後要人去解決他們，也由於這樣的不確定因素在而使原本可以拿到的700/3000 萬報酬有著更高的風險存在;Max 的父親想要的收益只是得到 BB 並確認是否爲自己的孫子,但卻因爲小偷三人組的關係,而使他在得到 BB 的過程中，出現許多的突發狀況，也使的得到 BB 的收益之營運風險相對提高。且最後也經醫生檢驗結果，BB 並非自己的孫子，而使收益的現金流量爲負(執行 BB 計畫失敗，得不到想要的結果，除了付出了高額報酬 3000 萬外，也因爲無法承受事實而精神崩潰)。

(二)財務風險

以企業角度來看，**一家企業因爲融資其營運所需資金而衍生的風險**，當一家企業以債務融資其營運時，他有義務在債務到期時，償還固定債務，而產生了財務風險。可用財務槓桿程度(DFL)來衡量企業的財務風險：

DFL=股東擁有現金流量變動% / 營運現金流動變動% (2-2)

=Q(P-VC)-FC / Q(P-VC)-FC-I(利息)

財務槓桿和財務風險的關連是同向成長，財物槓桿越大，財務風險也就越大，反之財物槓桿越小，財務風險也就越小。

以投資人角度來看，當藉由融資購入一種股票，該公司業績欠佳，派息減少，股價下跌，卻又得負擔利息支出，這就是財務風險。爲了規避此一風險，應減低融資金額或將資金存入銀行以收取利息，減少財務風險。

在個案中可發現，人字拖爲了賭博而向地下錢莊借錢，以企業的角度來看就像是像銀行融資借款來營運一樣。但是只要是借錢就有義務要還錢，償還借的本金與利息，若借款人無法在債務到期前償還，則會產生財務上的風險。而人字拖就是典型的例子，因爲無力償還而去向地下錢莊老大請求分期 100 期來償還利息，這樣的舉動便是試圖延長到期時間，降低財務風險。由此來看，人字拖的財務槓桿越來越大(因爲利息越來越大，使的營運現金流動變動%越來越小，進而使 DFL 越大)，進而使財務風險業跟著變大，除了自己一直被討債公司追著跑之外，也連累到自己的家人。

(三)信用風險(違約風險)

即發行機構無力承擔利息或本金支付的風險。發行機構可能因無法預期之市場或營運因素，而發生財務危機，無法依債券發行契約支付所約定之本金或利息，而使投資人蒙受損失。基本上，債券的違約顯來自於債權人定的承諾，包括了：無法依承諾交付利息、本金等。故財務經理人必須關切違約風險，一方面關切投資在其他企業債券的違約風險，另一方面了解投資人對本企業的風險意識。

在個案中可發現，Max 的父親委託七叔去找小偷三人組偷 BB，答應事成後願意給報酬 700 萬，但卻在背後又派人去暗殺他們。Max 的父親並非沒有能力可以去支付，只是他不願意讓非相關人士知道太多事情，故想藉機滅口。故在此本文能將其行爲是爲違約風險，因爲 Max 的父親的暗殺行動，使小偷三人組受到損失(沒有拿到 700 萬的報酬就算了，還意外招來殺身之禍)。有此可知，投資人因對所投資的企業有一定的風險意識，在考慮是否投資，以降低可能面臨風險所帶來的損失，故因此小偷三人若是圖降低違約風險，應該先收取部分的定金，等是成之後再收取另一半的定金，這樣的方式將可以大大的降低違約風險。

(四)幣值風險(匯率風險)

在評估一項投資計畫可行性時，必須估計未來現金流入的現值是否超過原始的投資成本，如果還牽涉到利用另外一種貨幣進行投資，則幣值的漲跌更加深投資計畫的風險，我們將之成爲幣值風險。而**影響幣值漲跌的因素來自匯率改變而產生匯兌損失或收益之風險**。

匯率風險來自於外匯價格變動造成，包含個別貨幣本身價值的變動、貨幣間相關性的變動、貨幣貶值的影響。在完全浮動匯率制度下，由於匯率可自由變動，市場供需將影響貨幣的升貶值，因而產生匯率風險；即使在固定匯率制度下，本國貨幣與主要外幣維持固定匯率，也並非無風險，風險來自於因匯率固定水準的重新調整，亦會造成貨幣的升貶值。此外，匯率制度的改變，由固定匯率改變爲浮動匯率、或由浮動匯率改爲固定匯率，也可能造成匯率風險。匯率風險與其他風險具有相關性，尤其是利率風險，利率上升有助於遏止貨幣貶值的效果。

在此我們將小偷三人組所偷的實際財務金錢當作他們慣用的貨幣，當中包含魚翅、藥品，一些可變賣的物品，這些物品的價值漲跌幅度都不大，所謂物以稀爲貴，而便宜的轉手依然是便宜的。而這也是小偷三人所堅持的原則，不做奸淫擄掠的勾當，因爲這些貨幣（奸淫擄掠）的漲跌幅度太大，以個案中 BB 來說，BB 這個貨幣牽涉到的層面太廣，包含實質金錢衡量、感情因素，以及道德良心等等，這些因素都將影響貨幣的漲跌，也由於太多因素能夠影響其貨幣的漲跌，故其幣值風險也相對較大。

(五)再投資報酬風險

係**指債券還本付息時再投資的實質報酬變動風險**。固定收益證券報酬率能否達成的重要假設之一，是投資人是否能把未來的利息收入重新投入於相同水準投資工具，**因此投資人在重新投入市場時，因爲報酬率已經變動，可能無法享受與原始本金同等的報酬水準的風險**，稱之爲再投資報酬風險。在其他情況不變下，有價證券到期時間越長或票面利率越高，將會面臨較大的再投資報酬風險。

在個案中可發現，人字拖將偷來的錢與地下錢莊借的錢在拿去賭博(在投資行爲)希望獲取更高的報酬，但由於賭博在輸贏的不確定性高，在此我們可以將利率定爲賭博老千的行爲，當此行爲高時，獲利率將會低，當此行爲低時，其獲利率將會變高，故當獲利率已經變動時，其原始本金將很難達到同樣的預期報酬率水準，可能大贏或大輸的情況產生，對其現金流量之不確定性較高，進而使再投資報酬率風險也相對提升；反之，百達通將偷來的錢全部砸在十大富豪女兒身上，主要就是秉持著炮個有錢妞的精神，希望藉此攀上有錢女變成眞正的有錢人，但是百達通忽略掉有錢妞與一般妞奢華的程度不同（標的不同），而這也可視爲預期報酬率的變動，當從利率低的市場，轉變到利率高的市場時，可能投入相同的本金，卻因爲其報酬率的差異，所得到的報酬率水準風險也不一樣，而使百達通的再投資報酬率風險也相對提升。

(六)利率變動風險

市場利率的變動造成有價證券價格的變動(因爲任何的投資價值是由市場利率則換成現值)，衡量因爲市場利率變動造成資產價格變動便是利率變動風險。由於固定收益證券通常是以市場利率爲標竿，當市場利率變動時，固定收益證券的價格將會隨之下跌或上漲。一般來說，債券市場價格變動的風險，債券價格變動與利率變動呈反比關係。

本文將 BB 的行爲視爲市場利率的變動，造成人字拖與百達通的行爲有所轉變(有價證券價格的變動)。就如同在賣場阿姨講的話一樣，做人本來就複雜，三歲定八十，你給他吃啥、教啥都會影響他的一生。姑且不論是否會成反向變動關係，但是只要 BB 的一個動作，就會影響到兩人的行爲，以個人方面來看，如人字拖原本想去賭場賭錢，但因爲 BB 的故意的大哭，讓他想起賣場阿姨講的話，進而放棄最愛的賭博；百達通也因爲與 BB 相處的關係，發現生命與親情的重要性，主動打電話給白燕告訴他不要墮胎。另外也因爲與 BB 的相處，逐漸改變原本價值觀的看法，從重視實質的財富轉爲無形的價值-親情、友情與愛情的可貴。

(七)購買力風險

又稱爲通貨膨脹風險，是指非預期物價上揚所帶來的風險(通貨膨脹、貨幣貶值，使投資者的實際收益受到損失的風險)，如果一家企業利用固定利率發行長期債券，當物價上揚時，籌資的企業就會因而獲利，但投資人將遭受損失。在資本社會及經濟繁榮的社會，通貨膨脹顯著，金錢購買商品或業務都會漸漸降低。一般考慮物價膨脹因素之後的報酬稱爲眞實報酬，在去除物價膨脹因素前的報酬稱爲名目報酬。故購買力風險來自於未來現金流量因爲物價上揚而貶值所遭受的損失，當存在購買力風險時，投資人會要求更高的報酬。

在個案當中可發現，原本只是接了偷取 BB 的報酬是 700 萬，但包租公卻因爲陰錯陽差的未將 BB 交給對方而取得報酬 700 萬。在入獄的期間，由新聞得知原來 BB 是個龍吐珠，價值不菲，告知兩人等他出獄後再重新估價。這是包租公預期 BB 可以爲他們帶來更高的報酬，但是他卻沒有想到對方背景是他們招惹不起的，也就是說其折現率是相當的高的，包租公原本所抱持的目的，爲三人帶來購買力風險的增加。另外，將 BB 當作是企業所發行的債券來看，從原本投入資金爲 700 萬當作報酬，最後因爲物價膨脹的因素，報酬高達 3000 萬，若三人就這樣一手交錢一手交貨後就離開，雖然面臨高購買力風險的情況，但可獲得高報酬；但對 Max 父親而言因爲發現 BB 非自己孫子，先前付出的報酬都將化爲沉沒成本，而有所損失。

任何投資只要報酬率高，必然伴隨著高風險。例如投資股票隨著市場多空利率走勢、景氣循環、資金及政治等因素，如企業風險、利率風險、通貨膨脹風險以及變現能力風險等，甚至於心理面消息面等影響，資產價格都會有所變動，所以進入市場投資前要先考量相對的風險。

風險的衡量

風險是指投資報酬的不確定性(Uncertainty)，係指非預期事件對結果的產生的衝擊。所謂投資報酬的不確定性是指實際報酬率分散的程度，或者是說實際報酬率和預期報酬率之間差異的可能性。故我們在衡量未來現金流量時，常以期望報酬進行測度，也就是**在不同的現金流量可能狀況下，利用期望值代表他的趨勢與金額。另外，在針對其投資風險上，一般常以報酬率的標準差及變異係數來衡量風險的大小**，分別說明如下。

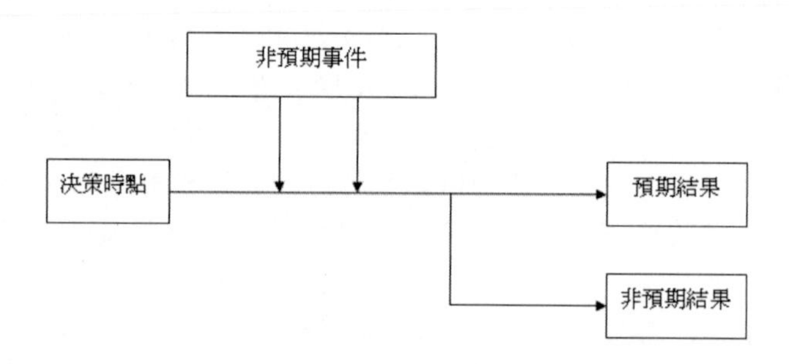

圖 2-2　決策與結果關聯圖

在個案中可發現，小偷三人在一開始的決策點時，設立的目標是藉由偷取錢財的方式來增加自己的在其他投資上的本金，(如人字拖藉由偷取來的錢，投資在賭博與賽馬上，希望可以獲取更高的超額報酬；百達通藉由偷取來的錢，投資在富家女身上，希望可以攀龍附鳳得到名利與聲望；包租公藉由偷取來的錢，投資在未來退休後的老本上)。但因爲接到偷取 BB 的計畫，且因爲包租公沒有說明清楚偷取之物爲何的緣故，而產生爭執甚至帶來無法預期的事件(Max 父親的追殺、照顧 BB 引發的各種事件，如人字拖認識了 Melody、爲了 BB 好而不去賭博等；百達通開始關心白燕與了解生命的可貴、不再泡妞等)，進而導致最後的結果並非如預期想要得到的實質超額報酬 7000 萬，而是導入另一個非預期的結果：自首改過自新與因爲 BB 的緣故了解眞正最重要的不是財富多寡，而是與家人、朋友之間珍貴的情感。

(一)期望報酬

$$E(x)=p_1x_1+p_2x_2+\ldots\ldots+p_nx_n \quad (2\text{-}3)$$

E(x)=x 的期望值　　　　N=可能情況數目

可能情況	機率	現金流量
上市成功	60%	4000000
上市失敗	40%	-2000000

$$E(x)=p_1x_1+p_2x_2+\ldots\ldots+p_nx_n$$

$E(x)=0.6*4000000+0.4*(-2000000)=1600000$→期望現金流量

暫且不論因爲非預期事件的介入，是否會導致結果的偏差，在此個案中若以預期結果來說明與計算投資者的期望報酬。假設三人成功將 BB 計畫執行成功，則可以得到報酬 700 萬，成功機率假設爲 50%；另一可能情況爲執行 BB 計畫失敗，則無法得到實質報酬 700 萬，故現金流量爲 0，失敗機率假設假設爲 50%。

E(x)=0.5*700 萬+0.5*0=350 萬→實質報酬的期望現金流量

(二)標準差

期望報酬告訴我們未來現金流量可能的趨勢，但因爲他是一個**期望值代表了所有可能的結果，但卻無法得知這些可**

能結果的離散程度，可藉由標準差來做進一步測量風險的離散程度。當標準差越小，代表波動性風險越小，報酬較爲集中；當標準差越大，代表波動性風險越大，報酬較爲分散。故在相同的預期報酬中，可選擇標準差較小(A 計畫)的投資計畫來降低其風險所帶來的損害。

$$\sigma = \sqrt{\sum_{i=1}^{N} \left[R_i - E(R_i) \right]^2 P_i} \tag{2-4}$$

計畫	期望報酬	標準差
A	10%	9%
B	10%	18%

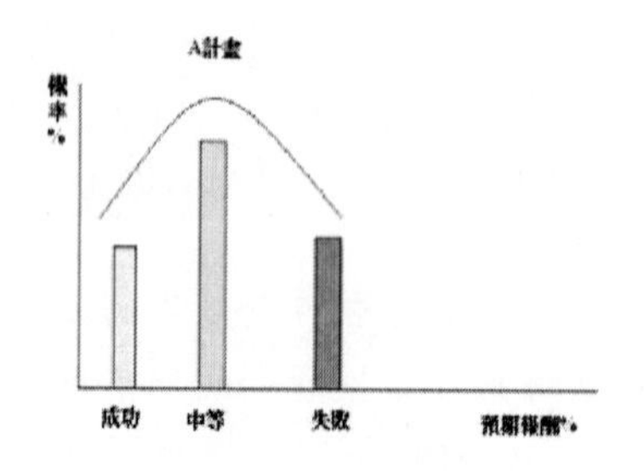

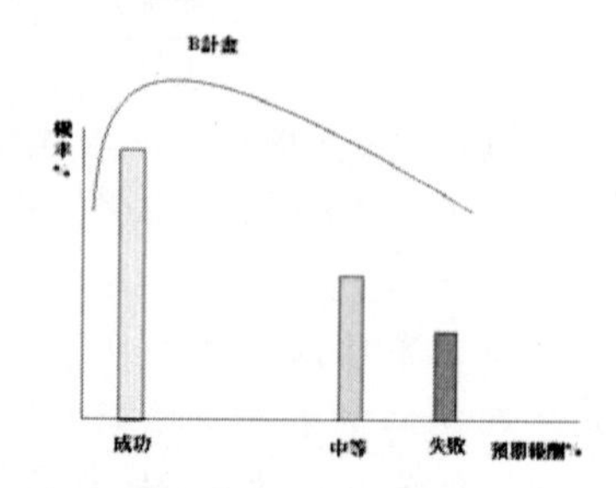

圖 2-3　A 與 B 計畫之報酬與風險

假設去執行偷 BB 的計畫有兩種模式，A 計畫以利益爲主，執行偷 BB 的計畫，並完成任務得到高報酬，三人將期望報酬設爲 700 萬，但由於是高風險的計畫，所以標準差也較高視爲 80%；但另一 B 計畫則以不違背盜亦有道的精神放棄偷 BB，則期望報酬爲 0，但由於放棄去執行，可能面臨到因無法達成 Max 父親的要求，而有生命危險，故在此風險不一定會比偷 BB 的風險低，在此一樣假設標準差爲 80%。

計畫	期望報酬	標準差
A	700 萬	80%
B	0 萬	80%

我們可從兩個不同的計畫上發現，因爲風險的標準差一樣都爲 80%，但 A 計畫的期望報酬高達 700 萬元，而 B 計畫的期望報酬爲 0 元。**一般而言，投資人再選擇計畫案時，可以依據兩種方式來分辨:**

1.在相同的期望報酬下，選擇風險較小的

2.在相同的風險下，選擇期望報酬較大的

依據上述，我們可以知道小偷三人組會在相同風險下，選擇期望報酬較大的 A 計畫來執行。

(三) 變異係數(C.V.)

除了標準差之外，也常以變異係數來表示其報酬率的波動性風險。標準差的衡量風險大多用在期望報酬相等之計畫上；**但當期望報酬不相等時，利用標準差去測量風險則會有所偏誤，故必須去計算每 1%期望報酬下所具有的變異程度。**故變異係數代表著投資人期望賺到百分之一的利潤下，本身所須負擔的風險。再選擇計畫案投資時，可以選擇變異係數較低的計畫案投入，以降低所須負擔的風險之損害(選擇 A 計畫)。

$$變異係數 = \frac{標準差}{預期報酬率} \times 100\%$$

計畫	期望報酬	標準差
A	10%	9%
B	18%	18%

C.V.(計畫 A)=9/10=0.9=90%

C.V.(計畫 B)=18/18=1=100%

假設去執行偷 BB 的計畫有兩種模式，A 計畫以利益為主，執行偷 BB 的計畫，並完成任務得到高報酬，三人將期望報酬設為 700 萬，但由於是高風險的計畫，所以標準差也較高視為 80%；但另一 B 計畫則以不違背盜亦有道的精神放棄偷 BB，則期望報酬為 0，但由於放棄去執行，可能面臨到因無法達成 Max 父親的要求，而有生命危險，故在此風險不一定會比偷 BB 的風險低，可能甚至會更高，在此一樣假設標準差為 90%。

計畫	期望報酬	標準差
A	70%	80%
B	0%	90%

我們可從兩個不同的計畫上發現，因為兩個計畫的期望報酬與風險的標準差均不同投資人則無法在選擇計畫案時，依據兩種方式來分辨:

1.在相同的期望報酬下，選擇風險較小的

2.在相同的風險下，選擇期望報酬較大的

依據上述，我們可以知道小偷三人組會在相同風險下，選擇期望報酬較大的 A 計畫來執行。但在不同風險下時，則必須去計算每 1%期望報酬下所具有的變異程度。

C.V.(計畫 A)=80/70=1.1428=114.28%

C.V.(計畫 B)=90/0=∞(無限大)

由於當變異係數越大，表所需承受的風險也就越大，可是三人會選擇執行計畫 A。

風險態度偏好

經濟學常用效用來描述投資人對風險的偏好程度，簡單來說，效用是指投資人的滿足感。當整體社會對風險有不同的偏好時，就會有不同的行爲，例如當經濟蕭條來臨時，多數投資人的態度趨向於保守，對證券市場的投資金額會下降。一般而言，期望財富越高，投資人的效用也就越高；但隨著期望財富越高，風險也隨之增加，對高報酬率資產出現又愛又怕的情況下，**投資人對風險可以區分爲風險趨避、風險中立與風險愛好三種態度，可利用邊係效用來判別，每增加一單位的財富及隨之而來的風險，爲投資人帶來的額外效用之增減變化都有所不同。**

(一)風險趨避

傾向保守的人，隨著風險損益的增加，決策者的偏好邊際效用會隨之遞減，也就是說，對於風險的判斷有高估危險發生機率或高估不利的過程結果的一種主觀傾向，對於危險太過悲觀。**但並不意味著他們不可冒任何風險，只要有足夠的風險溢酬加以補償，他們仍願意接受風險。**

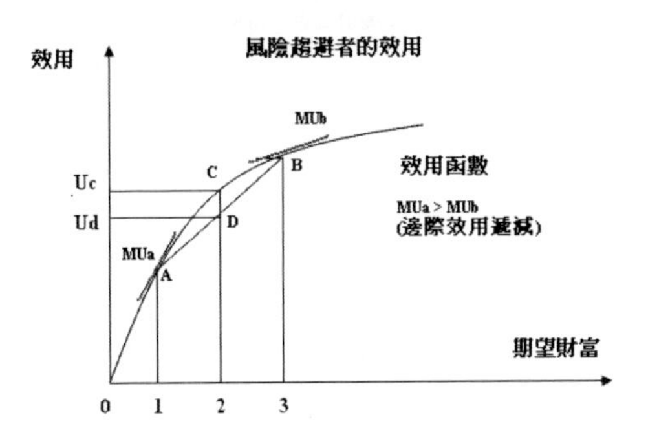

圖 2-4 風險規避者的效用曲線

以圖 2-4 來說明，某投資人購買資產 C，期望報酬爲 2 萬元，該投資人的效用等於 Uc。如果購買資產 A 與 B 各半(即爲投資組合 D)，資產 A、B 的期望報酬各爲 1 萬及 3 萬，則投資組合 D 期望報酬爲 2 萬，該投資人效用爲 Ud。由於資產 C 與 D 期望報酬皆爲 2 萬元，但爲投資人所帶來的效用可以看出資產 C 較高(Uc>Ud)，表示投資人較不願意接受不確定的結果，寧可選擇資產 C，偏好規避風險。且從效用函數可以發現，從 A 點到 B 點的切線斜率遞減，代表邊際效用隨著期望報酬遞減，意味著投資人屬風險趨避者。

(二)風險中立

對於風險沒有任何差異，即決策者的偏好邊際效用會一直維持固定不變。以下圖來說明，某投資人對資產 C 及對資產 A 與 B 各半的偏好相同(Uc=Uab)，邊際效用不變(等於效用函數之斜率)，表示**這類投資人並不在意於風險的不確定性，只注重報酬，即爲風險中立者**。(如圖 2-5)

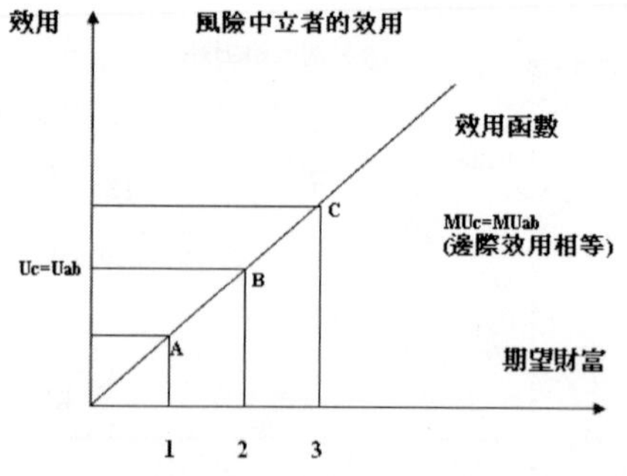

圖 2-5 風險中立者的效用曲線

(三)風險愛好

本性偏好冒險的人，願意冒較大的風險去獲取報酬，決策者偏好的邊際效用會隨著風險損益增加而遞增，其對於風險的判斷有低估危險發生機率或高估有利的過程與結果的一種主觀傾向，對於危險太過樂觀。

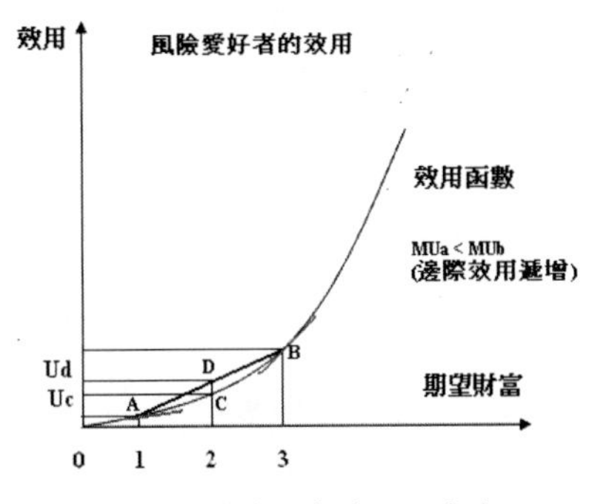

圖 2-6 風險愛好者的效用曲線

以圖 2-6 來說明，和資產 C 相比，投資人偏好資產 A 與 B 各半的投資組合 D(效用函數 Ud>Uc)，**邊際效用隨期望財富遞增，表示這類投資人寧可爲較多財富而冒險，追求不確定性，爲風險愛好者**。

一般來說，投資人是厭惡或是喜好風險，是要依其本身所擁有的財富及投資金額有關，當投資金額佔財富比率很小時，投資人可能會喜好風險，存有要就多賺一點的態度；而當投資金額逐漸變大後，投資人態度趨向保守，厭惡風險的程度變隨之增加。

依據以上之學理，本文運用其在個案中的小偷三人組與 Max 的父親來做進一步的風險態度與風險和報酬之探討。

(一)人字拖

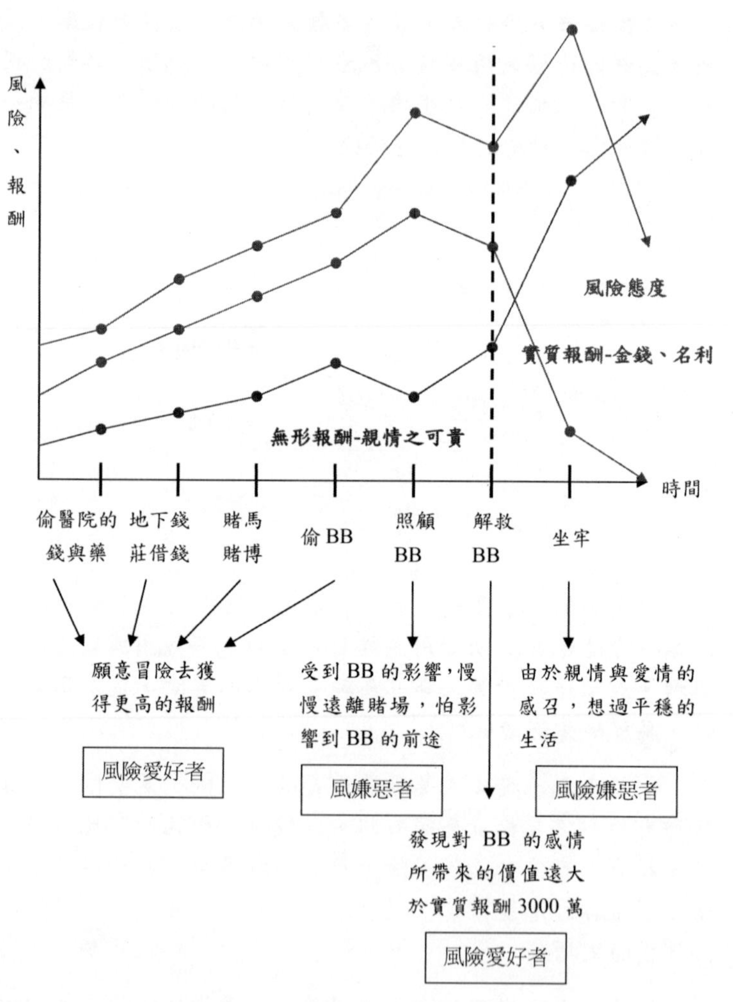

圖 2-7 人字拖的風險態度曲線

第一階段：

人字拖從醫院偷藥到偷 BB 這段期間，其風險態度是標準的風險偏好者，不論是偷東西或是借錢賭博等等，其不確定性都非常的高，都是屬於高風險高報酬的活動，而人字拖似乎也樂在其中，到了最棘手的寶寶計畫，這不僅違反他們自訂的規則，若讓他的家人知道，想必他的父親會更加的失望，但是由於包租公的懇求，他也答應了，因此判斷他爲風險偏好者。

第二階段：

人字拖在照顧寶寶期間，不僅漸漸的感受到父親的期望，護士女友 Melody 的關心，以及寶寶適時的制止上賭場，種種的狀況讓他漸漸的遠離賭博，因此也漸漸的從風險愛好者變成風險嫌惡者，燃起想過平穩生活的念頭，就從 Melody 的一句話「從這一秒開始，都不會太晚」。

第三階段：

當寶寶被抽血的那一剎那，寶寶呼喊爸爸的那一剎那，對於人字拖來說此時無形的親情效用已經完全的取代實質的金錢效用，人字拖願意承擔生命危險的風險來拯救寶寶，原本想過平淡生活的想法也不在了，此時的他已成爲風險的愛好者，只是此時他追求的是拯救寶寶的效用，當中包含在遊樂場奔跑、用汽車電流急救寶寶等等。

第四階段：

此階段是人字拖等三人被抓坐牢的階段，由於一切也已事過境遷，寶寶也安然無事，而人字拖也想通不讓家人擔心，更重要的是對女友的承諾，他也不再追求一夕致富的夢想，不再偷東西、賭博，這樣的轉變又讓人字拖從寶寶效用的風險愛好者轉變爲實質金錢的風險嫌惡者，他不在爲了金錢去冒這麼大的風險，包括自己的生命危險、家人的期待等，他只想要安安穩穩的過生活。

(二)百達通

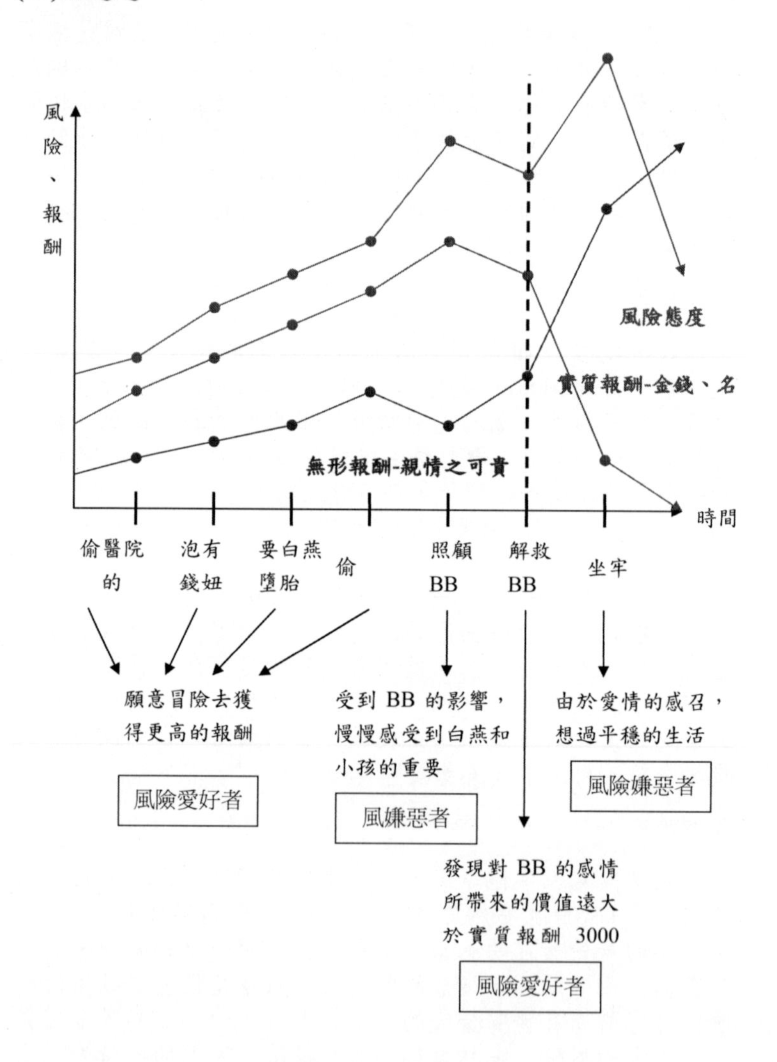

圖 2-8 百達通的風險態度曲線

第一階段：

百達通從醫院偷藥到偷 BB 這段期間，其風險態度是標準的風險偏好者，不論是偷東西或是買名牌、名車來泡有錢妞等，由於敗家女的不確定性都非常的高，這樣的投資屬於高風險高報酬的活動，而人字拖似乎也樂在其中。此外，爲了怕白燕用小孩子當藉口，而破壞他的泡妞計畫，甘願冒著自己老婆墮胎的風險，來求得更高的報酬，這樣的舉動更是確立他的風險態度。到了最棘手的寶寶計畫，雖然違反他們自訂的規則，但是由於包租公的懇求，他也答應了，因此他爲風險偏好者。

第二階段：

百達通在照顧寶寶期間，不僅漸漸的感受寶寶的可愛，更感受到當母親的辛苦、女友白燕的包容，以及寶寶有意無意的表示應該跟白燕聯絡，種種的狀況讓他漸漸的將心思放在白燕身上，因此也漸漸的從風險愛好者變成風險嫌惡者，燃起想過平穩生活的念頭。

第三階段：

當寶寶被抽血的那一剎那，寶寶呼喊媽媽的那一剎那，對於百達通來說此時無形的親情效用已經完全的取代實質的金錢效用，百達通願意承擔生命危險的風險來拯救寶寶，原本想過平淡生活的想法也不在了，此時的他已成爲風險的愛好者，只是此時他追求的是拯救寶寶的效用，當中包含在遊樂場奔跑、對抗 Max 父親等等。

第四階段：

此階段是百達通等三人被抓坐牢的階段，由於一切也已事過境遷，寶寶也安然無事，而百達通也想通不讓白燕擔心，他也不再追求一夕致富的夢想，不再偷東西、賭博，這樣的轉變又讓百達通從拯救寶寶效用的風險愛好者轉變爲實質金錢的風險嫌惡者，他不再爲了金錢去冒這麼大的風險，包括自己的生命危險、女友的期待等，他只想要安安穩穩的過生活。

(三)包租公

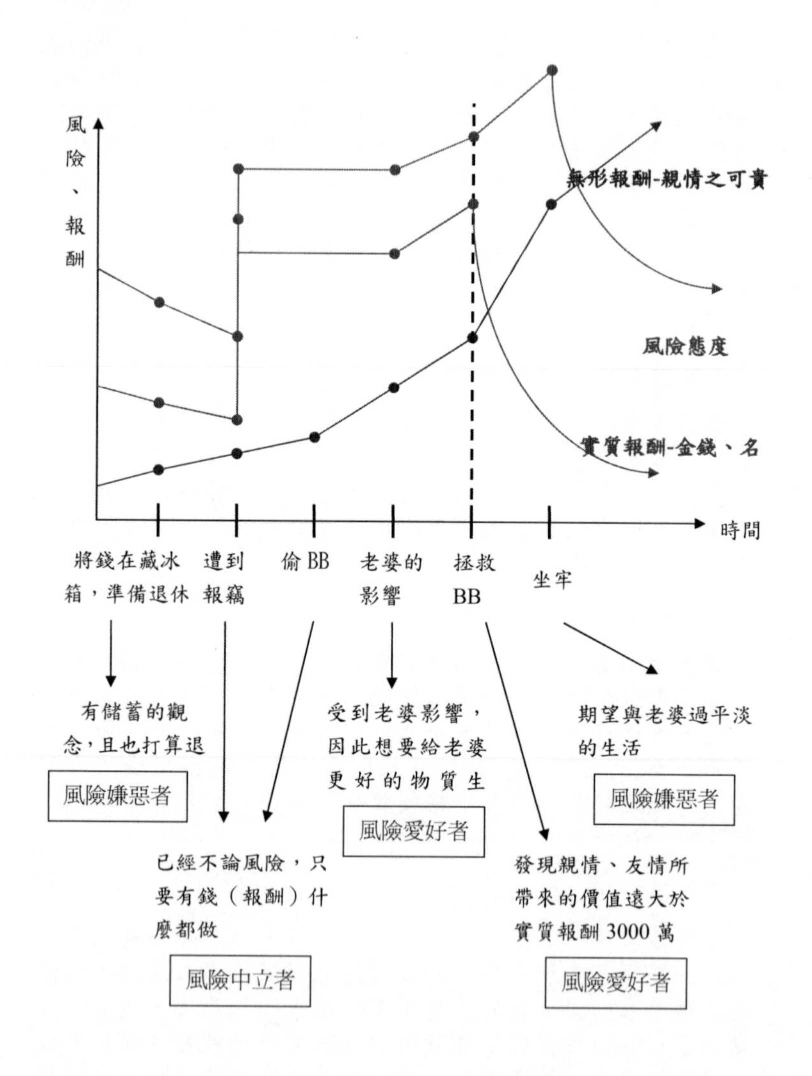

圖 2-9 包租公的風險態度曲線

第一階段：

從個案中我們不難瞭解，包租公其實在這個小偷集團中是個名噪一時的神偷，而人字拖與百達通皆是他的徒弟，而他目前就是負責接案子、負責接應等風險較小的工作，畢竟不需要冒著生命危險爬高爬低。並且他也表明只要存夠錢就要退休的意願，由此看出包租公隨著年紀的增長，如今是進入風險嫌惡的階段，也就是不想在像過去一樣冒太大的風險追求報酬，而對於老婆的無形報酬，隨著年紀也漸漸的上升。

第二階段

這個階段的包租公由於遭到報竊，他畢生的積蓄都功虧一簣，此時的他唯一想的就是如何賺回他的棺材本，此時任何 case 的風險他以完全不在意了，即便是要他親自出馬，只要能夠趕緊補回失去的錢就好了，由此我們可瞭解對於偷竊的風險已經完全不在意了，唯一在意的就是報酬多寡，因此這階段的包租公風險態度應是風險中立者

第三階段

當包租公將寶寶給老婆抱時，他才注意到從前偷到多少錢，老婆都不在意，老婆在意的只有他們的孩子及包租公，因此他也下定決心要爲了老婆冒最後一次風險，但是此時他也回過神，瞭解自己是爲誰冒險，所以他預收了頭款以防萬一外，也採取一手交錢一手交貨的方式，故此時他的風險偏好便是風險愛好者。

第四階段

這個階段的包租公感受到痛失愛子的痛，同時也爲了兩個如同自己孩子的徒弟，他毅然決然的放棄三千萬，而回頭拯救兩個徒弟與寶寶，冒著被坐牢或被 Max 父親殺死的風險，爲了就是求取兩個徒弟與寶寶安全的效用，因此讓包租公從實質金錢的風險愛好者變成無形親情的風險愛好者。

第五階段

最後被抓入獄的包租公，由於最終可過安穩的退休生活，且兩個徒弟也安然無事的狀況下，也將風險態度轉爲風險嫌惡者，願意當保安安穩度日。

（四）Max 的父親

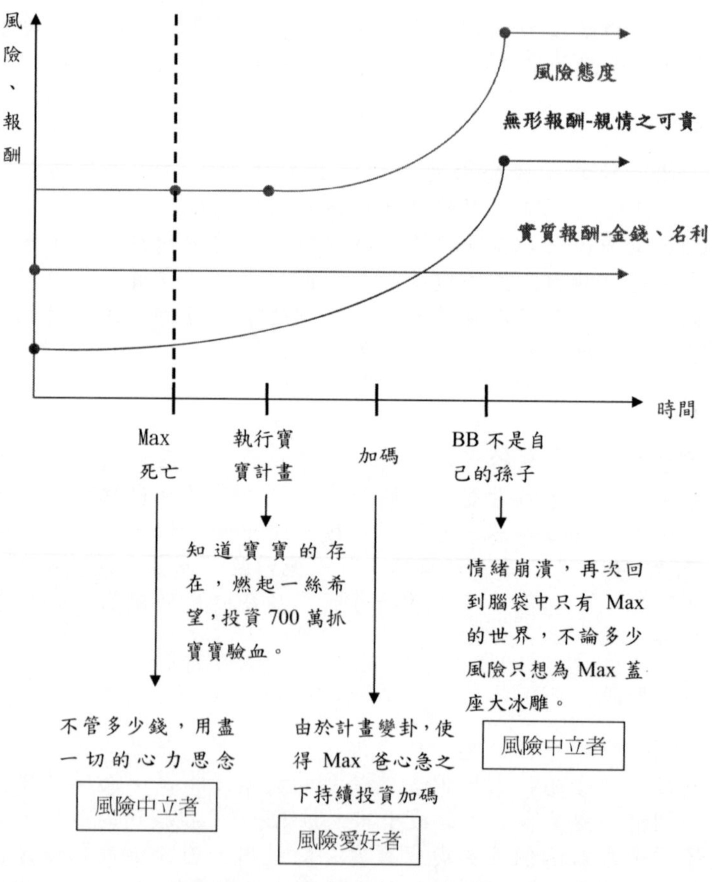

圖 2-10 Max 父親的風險態度曲線

第一階段：

此階段為 Max 死後，他的父親對於 Max 的疼愛仍然沒有降低，他不計任何代價來思念他兒子，不論是為他兒子做的冰櫃，或是為他兒子茶不思飯不想，生意也不用做了，思念孩子的效用是他爸爸唯一追求的。

第二階段：

當 Max 的父親知道寶寶一事，再次燃起希望，他寄望寶寶是自己的孫子，因此以投資七百萬及擄人勒贖刑責的風險，來確認寶寶的身份，當中由於遇到一些曲折，使得 Max 的父親無法如願的確認寶寶身份，因此再次加碼至三千萬，這樣的舉動都在在的看出他的風險態度，在此 Max 的父親從風險中立者轉變為風險偏好者。

第三階段：

在確認 BB 不是自己的孫子時，Max 父親精神崩潰，再次將目標轉變為思念 Max 的效用，且同樣是不計任何風險代價的思念，不僅將 BB 放入中陪伴他兒子，更發願要為 Max 蓋一座大冰雕。由此看出 Max 父親再次回到風險中立的狀態，因為除了他兒子，一切已不再重要。

效率投資組合與效率市場假說

(一)投資組合報酬與風險的衡量

所謂投資組合(Portfolio)是指由一種以上的證券或者是不同的資產所構成的投資的總集合。投資組合的預期報酬可由個別資產的預期報酬率乘上投資於個別資產的比重(權數)而得到，其公式如下:

$$E(R_p) = W_1E(R_1) + W_2E(R_2) + \ldots + W_NE(R_N) = \sum_{i=1}^{N} W_iE(R_i)$$

(2-5)

其中 E(Rp) 爲投資組合的預期報酬率

Wi 爲投資第 i 種證券的權重

E(Ri) 爲第 i 種資產的預期報酬

假設台積電股票的預期報酬率是 18%，而聯電股票的預期報酬是 15%。假設你將資金的 60%投資於台積電股票，而將資金的 40%投資於聯電股票，那麼你的投資組合的預期報酬率將爲何?

投資組合的預期報酬=

$$E(R_p) = 0.6\times18\% + 0.4\times15\% = 16.8\%$$

因此這個投資組合的預期報酬爲 16.8%

(二)可分散(非系統)風險與市場(系統)風險

分散風險原則是:「不要將所有雞蛋放在同一個籃子裡」。不只是老生常談，「分散投資」是歷經時間考驗，能有效管理投資風險的策略。如果您只將投資集中於一種股票或一個產業，當景氣反轉，可能會蒙受很大的損失，相反地，如果能採取分散投資，即使部分投資產生虧損，也不會全軍盡墨。

分散投資的實際做法是藉由投資在多種類型資產，如股票、債券、現金或房地產，來降低市場不佳時對單一資產造成的衝擊。分散投資的目標是降低風險，是一種「平衡投資法」，所獲取的收益或許不如「賭」（下注）對單一投資時多，相對地，損失也不會像只投資於單一個項目那樣慘重。

投資風險可分爲兩大類：

第一大類稱爲特有風險，又稱爲可分散風險或非系統風險，屬於個別資產的風險。指某一證券(個別公司)獨有而隨機變動的風險，又稱<公司特有風險>。如某公司發生掏空資產的舞弊案、某公司發生罷工、某公司工廠發生爆炸、某公司撤換總經理等。而非系統風險可由分散投資(增加證券投資種類)來降低其風險，投資人可以經由增加持有股票的種類來分散屬於公司特有的風險，舉例來說，今年 A 公司接單順利、產能滿載，B 公司卻度日如年、朝不保夕，但可能明年 A 公司與 B 公司的狀況可能剛好相反。分散特有風險的方法便是，只要同時持有 A 公司及 B 公司的股票即可消除因個別公司每年大起大落所產生的風險。理論上，持有的資產種類愈多可以分散愈多的特有風險，但實務上通常約持有 20 種資產便可分散大部分的特有風險。

第二大類稱爲市場風險，是屬於市場整體的風險，爲不可分散風險。是由政治、經濟、社會等環境因素變化對證券報酬率造成之影響所形成的風險，市場風險無法藉由多元投資組合來消除。如:利率風險、通貨膨脹風險、戰爭、天然災

害、政治動盪等均屬系統風險，2008 年全球金融風暴造成全球股市全面下跌即屬世界性系統風險。

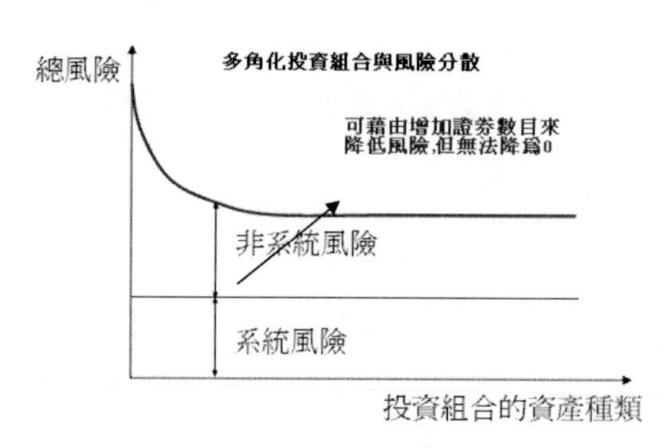

圖 2-11 多角化與風險分散

(1)實質報酬(財務上)的風險

在個案中，本文將其小偷三人組所面臨的實質報酬風險(牽涉到財務面)分爲系統風險與非系統風險來做歸納與整合。系統風險可定義爲整體三人的行爲表現共同所產生的整體風險(市場風險)，是三個人一起行動所產生的風險，而是必須由三個人一起承擔，可知沒有任何一個人是可以避免掉，所以無法透過個人的方式來分散風險。就如同三個人一起去執行偷錢、偷東西、偷 BB 等計畫，都是三人各負職責，一起完成任務、一起分贓財物。故三人也就必須一起面對可能任務執行失敗，而被警方逮捕；或是，在執行偷 BB 計畫時，Max 的父親想把三人殺人滅口等風險。

非系統風險則是個人行爲表現所產生的個別風險，因爲是由自己的行爲或自己想另外追求其他的財富，所產生的個人風險，所以是可以透過個人可掌控的方式來降低風險。例如，人字拖本身爲了追求更多的財富，不惜再向地下錢莊借錢，但由於借錢所產生的利息是很高的，且若無法在時間內歸還，所面臨的個人風險是很高的。另外，他也將偷來或借來的錢，拿去賭博、賽馬(利用本金與融資的資本，投資於賭博上的計畫)，但賭博等行爲是屬於高風險的投資行徑，人字拖必須自行承擔賭輸賠本的風險，這是其他二人無法幫他分擔的。但是，人字拖可以自由掌控非系統風險，可用分散風險的方式來將非系統風險降至最低(將資金投資在正常的投資管道或是選擇更多的投資方案上)。

百達通本身也是爲了追求更多的財富，所以不惜將偷來的錢，全部花在亞洲十大富豪女兒的身上，主要就是秉持著要泡就泡有錢妞，這樣才不會白白浪費資金的投入，但由於不確定是否最後會失敗的風險很大，導致百達通最後可能會面臨血本無歸的風險。但是，百達通是可以自由掌控非系統風險，可用分散風險的方式來將非系統風險降至最低(例如可以多泡幾個有錢的女人，以防萬一)。

包租公本身爲了可以提早退休，所以努力存錢 300 萬，但最後卻被爆竊，這個被爆竊的風險只能由包租公自己承擔，他可以在保險箱多裝幾個暗鎖，來降低可能被爆竊的風險。另外，在最後他自己可以選擇帶著錢一走了之，不理其他二人是否會有危險，在面對兩難的風險下，包租公選擇了良知。最後，他仍是去自首要求警方救援，在此包租公選擇了先自首的方式，在未來或許還有減刑的機會(降低未來受刑可能遭受到的風險)。

Max 父親面對的系統風險即爲因自己的作爲導致委託偷 BB 的三人不願交出 BB 的行爲所產生的風險報酬。Max 的父

親的非系統風險在於投入高資本的報酬作爲執行偷 BB 計畫的費用，但因爲 BB 不一定是自己孫子的不確定性大，而使非系統風險提高就如支付高報酬來換取 BB 來證明是否爲自己的孫子，所以面臨投入高資金的計畫案慘遭血本無歸的可能性很高。最後，得到的卻是令 Max 父親傷心欲絕的事實，甚至 Max 父親因爲無法承受著個打擊而精神崩潰，這是他之前沒有預料到可能面臨的風險。

(2)無形報酬(情感上)的風險

在個案中，本文將小偷三人組所面臨的無形報酬風險(包括情感層面)分爲系統風險與非系統風險。再此三人所共同面臨的系統風險在 BB 事件前可能包括三個人對人與人之間的情感是種負擔，譬如說因爲包租公仍執意要進行違反當初盜亦有道的精神的偷 BB 計畫，就算其他兩人有所意見，仍是完成任務，可知他們還是利益勝過無形的道義精神，但在 BB 事件過後，三人共同面對 Max 父親追殺、喪失 3000 萬報酬、自首被關的風險報酬與了解生命與親情的重要性。

另一非系統風險部分，如人字拖在 BB 事件前面對的無形價值的風險在於因爲自己的欠債讓家人遭受討債公司的威脅與家人的不諒解。但在 BB 事件過後，人字拖爲了救 BB 而放棄用來償還向地下錢莊借錢與繼續利用賭博來翻本 3000 萬的風險；百達通在 BB 事件前面對的無形價值的風險在於因爲自己對於妻子白燕總是漠不關心且經常抱怨想要離婚，這樣的行爲只會傷害到兩人之間的信任與感情。但在 BB 事件過後，百達通人字拖爲了救 BB 而放棄可以用來繼續泡有錢妞的最終目的；包租公在 BB 事件前面對的無形價值的風險在於爲了自己被爆竊的錢，不顧及盜亦有道的精神，仍執意進行偷 BB

的計畫，且還不顧生命地餵食 BB 安眠藥，可以說是沒有任何的情感可言。

(三)投資組合與效率市場假說之關係

Fama(1965)提出效率資本市場假說之後，該假說即成爲財務金融領域（尤其是證券市場領域）最重要的理論之一。效率資本市場包括內部效率市場與外部效率市場二個層面。

內部效率市場又稱爲交易效率市場，主要再衡量投資人買賣資產時所支付的交易成本的多寡。主要是從交易的運作面與制度面來探討效率性。外部效率市場又稱爲價格效率市場，意指資本市場上的各種證券價格能夠充分地反映出所有決定價格的相關訊息，換句話說，所有能夠影響股票市場價格的資訊，都能夠迅速且完全的反映到價格上，在市場能夠完全反映其價格時，即表示市場是具效率性的，則投資人無法利用過去、現在或是內線消息的方式來獲得高額報酬；反之，若影響價格的資訊，無法完全反映在價格上時，即表此市場不具效率性，亦可透過過去、現在或內線的資訊來獲取超額報酬。

本文簡單運用 Fama 所提出的效率市場假說，來驗證個案中主角們因爲事件的改變，而使對風險態度進而有所轉變下，將其整體與個體視爲市場，來進一步探討是否因影響他們的訊息出現時，是否均能夠完全反映其行爲表現上而不具效率性；亦或是不能完全反映其行爲表現上而具效率性，使在自己實際報酬的獲得而有所影響。

在未執行偷 BB 計畫之前，小偷三人組所面臨的是一個不具有效率性的市場，因爲依據 Fama 所提出的學理來分析，三人爲了可以獲得更多的報酬(超額報酬)，是可以不故一切的冒著高風險來進行計畫的執行，且在人字拖與百達通的個人行爲上也是如此。像人字拖除了偷錢之外，也向地下錢莊借錢來賭博、賭馬(人字拖的投資組合是將現有資金+融資(借錢)，分別投入賭場和賽馬兩個投資計畫中)，想藉此獲得更高的報酬；而百達通則是將偷來的錢想一鼓作氣投資在十大富豪女兒的身上，而不願意分散投資在其他女人身上，主要也是爲了得到高報酬的績效。但兩人的投資計畫都是屬於高風險的，所以出現影響他們的資訊出現時，如人字拖回家遭到父親的漫罵，仍不改其原本的行爲；而百達通在餐廳上遇到妻子白燕也不會感到愧疚，這些事件資訊的產生，不能完全反映在兩人的行爲表現上，故可以顯示兩人的行爲表現與風險態度是具有效率性的，且兩人仍是抱持著原本用偷或是非正當行徑來獲取超額報酬。

但是在經過 BB 事件之後，兩人的行爲逐漸受到 BB 的影響，像是人字拖原本要上賭場賭錢，因爲 BB 的關係而放棄；百達通原本對於白燕漠不關心，只想著自己的利益與前途，但也因爲 BB 的關係，開始有了新的改變。由此可發現，兩人的行爲會因爲 BB 所發出的訊息，而有所改變，甚至可以說是完全反映在兩人的行爲表現上，故可知兩人的行爲開始出現不具效率性的一面，且因爲行爲表現與面對風險態度的不具效率性，而使的自己原本可以獲得實質高額報酬，再爲了達到另一個無形價值-親情、友情、愛情與生命可貴的目的，而放棄了此超額報酬 7000 萬與未來美好人生的目的。

資本資產定價模式(CAPM)

系統風險雖然無法避免，但是我們卻可以尋找相關係數不高的眾多資產組成投資組合，以藉此降低系統風險到最低，這便是現代投資組合理論的要義所在。

(一)投資組合與效率前緣

現代投資組合理論假定投資者爲規避風險的投資者。如果兩個資產擁有相同預期回報，投資者會選擇其中風險小的那一個。只有在獲得更高預期回報的前提下，投資者才會承擔更大風險。換句話說，如果一個投資者想要獲取更大回報，他就必須接受更大的風險。**一個理性投資者會在幾個擁有相同預期回報的投資組合中間選擇其中風險最小的那一個投資組合。另一種情況是如果幾個投資組合擁有相同的投資風險，投資者會選擇預期回報最高的那一個。這樣的投資組合被稱爲最佳投資組合。**已具以上可知，最具有效率的投資組合擁有兩個共同特性：

1.在相同風險水準(標準差)下，選擇較高的期望報酬。

2.在相同期望報酬下，選擇較低的投資組合風險。

再不同資產的配合所組成的投資組合中，找到最具效率的投資組合，稱爲投資機會的效率前緣，任何理性的投資者皆會選擇若在效率前緣上的投資組合。(如圖 2-12)

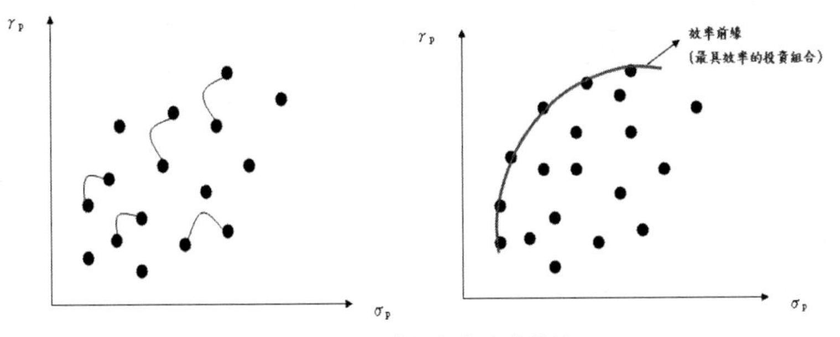

圖 2-12　投資組合與效率前緣

而在所有市場投資機會中，我們可以找到一條最具有效率的投資組合，即爲效率前緣，它是市場投資機會中最具有效率的期望報酬和風險組合。但當市場中存在另一個投資機會:無風險資產時，情況就會改變。假如我們從無風險F延伸一條線，我們稱爲資本市場線(CML)，他所代表的投資組合更優於除了M點之外的效率前元上所有的投資組合，而與市場的效率前緣相切(M點)代表的爲是投資人最佳的投資組合之選擇。(如圖2-13)

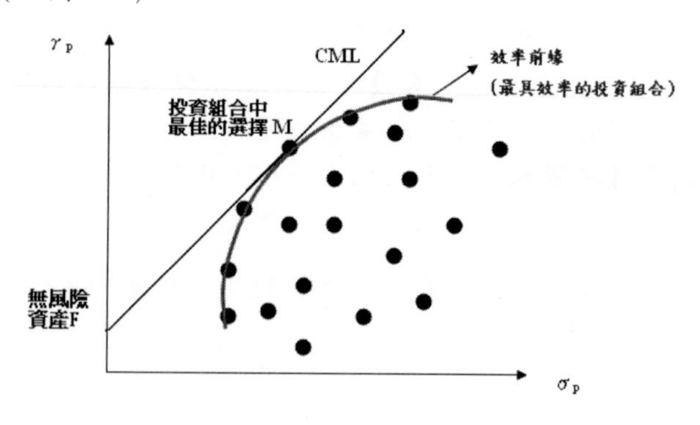

圖2-13　效率前緣與資本市場線

(二)CAPM之基本假設

資本資產訂價模式(CAPM) 由Sharpe(1964)提出，以Markowitz 的資產組合理論與Tobin 的資產分散理論爲基礎，建立的資本市場理論模型。Markowitz 告訴我們當投資人持有一個投資組合時，只須重視組合的報酬與風險，不必注重個別資產的報酬與顯，但當投資組合中資產改變時，應注意此項改變對組合的報酬與風險所帶來的改變。故夏普採用此概念，發展出考慮投資組合與風險兩項因素的資本資產定價模式。CAPM 之基本假設：

1.投資者爲**風險規避者，希望期望報酬的效用極大化**，而投資人是以報酬率的標準差來衡量風險。

2.投資人對投資報酬率的期望一致，而且**資產的報酬率爲常態分配**。

3.資本存在著無風險利率，投資人可以此**利率無限制的借入與貸出**。

4.所有的**資本資產可以無限制分割**，投資者爲價格接受者，市場具備完美性，沒有交易成本與任何稅賦。

(三)證券期望報酬率與風險的關係-資本市場線

在效率前緣的學理上，所有市場投資機會中，我們可以找到最具效率的投資組合，即爲效率前緣，它是市場投資機會中最具有效率的期望報酬和風險的組合，但當市場中存有另外一個投資機會：無風險資產時，情況就會有所改變。**如果我們從無風險資產F延伸一條線，他所代表的投資組合將優於CML線下的所有投資組合。**如下圖中，橫軸是貝他係數，縱軸則是期望投資報酬率。市場投資組合的貝他係數會是1，而無風險投資的貝他係數則會是0(因爲它無風險，不會隨著市場的起伏而波動)。**把代表無風險投資的R_f與代表市場投資組合的Rm以直線相連，稱其爲證券市場線(SML)。**我們會發現，在市場均衡的狀態下，所有的證券都應該落在這條線上。假設B證券是在證券市場線之下，不會有投資人願意購買B證券，因爲我們可以用無風險投資及市場投資組合，組成一個跟B證券有相同貝他值的投資組合，但期望投資報酬率卻比B證券要高(如圖2-14中的M點)。投資人因此不會想要投資在B證券上，B證券的價格因而會滑落，直到B證券回到證券市場線上爲止。

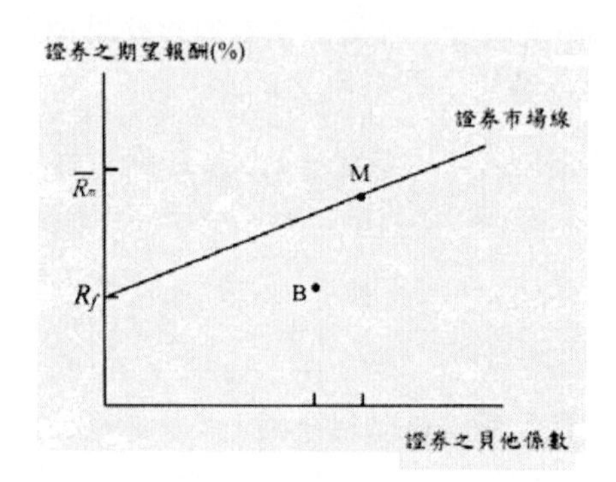

圖2-14　證券市場線

在市場均衡的狀態下，個別證券必都位於SML之線上，可適用於包含有效率的與無效率的投資組合，而這些投資組合也必然落於SML 上。當資本市場處於均衡時，SML 可以決定證券之期望報酬率，同時也可決定證券之價格；若將此一模式推廣至資本市場上之各種資產時，則**證券市場線可以決定資本市場上之各種資產的價格，所以SML可稱爲資本資產訂價模型。**

由於一般而言，在證券上的風險可分爲兩大類，分別爲非系統風險與系統風險。非系統風險，爲可分散風險，或公司個別風險。如法律訴訟、罷工、合約的取得與否等，只影響某一特定公司的事件所引起的風險，其對投資組合的影響可由投資標的多樣化剔除。而系統風險爲不可分散風險，或附屬於證券市場風險。如天災、戰爭、通貨膨脹、景氣循環等影響大多數公司因素所引起風險。由於其所產生的影響與整體市場的變化有關，因此無法藉由投資標的多樣化的方式來加以分散。所以投資人應該眞正關切的風險爲系統性風險。對理性、多樣化投資的投資人來說，系統風險是唯一悠關的風險，至於非系統風險投資人可以透過投資組合的多樣化，來加以消除。

在Sharpe的資本資產訂價模式中，beta 係數爲測量某特定股票對市場投資組合的相對變動程度。可透過beta係數反映出來，個別證券隨著市場投資組合移動的趨勢。能夠衡量出個別證券相對場投資組合的變動程度。實務上，通常以一些較具代表性的股票指數作爲市場投資組合，再根據股票指數中個別股票的報酬率來估計市場投資組合的報酬率。因此，**beta係數爲衡量「系統風險(不可分散風險)」的重要指標**。而beta係數大小與市場的關係，如以下的說明：

1. 當beta=1，即此種證券與市場組合（M點）有相等的變動幅度。
2. 當beta>1，此種證券變動之幅度要比市場組合變動幅度爲大。
3. 當beta<1，此種證券變動之幅度要比市場組合幅度爲小，即其風險較小。

(四)資本資產定價模型(CAPM)

以資本市場線(capital market line; CML)，可延伸推導出所有投資組合與個別資產之期望報酬率與風險之間的關係如下：

$$R_i = R_f + \beta \times (R_m - R_f) \qquad (2\text{-}6)$$

亦即，資產的期望報酬率 ＝ 無風險投資報酬率 ＋ 貝他係數 ×(市場期望投資報酬率－無風險投資報酬率)

資本資產定價模型(也稱爲證券市場線 SML)告訴我們：**證券的期望投資報酬等於無風險投資報酬率，加上某些風險溢酬，而溢酬的大小則等於該證券的貝他係數乘以市場投資**

組合的風險溢酬。一般而言，高報酬經常伴隨著高風險存在，因此對於高風險的投資，一般要求的報酬也比較高。譬如說投資無風險的債券，假設平均報酬是 7%，那麼投資股票的平均報酬或要求報酬可能爲 15%，因此這兩者的差距 8%(15%-7%)就可以視爲是一種風險溢酬或風險貼水。**而風險溢酬就是投資者承擔風險所要求的額外報酬**。譬如說投資大型股票（如台積電、中華電、中國鋼鐵）的風險溢酬相對於投資小型股票的風險溢酬就來得比較小，因爲大型股票的風險相對於小型股票一般來得小。（如圖 2-15）

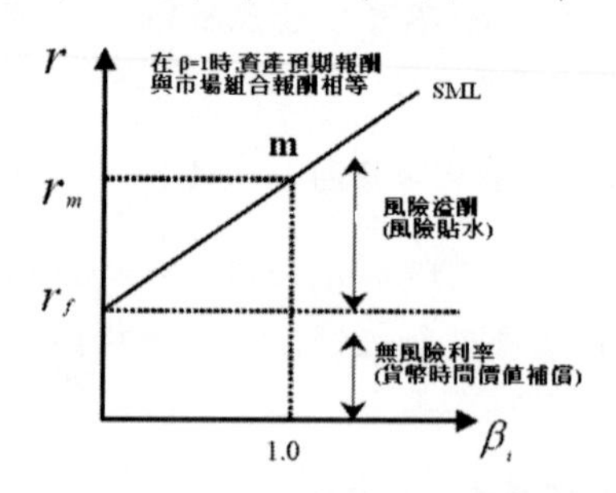

圖2-15　證券市場線與預期報酬

根據資本資產定價模型，投資人要求的期望投資報酬率取決於兩件事。第一，對金錢的時間價值的補償：等於無風險投資報酬率。第二，風險溢酬：由市場風險溢酬與投資組合貝他係數來決定。

資本資產定價模型以簡單的形式捕捉到了兩個重要的想法。第一，幾乎所有的人都會同意，投資人對風險的承擔會要求額外的報酬。第二，投資人，尤其是法人投資人，主要關心無法被風險分散到的市場風險，比較不擔心個別股票的風險。

依據個案中，本文以證券市場線(資本資產定價模式)來描述小偷三人組在系統風險下的預期報酬率與風險之間的關係。

◎小偷三人組的資本資產定價模式

利用 SML 來表達小偷三人共同面對的報酬與風險之間的關係，並再利用線圖的方式表示三人各別最佳的投資組合與 SML 之間的關係。先就執行 BB 計畫前後三人所追求的報酬分別探討。三人在救 BB 前主要追求的是實質金錢的報酬；但在決定救 BB 後，追求的不在是實質報酬，而是無形的情感價值所帶來的效用(BB 的效用)。

分界點：救 BB
(1)實質金錢報酬之 $R_{i(三人)} = R_f + \beta \times (R_m - R_f)$
(2)無形情感價值之 $R_{i(三人)} = R_f + \beta \times (R_m - R_f)$

(1)救 BB 前之實質金錢報酬之 SML

針對三人共同面臨的系統風險作基本假設，如同在個案中，三人與 Max 的父親所面對的無風險資產報酬率(Rf)爲整體經濟環境因素所產生的風險所需的要求報酬是一樣的。因爲故事主角都處在香港的同一個環境下，故面對因爲經濟、政治、生活型態等因素所形成的風險也會是一樣的，而由於每個人基本所會面對的風險均相同的，故相對產生的風險也會是一樣的；在市場組合的預期報酬率(Rm)上，本文視爲整個小偷業中可能面臨最大風險的報酬率，因爲不同的行業，就會有不同的風險存在，如購買保險時，學生和飛機駕駛員

在風險程度上分類就不一樣，相對保費也就有所不同的道理是一樣的。而由於小偷業這個行業其實是一個高報酬低風險的工作(當然前提是只有單純的偷錢、偷東西，而不作其他可能危害生命的竊案)，但在此我們將可能面臨最大的風險爲死亡(牽扯到黑道或是在逃逸時被警方射殺等)，由於在行竊的過程中死亡對小偷而言是一個高風險，所以相對所要求的報酬也就會隨之增加。

在風險溢酬上，β 表示無法分散風險(系統風險)係數，故在其他情況下不變，系統風險越高(三人一起執行偷錢、偷東西或執行偷 BB 等計畫時，可能也必須一起遭遇到被警察抓或被 Max 父親殺害的高風險)，則無法分散的風險也就越高(因爲這是三人一體的行動，所以必須一起面對，無法分割或由某一人來全部承擔)。因此，從個案中可發現，小偷三人組所面臨的事件是一次比一次都還要危險(一開始只是單純的偷醫院的錢財與藥，之後被警察發現，但因 Max 的緣故逃過一劫；執行 BB 計畫的過程，遭受到警方臨檢與 Max 的派人解決他們的危機；最後爲了救 BB 差點被凍死在冰室裡等事件)，則 β 風險也隨著事件的發展越來越高。故小偷三人組的風險溢酬 (Rm- Rf)*β→(死亡-坐牢)*β↑(隨著事件越來越高)，由於受到整小偷業所需面對的風險相當高，反觀三人所面對的無風險報酬則是小巫見到巫(一般大眾都會面臨的基本風險>坐牢、死亡)，所以在風險溢酬部分也就越大(因爲只要不死，就算被關也只是幾個月或幾年而已，出獄之後仍是可以繼續在業界闖蕩江湖，來獲取暴利)。

由上述可知，小偷三人組在實質報酬上的預期報酬率(Ri)，因爲受到超高額風險溢酬的緣故，也跟著水漲船高。所以，三人原先所打定的目標就是只要不被抓去關，就可以不斷的去偷取錢財或是接高報酬的委託計畫來增加自己的財富，達到自己自身的目標(人字拖與百達通均爲希望變成有錢人；包租公則希望有足夠的退休金來安度晚年)。

但從另一個角度切入觀察可發現，在共同面對同一系統風險下，三個人之間眞正可以拿到的報酬並不相同，如人字拖的非系統風險最大(跟賭場借錢、賭博、賽馬)，故若考慮到非系統風險的影響，人字拖的風險溢酬則必須在加上非系統風險的報酬，而使風險溢酬往上提高，進而使人字拖自己的預期報酬也跟著增加；百達通的非系統介於兩人之間，只有單純花費在富家女身上，所以在加上自身的非系統風險報酬後，風險溢酬雖有增加，但還是比人字拖所需的預期報酬來的少一些；包租公的非系統風險是最小，因爲他單純的只是想存退休後的老本，沒有再做其他的投資，故加上非系統風險後，風險溢酬並沒有增加太多。整合上述可發現，三人之間在考慮非系統風險後，每人所可以擁有的風險溢酬人字拖>百達通>包租公；個人可以獲得的預期報酬人字拖>百達通>包租公。

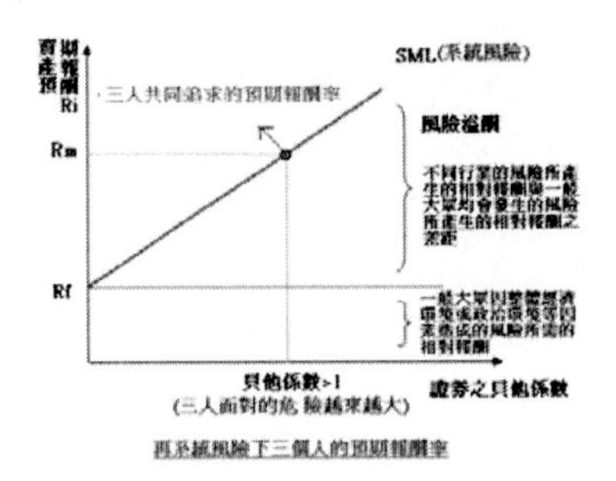

在系統風險下三個人的預期報酬率

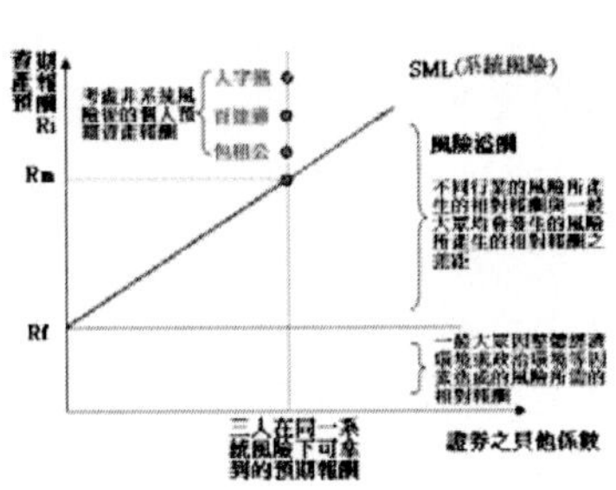

考慮個人非系統風險之預期報酬率

(2)救 BB 後之無形情感價值之 SML

如圖 2-16 左，針對三人再決定救 BB 後共同面臨的無形情感價值的系統風險作基本假設，如同在個案中，三人所追求的無形期望報酬(效用 Ri)爲獲得家人的諒解與追求安定的生活。在此將 Rf 定義爲在一般人平均在一生當中可能會面臨的危險(生病、車禍等)所需的相對報酬；而市場組合的預期報酬率(Rm)部分，我們視爲在整體小偷業中，秉持著盜亦有道精神之平均值或是決定重新改過向善小偷的平均值，因爲小偷若秉持著盜亦有道之精神在執行計畫，可能會帶來很大的風險，因爲可能無法完成受託人的任務而招來風險，小風險可能爲拿不到報酬而已，但也可能面臨風險較大的生命危險。就如同在個案中，當包租公接下 Max 父親的委託時，如果最後因盜亦有道的精神不能違背而使任務失敗，Max 父親可能一個生氣下，不僅沒有報酬，還可能把他們全部解決掉，在此可知在小偷業若又太多情感因素存在時，也會帶來更高的風險，相對在報酬上也就會隨之增加；故在風險溢酬上(Rm-Rf) *β 上，β 風險主要是在衡量個別資產風險佔整體風險之比例。

在個案中可看出，無形報酬之 β 風險爲三人對其自己良知的甦醒佔整體小偷業之盜亦有道精神越來越大，也因爲良心的甦醒讓三人對行爲上的表現有所改變(爲了救 BB 不要財富)，而此行爲的改變也將爲他們帶來更高的風險，因爲他們原本可以直接帶著 3000 萬離開過著富裕的生活，但最後爲了救 BB 則必須面對可能被 Max 父親殺掉與被警察帶捕入獄的風險，故相對與直接帶著 3000 萬離開的行爲來看，β 值所衡量的系統風險也提高了。由上述可知，小偷三人組在實質報酬上的預期報酬率(Ri)，因爲受到超高額風險溢酬的緣故，也跟著水漲船高。

另外從另一個角度切入觀察可發現(圖 2-16 右)，再共同面對同一系統風險下，三個人之間真正可以拿到的報酬並不相同，如人字拖的非系統風險最大(家人的不諒解、父親氣到中風、無法真誠的面對 Melody)，故若考慮到非系統風險的影響，人字拖的風險溢酬則必須在加上非系統風險，而使風險溢酬提高，進而使預期報酬也跟著增加；百達通的非系統介於兩人之間，只有忽略妻子白燕的情感與責任，所以在扣加上自身的非系統風險後，風險溢酬雖有增加，但還是比人字拖少了一些報酬；包租公的非系統風險最小，只有精神狀況有問題的老婆，故加上非系統風險後，風險溢酬並沒有增加太多。整合上述可發現，三人之間在考慮非系統風險後，每人所可以擁有的風險溢酬人字拖>百達通>包租公；個人可以獲得的預期報酬人字拖>百達通>包租公。

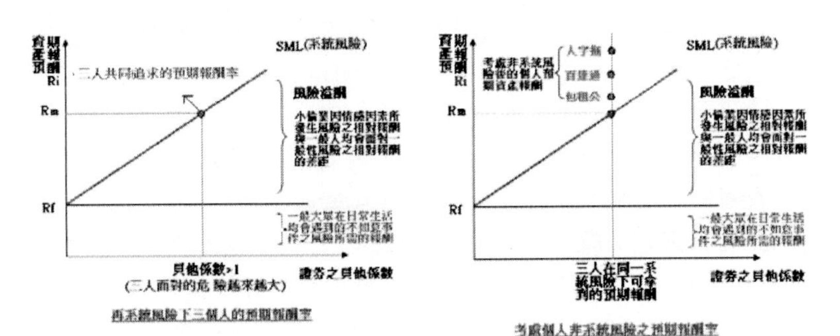

圖 2-16　神偷三人組的證券市場線

◎Max 父親的資本資產定價模式

從個案中可發現，Max 父親追求的一直都是無形情感價值 Ri(認定 BB 是自己的孫子，且是他活在世上唯一的希望)。

$$無形情感價值之\ R_{i(Max\ 父親)}=R_f+\beta\times(R_m-R_f)$$

無風險資產報酬率(Rf)部分與小偷三人組一樣，可定義爲一般人在日常生活中，大多都是追求安定、和平與快樂的生活，但是人生不可能是完美無缺點的(就如同 Max 的父親就算有在多錢也無法得到快樂一樣，因爲他最愛的兒子過世了，唯一可能是自己孫子的希望也破滅了，最後還精神崩潰)。在此將 Rf 視爲在一般人平均在一生當中可能會面臨的危險(生病、車禍等)所需的相對報酬；而市場組合的預期報酬率(Rm)部分，我們視爲因爲 Max 的父親是一個非常有錢的企業家，所以他所面對的市場風險有實質上的公司營運風險、投資計畫成敗之風險等；在無形上的風險爲一般有錢人其實再心靈身處都是相當空虛的，因爲他們大多都已經達到自己的目標。將其實質與無形風險換成相對報酬來衡量有著相當高的抵換關係；在 β 系統風險上也可發現，Max 的父親用盡所有的方式(偷、搶、花大錢)都要得到 BB，可知 β 值也越來越大，故風險溢酬 $\beta\times(R_m-R_f)$部分，因爲 Rm>Rf 且 β>1 的關係，使得預期報酬也就相對要求更高。再從另一個角度切入來觀察在同一個系統風險下加入非系統風險後，Max 的父親眞正需要的預期報酬(圖 2-17 右)，Max 的父親的非系統風險爲失去最愛的兒子與 BB 不是自己孫子的打擊所需的相對報酬，故在考慮此高報酬後，Max 的父親所需的預期報酬是相當高的，在此我們可以觀察，在沒有考慮非系統風險之前，期望報酬只是得到 BB 而已；但在考慮非系統風險後，期望報酬就會上升至確定 BB 爲自己的親孫子，也有了可以獲在人世上的希望。

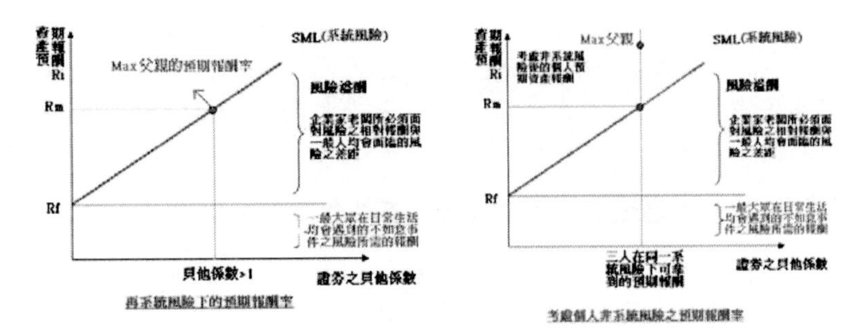

圖 2-17　Max 父親的證券市場線

管理意涵

(一)投資人應同時注重基本面與市場面的資訊發布

在證券市場中，投資人不能只單看市場面(技術分析)來決定是否投資(購買股票)，而是必須同時深度了解公司基本面(公司本質)的營運狀況後再來進行投資，才能夠確保投資的安全性。

在本個案中，小偷三人組在行爲上(市場面)，看似無惡不作的壞蛋，但從一些小地方可以發現，他們的良知還沒有完全被利益所淹沒，像是在醫院人字拖兩人可以趁著 Max 大鬧醫院的時候，躲過警方的注意力快速離開，但是他看到墜落的 BB，仍是不管自身危險，先救 BB 再說。這個行徑也讓在醫院工作的 Melody 發現雖然兩人是小偷，但本性是不壞的，而一再的給予他們幫助、鼓勵與改過自新的機會；且暫且不提 BB 事件而言，他們雖然是小偷但卻秉持著盜亦有道的精神，不做姦淫擄掠的事；在經過 BB 事件後，三人終於喚醒內心深處的良知，再頓悟改過自新隨時都可以開始後，了解眞正重要且具有價値的東西，並不是過去一直汲汲營營想得到的財富，而是筆財富更無法去衡量的無形價值-親情與生命的可貴。如同俗語說的：腳步踩壞誰人無，他們只是被金錢矇蔽了良知而誤入歧途，只要本質是善良的且知錯能改，我們都應該給予機會，重新接納他們。

(二)投資人應追求效用極大化，而非報酬極大化

在一般來說，投資人會選擇報酬最大或是風險最小的投資組合當作是最具效率的投資計畫。但是卻忽略了高報酬相對也會帶來高風險，但是否每個投資人都可以去承擔高風險所帶來的危害，則須做好自我風險承受度之評估；但風險最小的投資計畫，可能無法爲投資人帶來足夠的超額報酬，因爲風險與報酬之間具有一定程度的抵換關係。故投資人應該追求的是效用極大化(在此效用不一定是指實質的報酬，也有可能爲無形的價值，如在怒海爭鋒個案中，船長追求最大的並非錢財，而是英國王室與子民的信任)，謹慎評估風險與報酬之間可帶來多少的效用，並用多角化的方式降低可能發生的風險(非系統風險)。

在本個案中，小偷三人組織到風險與報酬之間具有一定的抵換關係，所以爲了追求高報酬而不故一切去冒高風險可能帶來的危害，三人也一直認爲這樣的行爲可以爲自己帶來最大的效用，這是錯誤的想法。因爲他們並沒有確實的去衡量兩者之間的關係，只是單純的看每次可以帶來的超額報酬，來決定是否要執行計畫，就像是一聽到 700 萬的報酬，人字拖與百達通完全被高報酬給矇蔽，也不在細問計畫的執行的內容、背後的委託人背景等等可能會提高其風險的可能性。一直到最後三人才恍然大悟，了解要追求應該是效用的極大化，怎樣作才能夠滿足自己眞正想要的需求，這個需求或許已經不再是實質的金錢報酬，而是一種無形且無法估計的價值。三人最後也爲了讓所追求的效用極大化(BB 的安全、

家人的原諒與對的起良心的譴責)，轉換了自己的風險態度與預期報酬，進而影響到整體風險與個人風險的改變，也使的整體事件有了不同的結果出現。

(三)投資人應隨著時間或環境的變化，轉變適合各情境的風險態度

從學理可以知道，當整體社會對風險有不同的偏好時，就會有不同的行爲，例如當經濟蕭條來臨時，多數投資人的態度趨向於保守，對證券市場的投資金額會下降。一般而言，期望財富越高，投資人的效用也就越高；但隨著期望財富越高，風險也隨之增加，對高報酬率資產出現又愛又怕的情況下，投資者對於風險的偏好也會有所不同，重點取決於投資者對其風險所帶來的效用有不同的看法。但不論，本身是偏好哪種風險態度的投資人，應該要懂得隨時間或環境的變化，去轉變適合各種情境的風險態度，這樣才能夠讓本身所追求的效用極大化可以處在平穩的階段上。

在本個案中，小偷三人組隨著 BB 事件的變化，三人的風險態度也有了 180 度的大轉變，如人字拖與百達通原本是屬於風險愛好者，爲了獲得高報酬，只要聽到有可以取得錢財的管道都願意去做(人字拖除了偷錢外，還去賭博與賽馬；百達通則是異想天開的想藉由攀龍附鳳的方式)，但在與 BB 相處的過程中，發現原來過去汲汲營營追求的實質高額報酬都是虛假的，眞正的價値在於無形但卻可貴的生命與親情，對於報酬之定義的想法改變後，也進而改變了三人的風險態度，但是他們的目標還是不變，仍是追求效用極大化，只是在事件前後所追求的效用價値不同罷了。

(四)投資人應隨時掌握系統風險變動的狀態，以調整預期報酬的高低

β 風險屬於系統風險，是無法避免與分散的，所以投資人

應隨時掌握 β 風險變動的程度(也爲個別資產風險佔總風險的比例)，才能夠加以調整投資預期報酬的高低。且因爲是無法風散與規避的，只能透過風險溢酬的補償，來降低可能面臨的風險危害。

在本個案中，Max 的父親知道 BB 或許不是自己孫子的不確定性風險高(系統風險)，但爲了證明是否爲自己的孫子，則無法去避免與分散此不確定風險。所以，Max 的父親因爲沒有掌握好 β 風險變動的程度，並先擬定好在不同程度上的預期報酬，導致最後因爲無法接受 BB 不是自己孫子的事實，而大受打擊。另外，在小偷三人組方面，β 風險是由三個人所共同產生的，所以三人分工合作的來躲避 Max 父親的追殺(包租公報警、人字拖與百達通救 BB)，一直掌握著 β 風險變動的程度，來降低可能面臨的風險危害。

(五)學理延伸至人生價值觀-追求眞正有幫助的效用、努力提高自身價值

一個人從小到大經常必須面對許多的選擇，如升學、就業、婚姻、投資理財等問題，在這些問題的背後有著許多的計畫需要我們去做選擇，但每一個的選擇所面臨的風險與報酬也會跟著有所不同，兩者之間又要如何達到平衡，方法也會有很多，但要如何做決策、下抉擇，則需要做很多的事前功課或是參考前人的做法。

但人生就像是一個無數的選擇題所組成，而無數個選擇題就有著無數個答案，但哪個答案才是正確的，則因人而異。或許，我們要調整心態，不該在去追求正確答案，因爲正確的解答，不一定可以爲人生的價值加分。而是應該追求最自己最具有效用的最佳解，越過無數的最佳解，努力提升自我價值，才能開創與眾不同的人生。

（文字整理：周文美、薛州凱）

3.貨幣時間價值的衡量【功夫】

【個案簡介】

故事發生在 1940 年的中國上海市郊，主角是一名無可救藥的小角色---阿星，他能言善道，最會耍嘴皮子。但私底下的他其實是個意志不堅且一事無成的小混混，他一心想成爲黑道上響叮噹的人物，以便享有榮華富貴。因此他急欲加入手段殘酷、惡名昭彰的上海斧頭幫。

正好斧頭幫傾全力要剷除唯一未收回勢力範圍的地頭：豬籠寨，未料豬籠寨臥虎藏龍，不但有癡肥但武功高強的惡霸女房東肥婆四，又有身懷絕技的懦弱丈夫二叔公，加上一群身手不凡的武林高手，他們將大展奇功異能，以對抗這群霸道的惡勢力。在故事發展中，不同商品的貨幣時間價值概念帶給我們的啓發是什麼？在主角身上又扮演什麼樣的關鍵角色呢？

提示：

棒棒糖：是達成小時候夢想的方式➔代表正義的一方➔愛情

斧頭幫：是達成夢想的捷徑➔代表黑道的一方➔事業

學理討論

1、何謂貨幣時間價值

「貨幣時間價值」(time value of money)表示時間和貨幣之間的關係，時間代表著貨幣創造價值的過程與持有貨幣的機會損失。在現代金融體系運作下，利率的存在賦予了今日的 1 塊錢可在未來產生多少額外的價值。例如：今天的一元和一個月後的一元並不相同，因爲今天有可能投資了這一元，並從這項投資獲取利息的機會，一個月後的總價值會超過原來的一元。

貨幣時間價值可以應用於日常生活中很多的實例，例如：如果有人欠了你一筆錢 (10,000 元)，你是希望他現在歸還還是一年後再歸還呢？顯然，大多數人都希望「現在歸還」。歸納出人們會擔心的問題：

(1)人們會擔心**風險問題**，欠賬的時間越長違約的風險就越大。

(2)人們會想到**通貨膨脹問題**，若在這一年內物價上漲，則貨幣將會貶值。

(3)人們會想到**通貨緊縮問題**，會使貨幣升值。

然而，即使可以完全排除上述三種原因，人們還是希望現在就得到欠款。因爲，如果現在得到欠款，人們可以立刻將其投入使用從而得到某種消費或可滋息的投資；如果一年後得到欠款，人們只能在一年後再來享用這筆錢了，也就是隱忍了一年的消費。所以，一年後的 10,000 元其價值要低於現在的 10,000 元。

如圖 3-1 所示，如果我們擁有這筆前，我們可以將其存入銀行，假設年利率 5%，則一年後可以從銀行提出 10,500 元。經過一年時間後，這 10,000 元錢發生了 500 元的利息增值，意謂著：現在的 10,000 元與一年後的 10,500 元是等值的。人們將貨幣在使用過程中隨時間的推移而發生增值的現象，稱爲「貨幣具有時間價值的屬性」，而兩個時點上的 500 元價值差額就是這筆錢的時間價值，我們通常以「利息」稱之。相同的道理，如果我們選擇不利用金融體系來增加貨幣價值，則一年後，就會產生 500 元的「機會損失」。

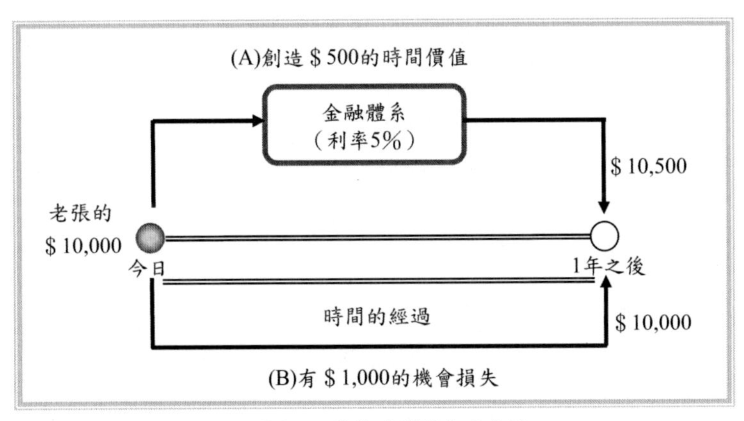

圖 3-1　貨幣時間價值示意圖

2、貨幣時間價值的由來與轉變

在貨幣出現的早期農牧社會中，生產是以自給自足爲主要型態的「產品生產」，當時的貨幣只是人們爲了滿足對各種不同物資的需要與交換的手段罷了，在這一時期的貨幣是沒有時間價值的。

隨著商品經濟的出現，貨幣從作「一般商品等價物品」的交換手段逐漸演變成爲「資本」(capital)。而且隨著商品（市場）經濟的發展，社會對貨幣資本的需求越來越大，有償讓渡貨幣使用權的「借貸關係」也爲人們所普遍認同，於是貨幣就產生了時間價值。因此當貨幣進入生產週轉過程便能實現增值，亦即貨幣只有進入生產週轉過程才具有時間價值。

但在現代，全世界的市場經濟已經發展到極至狀態，銀行等金融機構無所不在，貨幣隨時隨地都會直接或間接地進入到生產、消費領域中參與週轉。在這種情況下，假若有人採取不讓貨幣進入週轉過程，學古人將貨幣埋在地下（黃金或白銀不會貶值），那麼他就是放棄了使貨幣增值的機會，於是他所採取的不讓貨幣進入週轉過程的方法就產生了機會成本，該機會成本的金額恰好等於貨幣的時間價值。易言之，貨幣若沒有隨時間的推移而實現增值，便意味著損失或貶值。

3、貨幣時間價值產生的原因

貨幣時間價值產生的原因可歸納以下原因：

(1)貨幣時間價值是資源稀少性的表現

社會與經濟的發展需要耗費資源，現有的資源構成現存的社會財富，利用這些資源創造出來的未來物質和文化商品構成了將來的社會財富。由於社會資源能夠帶來更多社會產品，但具有稀少性特徵，所以使用現在資源的效用要高於未來資源的效用。同理，貨幣既是商品的價值體現，現在的貨幣用於支配現在的商品，未來的貨幣用於支配將來的商品，因此現在的貨幣價值自然高於未來貨幣的價值。而市場利率水準反映出平均經濟增長和社會資源稀少性，也是衡量貨幣時間價值的統一標準。

(2)貨幣時間價值是人們認知心理的反映

由於人在認知上的局限性，對現存事物的認知能力較強，而對未來事物的認知較模糊，因此普遍存在的一種心理狀態就是比較重視現在而忽視未來。現在的貨幣能夠支配現在商品，馬上滿足人們現實需要，而將來貨幣只能支配將來商品，滿足將來不確定的需要。所以現在的貨幣價值當然要高於未來同一單位貨幣的價值。爲使人們放棄現在貨幣所帶來的價值，必須要付出一定代價，這一代價便是利息。

(3)貨幣時間價值是信用貨幣制度下通貨膨脹水準的象徵

在現代的信用貨幣制度下，流通中的貨幣是由中央銀行基礎貨幣加上商業銀行體系產生信用貨幣（存款）共同構成。由於信用貨幣隨著經濟成長呈現增加的趨勢，所以通貨膨脹，或貨幣貶值成爲一種普遍現象，因此現有貨幣在價值上總是高於未來貨幣。市場利息率便是可貸資金狀況和通貨膨脹水平的綜合反映。

4、貨幣時間價值的概念

爲了正確理解貨幣時間價值的概念，可注意以下幾點：

(1)由於在一個經濟體中，貨幣分屬於不同的所有人，而貨幣的所有者不可能無償地讓渡其使用權予他人，貨幣的使用者也不可能無償地使用其貨幣，這樣就必然形成了貨幣的時間價值。

(2)貨幣時間價值是貨幣的所有者讓渡貨幣使用權，進而參與社會財富分配的一種形式。在市場經濟的條件下，貨幣也是一種商品，同樣具有價值和使用價值。貨幣的所有價值是它所代表的一定數量的物資的價值；貨幣的使用價值在於它是生產經營循環中不可或缺的重要要素，並能在生產過程中得到增值。

(3)貨幣時間價值雖是貨幣在週轉使用中產生的，但任何有價值的商品循環中價值的改變，牽涉到機會成本，皆可以利用貨幣時間價值觀念予於運用。

5、貨幣未來值(Future Value, FV)與現值(Present value, PV)的概念

(1)貨幣未來值：

指貨幣在未來特定時間點的價值，包括了時間價值。**未來值=現值+時間價值（利息），利息也就是使用貨幣的「機會成本」。利息由二項所組成：(a)補償借款期間無法使用的機會成本，稱爲「時間的價格」；(b)補償可能違約的風險，稱爲「風險價格」。**

人類可見的世界上最強大的力量並非星球撞擊的力量，也不是核子爆發的威力，而是貨幣複利效果。透過複利的概念，它會造成貨幣在未來的時間序列中擁有驚人的增值能力。

如圖 3-2 所示，當複利利率固定不變，未來值與到期期數成正向曲線變動關係。也就是說，在相同之現值金額、利率固定之下，相對距離現在越久價值越高；若期間固定不變，則利率水準越高，未來值也越高。也就是說在通貨膨脹很大或銀行基本利率很高情況下，則相同之現值、期間下產生未來值金額變動越大。

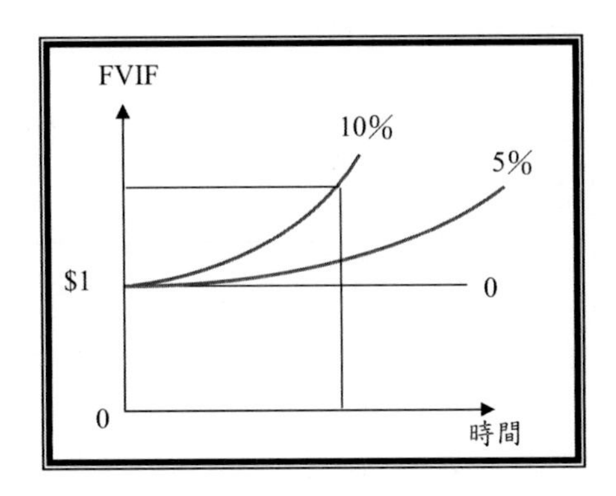

圖 3-2 貨幣未來值

未來值(複利)的公式如下：

$$FV_t = PV(1+r)^t \text{ ---(3-1)}$$

(2)貨幣現值：

指未來壹應金額貨幣在今日的價值，**「現值」是在某特定時點（過去或未來）之金錢價值折合成目前之金錢價值**，而「折現」與複利的概念恰好相反，求得過去某個時點上實際的現金價值。

如圖 3-3 所示，在折現利率固定不變下，現值與距到期期數成反向變動關係。也就是說，在相同之未來值金額數、折現率固定的情況下，距離現在越久價值越低。假若折現期間固定不變，則折現利率越高，現值便越低。也就是說在通貨膨脹很大或銀行基本利率很高情形下，則相同之未來值、期間下，折現爲現值將更小。

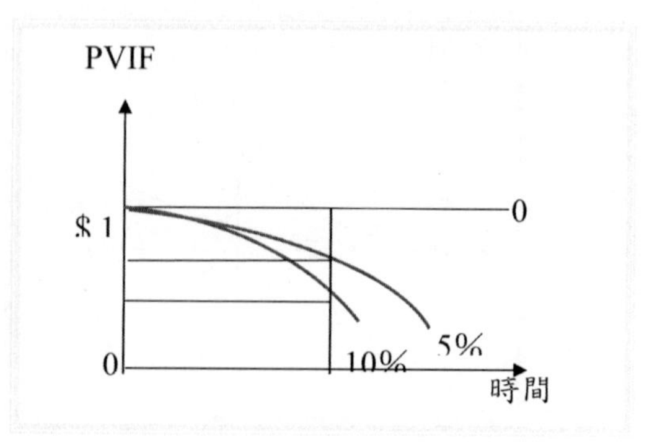

圖 3-3 貨幣現值

現值的公式如下：

$$PV = FV_t \times \left(\frac{1}{1+r}\right)^t = \frac{FV}{(1+r)^t} \quad \text{------------------------(3-2)}$$

說明完現值與未來值概念後，我們明白當貨幣進入商品與金融體系進行運作後，貨幣時間價值便產生驚人的效果。在我們週遭亦有許多實例，讓我們去感受貨幣時間價值的力量：

實例 3-1：二十萬換二隻蚊子

二次大戰後初期，台灣「物價」快速上漲，以台北市的物價指數爲例，從 1945 年 7 月到 1949 年 6 月爲止的短短 4 年間，平均每年的物價上漲率約爲 10 倍（1000%）。以民生用品的米價爲例：一斗米是舊台幣四萬元，因此買米必需提一整布袋錢才夠用。而且米價是一日三市，早上開市一種價錢，中午是一種價錢，晚上又是另一種價錢。 國民政府在 1949 年六月十五日把舊台幣開始換成新台幣，兌換價格是舊台幣二十萬換新台幣五元。由於當時一張愛國獎券是新台幣五元，因此當時戲稱舊台幣是「二十萬換二隻蚊子」。在「物價」的暴漲的年代，「貨幣」發行數額快速成長下導致台灣惡性通貨膨脹，民眾普遍處於物質匱乏的困境中。

實例 3-2：台銀判賠 2.25 元，老翁得不償失 [6]

家住台灣台南的紀姓老榮民在 1984 年隻身隨國民軍來台，他於 1949 年透過台灣銀行匯款舊台幣 9 萬元接濟家住福建廈門的親友。但在 1949 年後因爲共產黨佔領大陸，台灣和中國通訊完全中斷，紀某也從此和親人失去聯絡，也不知確定廈門的親友是否有收到匯款。

事隔 50 年，在台灣政府開放赴中國探親政策之後，紀姓榮民返鄉探親，主動提及五十年前匯款一事，親友告知並未收到匯款。當紀姓榮民返台之後，憑著當年匯款支票要求台灣銀行以複利 8.5%，連本帶利應賠償新台幣 540 萬元，台銀拒絕，紀姓榮民告上法庭。

承審法官以「大陸淪陷，匯款未送達非台銀之責」，加上舊台幣在 1949 年 6 月 15 日後，以 4 萬元舊台幣兌換 1 元新台幣之後，已停止流通爲由，判決台銀以新台幣 2.25 元(90,000÷40,000)退回紀姓榮民之本金。或許法官裁定退回新台幣 2.25 元給紀姓榮民於法理皆站得住腳，但是似乎忽略了若以 2.25 元連續 50 年存放於台銀，按照 8.5%的複利計算，本金加利息也應該領回新台幣 139 元才對，因爲貨幣有時間價值。

[6] 取材自中國時報 2002/04/04。

6、年金（annuity）

『年金』是在一特定期間內，定期支付的等額現金流量。年金的開始支付時點在第 1 期期末者稱爲普通年金，在第 1 期期初者（通稱第 0 期）稱爲『期初年金』。如果支付的現金流量以固定比率增值，則稱爲成長型年金。

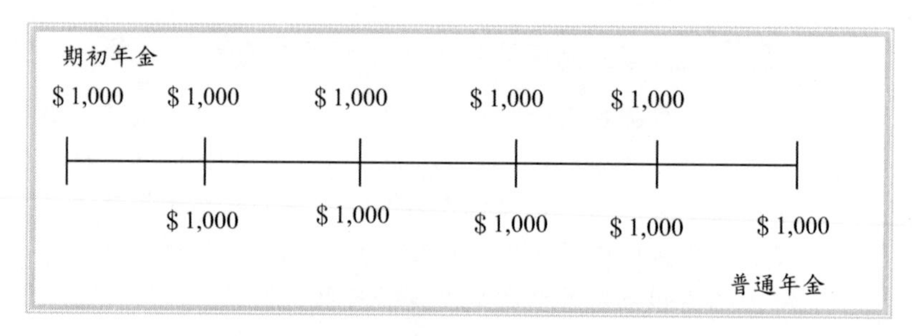

年金未來值與現值的計算式如下：

$$FV_A = \sum_{t=1}^{T} CF_t (1+r)^{T-t} = \sum_{t=1}^{T} CF_t \left(\frac{1}{1+r}\right)^{T-t} \quad \text{---------(3-3)}$$

$$PV_A = CF \times \frac{1 - \dfrac{1}{(1+r)^T}}{r} \quad \text{---------(3-4)}$$

7、永續年金

有某些年金是永續存在的，譬如經營企業的理念是永續經營，因此企業對股東便有永續發放股利的承諾，因此沒有到期日的年金無法計算未來值。

永續年金現值的公式如下：

$$PV_A = CF\sum_{t=1}^{\infty}\left(\frac{1}{1+r}\right)^t = CF\left(\frac{1}{r}\right) = \frac{CF}{r} \quad \text{-------------------(3-5)}$$

8、通貨膨脹與通貨緊縮

貨幣若沒有將其放入市場中進行流通，勢必會因期間的改變而使貨幣的價值跟著改變，而通貨膨脹與通貨緊縮正是改變貨幣在未來時間點價值的因素。

(1)通貨膨脹：

一般物價水準在某一時期內，連續性地以相當的幅度上漲，便稱爲『通貨膨脹』。通貨膨脹會造成貨幣的貶值，我們手頭上的錢會愈來愈不值錢。因此，當貨幣沒有流通於市場時，經過一段時間後，其價值會相較過去的時間點更沒有價值（購買力）。錢的面值愈來愈大，但相對能其購買的商品會愈來愈少。大家可以回想同樣的一件商品（如麵包、車票）其價格是否持續往上調整便知。

(2)通貨緊縮：

相對的，當市場上流通的貨幣量減少，民眾的貨幣所得減少，購買力下降，影響物價之下跌，便造成通貨緊縮。長期的貨幣緊縮會抑制經濟體投資與生產活動，導致失業率升高以及經濟衰退。

計算通貨膨脹率之公式如下：

$$r = \sqrt[t]{\frac{FV_t}{PV}} - 1 \quad \text{---(3-6)}$$

時代的改變明顯的顯示出通貨膨脹的問題，在我們的金融經濟上，造成很大的影響，我們以一個相當貼近我們生活的例子與大家分享之：

實例 3-3：五百萬的郵票，你貼過嗎？[7]

從郵票的面值變化，實際上也可探知該時代的物價水準，例如：台灣目前最高面額的郵票是五百元梅花郵票，恐怕這枚郵票很多人聽都沒聽過，何況是用過了。在 1948 年七月那個動盪的年代，我國所發行的最高面額國幣郵票，高達五百萬元，多麼驚人。當年曾有人寄了一封往新加坡的郵件，上面所貼的郵票，一共是國幣一億陸仟柒佰萬元，只有現今的非洲辛巴威才又重現這令人不可思議的天文數字。

但同樣在 1948 年十月，我國發行國內平信郵資的郵票的金圓郵票就只有低到只是半分面值者，連一分都不到，多麼低啊！

至於在臺灣發行的郵票中，最高面額是 1949 年五月發行的「上海大東版限台貼用改值」的貳拾萬元郵票。雖然面額比前述五百萬郵票小很多，但它卻是號稱老台幣三寶之一，它目前的市價是前述五百萬面值郵票的一百五十倍之多。至於面值最低的臺灣郵票，是 1949 年十二月發行的「北平中央版國父像改值」貳分郵票。

這些我國郵票發行史上面額最高或最低的郵票，居然都是在 1948~49 年間發行，這顯示了一個事實，那就是國家情勢劇變，通貨膨脹造成幣值貶值或幣值改變之際，郵票爲了配合實際的社會需要，出版意想不到的高低面值。

[7] 取材自：五百萬的郵票，誰貼過？，http://chch.idv.tw/word/5000000.html。

實例 3-4：本票壹佰萬的臺幣！[8]

隨著國共內戰加劇，形勢對國民政府日漸不利，政局動盪影響經濟穩定，物價有如滾水中的溫度計直往上竄升，當時這種情形不只在大陸如此，連一海之隔的臺灣也受到波及。1949 年，本票壹佰萬是臺幣發行迄今台灣地區發行面值最高的一張鈔券。與此同時在大陸「新疆省銀行」也發行中國貨幣史上最高面額的「陸拾億圓」紙幣，但這枚紙鈔折合金圓券才壹萬圓，若按當時市價大概只能買到一盒火柴，通貨膨脹竟達此等地步眞是匪夷所思令人難以想像。

再以當時的電影票價爲例，1946 年台北電影票價約舊臺幣 30 元；當年年中增爲 60 元，到年底上漲一倍達 120 元；1948 年 10 月因物價波動提高到 700 元，後來隨著通貨膨脹加劇到年底已升至 3000 元；1949 年 2 月票價又調至 5000 元，4 月 1 日起再漲一倍計全票 10000 元，到了五月電影業又嚷著要加價甚至以罷映作爲要脅，後經民政局協調，票價更飆至全票 40000 元，半票 25000。[9]由上述電影票價在短短三年之間以幾何級數飛速飆漲，活生生地反映出當時台灣貨幣貶值已達何種駭人聽聞地步。

[8]本票壹佰萬的臺幣，
http://www.sinobanknote.com/show_single.php?language=big5&type=twd&series=1946&pick=P1961

[9] 參見《歷史月刊》第二十四期「舊台幣時代的電影票價」。

貳、個案介紹

一、人物關係

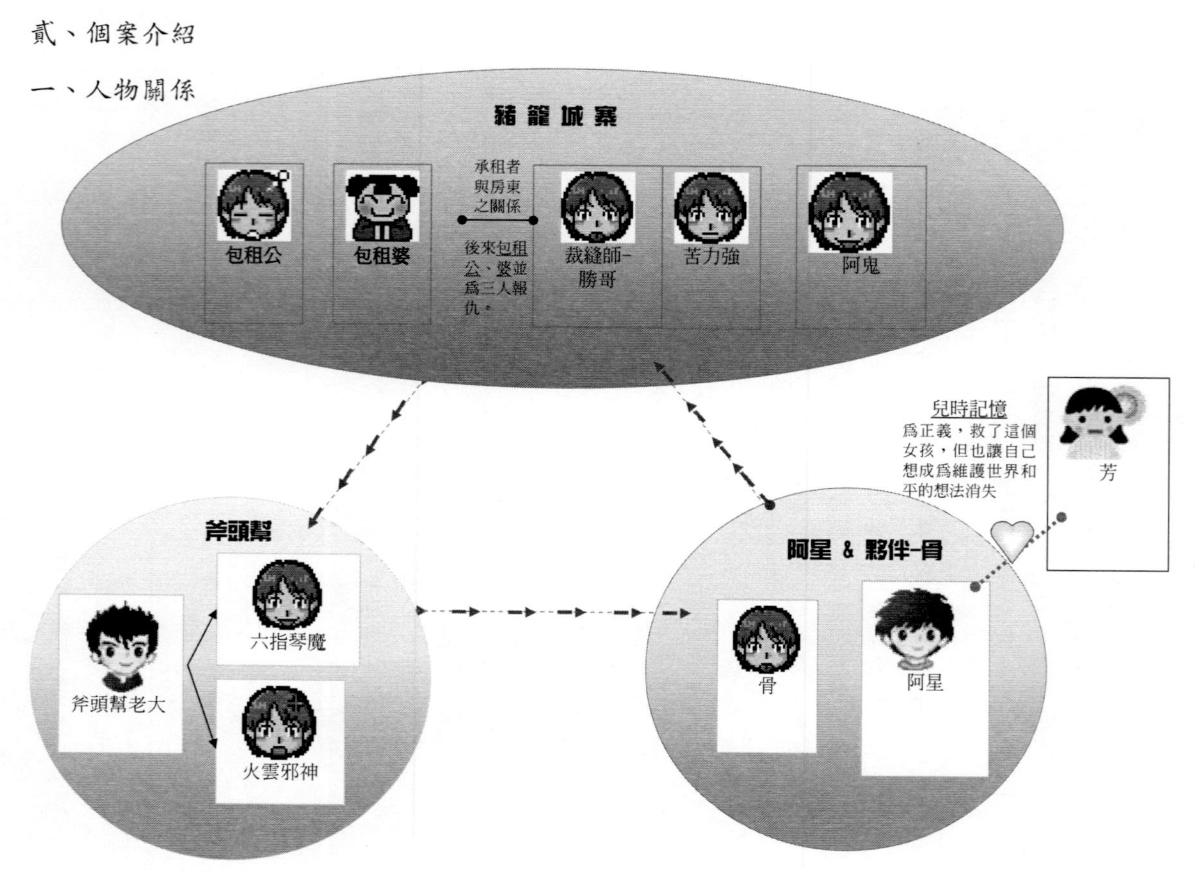

豬籠城寨
包租公
包租婆
承租者與房東之關係
後來包租公、婆並爲三人報仇。
裁縫師−勝哥
苦力強
阿鬼
斧頭幫
斧頭幫老大
六指琴魔
火雲邪神
阿星 & 夥伴−骨
骨
阿星
兒時記憶
爲正義，救了這個女孩，但也讓自己想成爲維護世界和平的想法消失
芳

二、故事發展

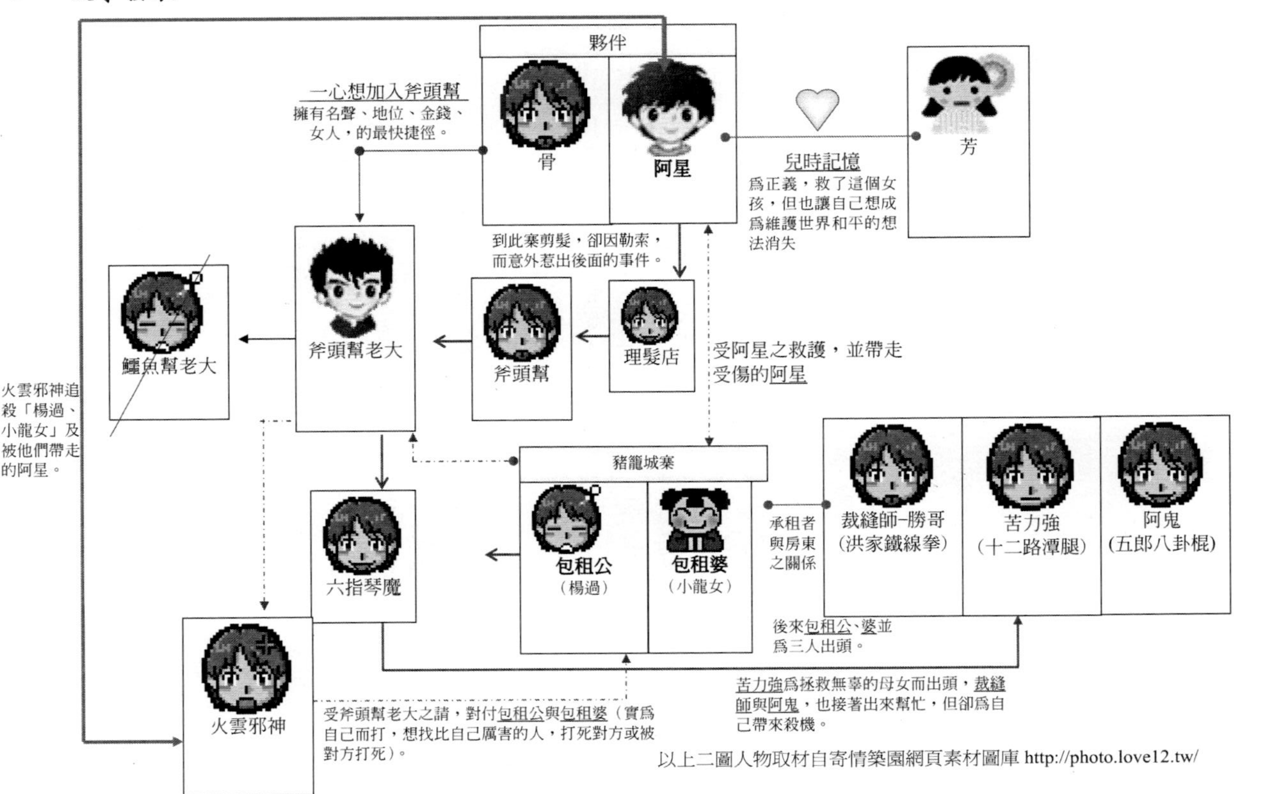

以上二圖人物取材自寄情築園網頁素材圖庫 http://photo.love12.tw/

個案探討

一、風險問題：

一項投資(機)方案，都會有潛在的風險，風險愈大，其預期的報酬也就愈大，就看個人如何去做決擇。而在本個案中，我們整理出，有幾個風險性的投資行爲：

1、阿星爲了要能在40年代的上海，能成爲有地位、女人的有錢人，決心做壞事來得到這一切，所以投注在胖子身上，要胖子配合當兇狠的老大，一起去幹壞事。如果胖子夠專注，且夠兇狠，那麼阿星他們的計劃就會成功，若胖子裝狠不小心睡著了或者出了任何的狀況，那麼阿星就會有被視破且有被毆打、被刀刺傷以及被蛇咬傷的種種風險存在。個案中，阿星有這麼一段台詞中說到「這麼久以來，殺人放火打劫強姦非禮，沒有一次你能夠做得到，就因爲你這頭肥豬礙手礙腳，教而不善，爛泥糊不上牆」，便能夠理解，胖子是阿星在達到成爲有錢人所投注中的存在風險。

2、苦力強、油炸鬼及裁縫師原是已決定退出江湖的武林中人，不願再角逐於高手的名號之中，但在豬籠城寨第一次面臨斧頭幫的威脅時，他們面臨了選擇，不出手，就必須親眼看到那對母子活活的被燒死，三名師父可以繼續安享他們的平靜生活；但若他們一旦出手了，將會面臨更多的潛在性風險，首先是會被包租婆及包租公趕出豬籠城寨，接著是面臨斧頭幫的報仇、遭受到六指琴魔的殺害。

3、人稱的神鵰俠侶楊過、小龍女，在三名師父遭到六指琴魔的殺害時，也面臨了選擇，不出手，就眼睜睜的看三名師父被六指琴魔殺死，然後繼續待在豬籠城寨過著平淡的平民生活；但若他們一旦出手了，其是高手的身份便將曝露，便會面臨到後面接踵而來的風險，斧頭幫的報仇以及面臨火雲邪神的趕盡殺絕。

4、神鵰俠侶在面臨與火雲邪神交手時，使用獅吼功加上大喇叭，第一次使得火雲邪神暫時嚐到敗果，原本神鵰俠侶可以再一次使用獅吼功加上大喇叭，結束火雲邪神的威脅，但是他們選擇接受火雲邪神的投降：放下屠刀、救人一命。但這樣的決策，使他們受到火雲邪神的突擊，受了重傷，這是神鵰俠侶做了此項決策所承受的風險。

回溯到貨幣時間價值上來看，如果我們將貨幣投注到股市，會面臨到股市價格高高低低的風險，價格穩定上漲，即提高貨幣在未來時間點的價值，若是下跌，則將使你所投注的貨幣在未來的時間裡其價值是減少的，這中間所潛藏的風險，是我們無法預測的；但如果我們將貨幣選擇放在身邊不讓它進入金融體系進行運作增加它未來的價值，那麼在未來的時間點裡，貨幣對我們而言是在減少它自身的價值；如果我們將貨幣借貸給他人使用，我們有又可能面臨不償還的風險。在我們的生活週遭，每天都面臨要去決定不同的事物，考量的層面，更是廣泛。任何一項決策與投資行爲，都會面臨到不同程度上的風險，所以必須謹慎的去思考如何決定所有面臨的選擇題。

二、機會成本(機會損失)

若你將手上所持有的貨幣不使其進入金融體系進行運轉產生應有的利息，那麼你將會有機會損失(未得到的利息)。任何決策都會有其潛在風險的存在，而當你放棄另一

個選擇，它將成爲你的機會成本，而在本個案中，我們也歸納出幾個決策，造成那些機會成本：

1、阿星小時候遇到一名乞丐，說是與之有緣，要將10元一本的如來神掌傳授給阿星時，阿星此時就遇到了一個人生的重大決策，他是要將所有積蓄10元拿來讀書用，將來當個律師或是醫生；還是爲了維護世界和平，買了如來神掌來練習武功？顯然阿星最後決定爲了維護世界和平，放棄了讀書，未來可能當上律師或是醫生，就是阿星的機會成本(機會損失)。
2、在風險問題中，提到苦力強、油炸鬼及裁縫師原是已決定退出江湖的武林中人，不願再追逐於高手的名號之中，但在豬籠城寨第一次面臨斧頭幫的威脅時，他們面臨了選擇，不出手，就必須親眼看到那對母子活活的被燒死，三名師父可以繼續安享他們的平靜生活；但若他們一旦出手了，將會面臨斧頭幫的報仇，遭受到六指琴魔的殺害，在此他們渴望的平淡生活，就是他們做了此項決策的機會成本(機會損失)。
3、在風險問題中，提到神鵰俠侶，在那三名師父遭到六指琴魔的殺害時，也面臨了選擇，不出手，就眼睜睜的看三名師父被六指琴魔殺死，繼續待在豬籠城寨過著平淡的平民生活；但若他們一旦出手了，即是高手的身份便將曝露，便會面臨到斧頭幫的報仇以及面臨火雲邪神的趕盡殺絕，但他們選擇出手教訓六指琴魔，而待在豬籠城寨過著平淡的平民生活，便成了他們的機會成本(機會損失)。
4、在風險問題中，亦提到神鵰俠侶在面臨與火雲邪神交手時，使用獅吼功加上大喇叭，第一次使得火雲邪神暫時嚐到敗果，原本神鵰俠侶可以再一次使用獅吼功加上大喇叭，結束火雲邪神的威脅，讓正義戰勝邪惡，但是他們選擇接受火雲邪神的投降，這樣的決策，使他們受到火雲邪神的突擊，受了重傷，這是神鵰俠侶做了此項決策所承受的風險，而這樣的決策，使「正義戰勝邪惡」成了他們的機會成本(機會損失)。

三、現值與未來值

現值與未來值兩者所指的各是現在與未來的時間點中貨幣價值的改變。我們可以利用經過一段時間的改變，去觀察會不會使原本投資的行動或心力，在未來的時間點裡得到了增值或者是減值的效用。而在本個案中，我們歸納出了幾點：

1、當三位師父皆死在六指琴魔的手下時，剪頭小弟跳出來說「你把武功傳授給我，讓我爲他們報仇」，神鵰俠侶並沒有選擇將武功傳授給剪頭小弟，因爲他們知道這投注下去的現值，在未來的時間點回收的未來值預期價值並不可觀，甚至於是遞減的。

2、斧頭幫做了三項投資，第一是請六指琴魔殺了三名師父(現值)，此一項投資是成功的取了三名師父的性命(未來值是遞增)；但卻意外地遭到神鵰俠侶的逼退。斧頭幫老大拿錢給阿星去整裝，並派予任務去救出火雲邪神，這是斧頭幫投注在阿星身上的現值，其未來值是成功救出火雲邪神，反擊神鵰俠侶；斧頭幫投注在火雲邪神身上的現值，在未來時間點的未來值是遞減的，因爲火雲邪神打死了斧頭幫老大，接著又因遇到眞正的高手阿星，願意教自己更高深的武功，而改過向善，使得斧頭幫的價值不斷下降至零。

3、棒棒糖在阿星與芳小時候(現值)，對阿星而言這枝棒棒糖在他還沒成功維護世界和平前，它的價值是不斷的在折舊，因爲它破滅了阿星維護世界和平的夢想。直到阿

星長大後對長大在賣冰淇淋的芳打劫時，芳把當時的棒棒糖想再度送給阿星，才喚起阿星對芳的喜愛之情。直到阿星成功的感化火雲邪神後，開了一間棒棒糖專賣店，這段期間，棒棒糖對阿星而言，才是增值；而阿芳從小到大，他一直對阿星有著愛慕之情，一直到長大，她仍然沒有忘情於阿星當初救過他，所棒棒糖對芳而言一直是複利效果，不斷增值。

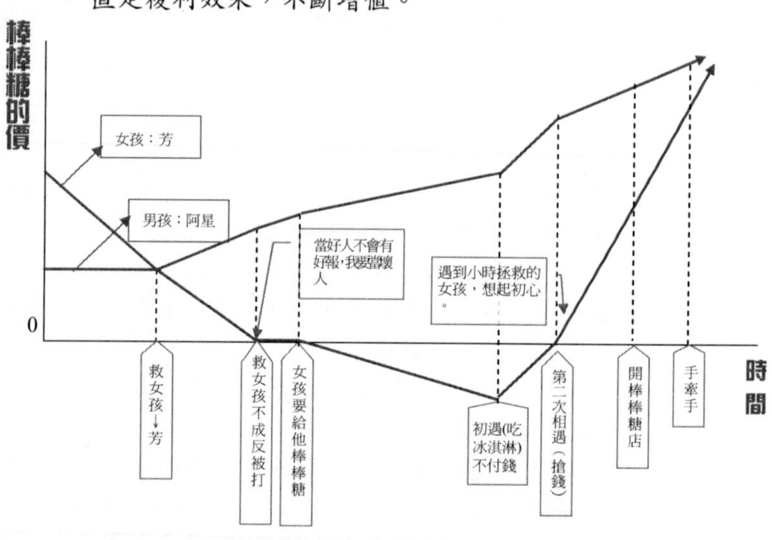

4、神鵰俠侶他們在阿星被火雲邪神打成重傷後，並沒有放棄救他的機會，願意花心力去救阿星的生命(投注的現值)，使得阿星成為萬中無一的絕世高手，來維護世界和平(未來值遞增)，但這對火雲邪神而言，阿星的復活，使他不是世界上的第一高手(未來值遞減)。

5、阿星最後與火雲邪神對打時，第一次使出「如來神掌」，讓火雲邪神投降，但火雲邪神死性不改，依然使用暗器突擊阿星，迫使阿星使出第二次「如來神掌」，但在此時，阿星並沒有直接攻擊火雲邪神，他選擇了給火雲邪神改過向善的機會，這即是阿星投注在火雲邪神身上的現值，其未來值則是讓火雲邪神這個壞蛋從社會中消失，成爲一個可以幫助世人的武林高手。

四、通貨膨脹問題：

通貨膨脹會使物價上漲，貨幣貶值，由於當時是 20 世紀 40 年代的上海，當時的貨幣較值錢。由於通貨膨脹的關係，造成貨幣的持續貶值，逐漸演變至現今的社會，錢愈來愈大，能買到的東西卻愈來愈少。

而在本個案中，我們整理出在當時的年代中經過通貨膨脹的影響，到現今的經濟社會中，會產生怎麼樣的貨幣貶情況：

➔我們利用 40 年代上海的貨幣價值，以及 2007 年爲基準的貨幣價值來推算，這段期間通貨膨脹對經濟市場的影響，另外，我們整理出七年級生小時候約 1992 年；以及上一代小時候約 1967 年到 2007 年，這段期間的通貨膨脹率之變化，來做個比較。

1、剪頭髮的 5 毛錢，在當時的貨幣未經過通貨膨脹，所以錢相對的小，但在現今的社會經濟中，剪一個頭，便宜的要 100~200 元，貴得上千都有。

(1)1940 年-2007 年

a. 1940 年理髮價格 5 毛=0.5 元

b. 2007 年理髮價格約 200 元

c. 經過的時間距離是 2007－1940＝67 年

d. 通貨膨脹率：$r=\sqrt[67]{\frac{200}{0.5}}-1=0.09355=$**9.355%**

(2)父母親小時候 1967 年-2007 年

a. 1967 年理髮價格約 20 元

b. 2007 年理髮價格約 200 元

c. 經過的時間距離是 2007－1967＝40 年

d. 通貨膨脹率：$r=\sqrt[40]{\frac{200}{20}}-1=0.05925$ ＝**5.925%**

(3) 7 年級生小時候 1992 年-2007 年：

a. 1992 年理髮價格約 80 元

b. 2007 年理髮價格約 200 元

c. 經過的時間距離是 2007－1992＝15 年

d. 通貨膨脹率：$r=\sqrt[15]{\frac{200}{80}}-1=0.06299$ ＝**6.299%**

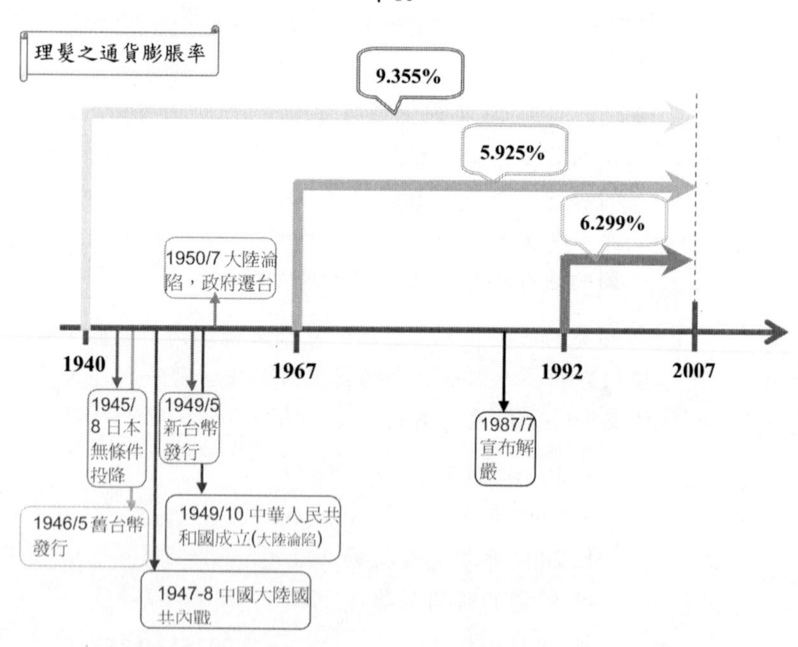

2、10 元的如來神掌，決定了阿星的一生，當時的 10 元可以讓阿星完成學業，將來成爲醫生或者律師，但經過通貨膨脹的轉變到現今的社會，10 元是多麼的渺小，頂多買一個橡皮擦、一杯飲料…等，現在的學生要是想完成學業，從小到大不花個百來萬，實在沒辦法。而我們利用如來神掌此類漫畫書的價格去推估通貨膨脹，該書原來的價格 2 分：

(1)1940 年-2007 年

a. 1940 年書的價格 2 分＝0.2 角＝0.02 元

b. 2007 年書的價格約 85 元

c. 經過的時間距離是 2007－1940＝67 年

d. 通貨膨脹率：$r=\sqrt[67]{\frac{85}{0.02}}-1=0.13281=$**13.281%**

(2)父母親小時候 1967 年-2007 年

a. 1967 年書的價格約 20 元

b. 2007 年書的價格約 85 元

c. 經過的時間距離是 2007－1967＝40 年

d. 通貨膨脹率：$r=\sqrt[40]{\frac{85}{20}}-1=0.03684$＝**3.684%**

(3) 7 年級生小時候 1992 年-2007 年：

a. 1992 年書的價格約 65 元

b. 2007 年書的價格約 85 元

c. 經過的時間距離是 2007－1992＝15 年

d. 通貨膨脹率：$r=\sqrt[15]{\frac{85}{65}}-1=0.01805$＝**1.805%**

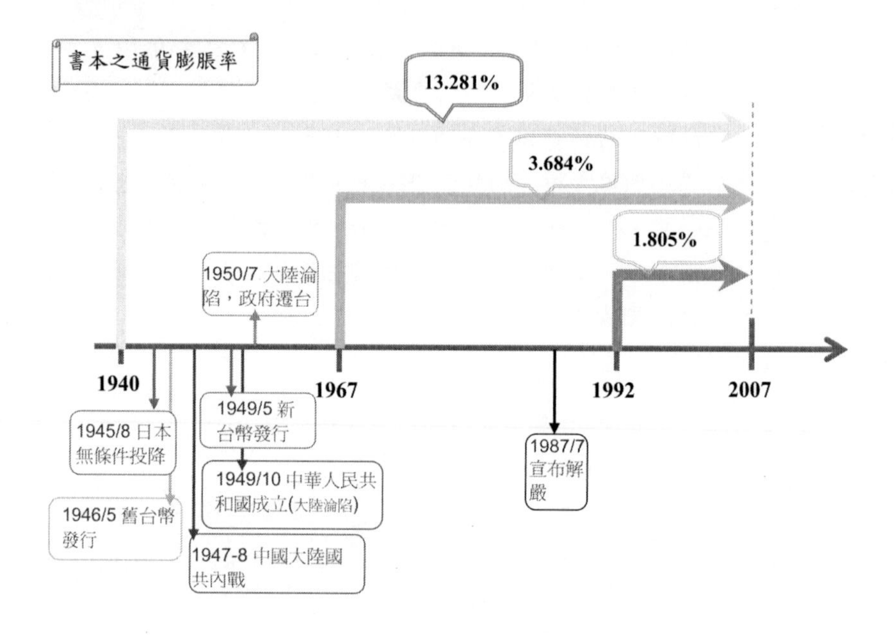

3、在 40 年代，30 元一個月的房租，這樣價格的房租，是很了不得的，但是在現今的經濟社會中，房租每個月不是上千就是上萬，是過去的好幾百倍，而因爲個案中，豬籠城寨的房子是雅房，以現在的價格來看這樣的房子價格，約是 5000 元一個月的行情（台北約 8000）。

(1)1940 年-2007 年

a. 1940 年房租價格 30 元

b. 2007 年房租價格約 8,000 元

c. 經過的時間距離是 2007－1940＝67 年

d. 通貨膨脹率：$r=\sqrt[67]{\frac{8000}{30}}-1=0.086947=$**8.695%**

(2)父母親小時候 1967 年-2007 年

a. 1967 年理房租價格約 500 元

b. 2007 年理房租價格約 8,000 元

c. 經過的時間距離是 2007－1967＝40 年

d. 通貨膨脹率：$r = \sqrt[40]{\frac{8000}{500}} - 1 = 0.07177$＝**7.177%**

(3) 7 年級生小時候 1992 年-2007 年：

a. 1992 年理房租價格約 3,000 元

b. 2007 年理房租價格約 8,000 元

c. 經過的時間距離是 2007－1992＝15 年

d. 通貨膨脹率：$r = \sqrt[15]{\frac{8000}{3000}} - 1 = 0.06757$＝**6.757%**%

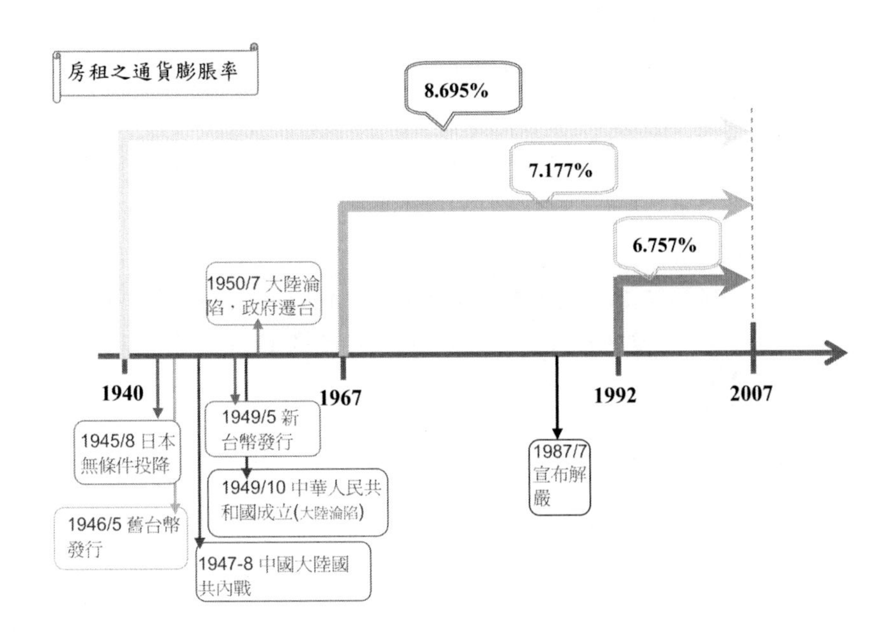

經由上面三個圖，我們得到較明確的資料來做比較，若單從不同時期來看，1940 年到 2007 年的通貨膨脹率較另外兩個時期高，原因是因為當時介於日據時代以及戒嚴時期，經濟非常的動亂，又經戰後初期，台灣「物價」快速上漲，以台北市的物價指數為例，從 1945 年 7 月到 1949 年 6 月為止的 4 年之間，平均每年的物價上漲率約為 10 倍。如民生用品米價：一斗米是舊台幣四萬元，買米必需提一整布袋錢才夠用，而米價是一日三市，早上一種價錢，中午是一種價錢，晚上又是另一種價錢。故就個案中的貨幣價值來計算，得到的通貨膨脹率，高於另外兩個時期的通貨膨脹率是合理的。

另外，1967 年到 2007 年這時期的通貨膨脹率較 1940 年到 2007 年來得平穩許多，原因是因為 1987 年前為戒嚴時期，政府在物價控制上比較有成效。而 1967 年到 2007 年這個時期的通貨膨脹率亦約略高於 1992 年到 2007 年這段時期，顯示出近幾年的貨幣市場較趨於穩定；但其中書本(代表文化產業)在 1967 年到 2007 年這個時期的通貨膨脹率卻低於 1992 年到 2007 年這段時期，理髮(民生消費性產業)和房租(房地產業)在近幾年的貨幣市場趨於穩定，而這可以看出在不同時期，不同產業的通貨膨脹率亦會有不同，文化產業在 1967 年到 2007 年這段期間的貨幣市場較 1992 年到 2007 年這段期間趨於穩定，三產業之比較如下圖。

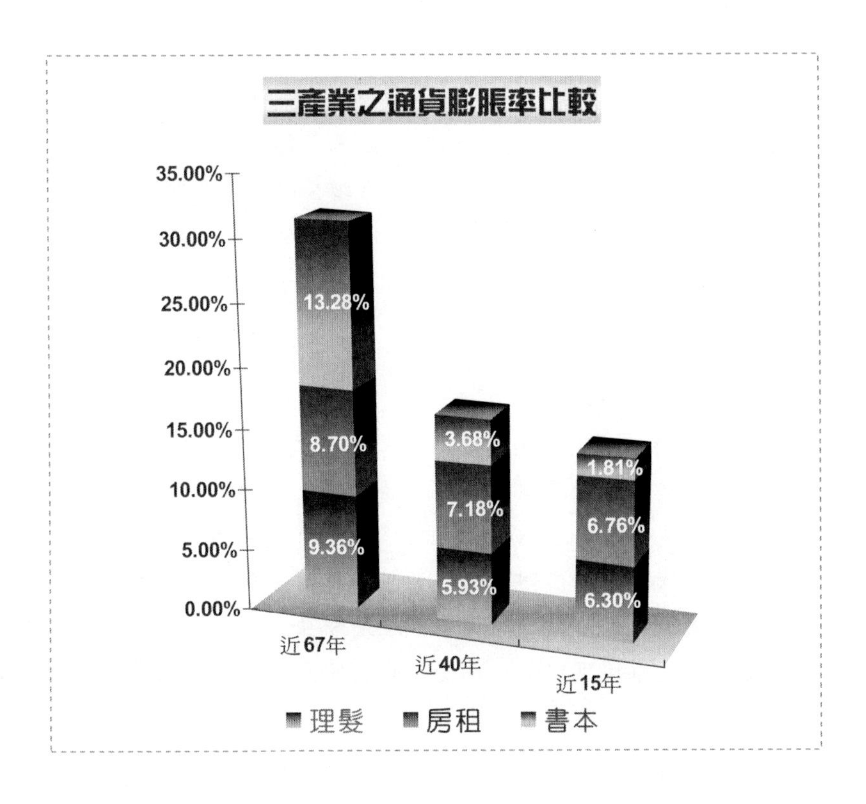
三產業之通貨膨脹率比較
35.00%
30.00%
25.00%
20.00%
15.00%
10.00%
5.00%
0.00%
13.28%
8.70%
9.36%
3.68%
7.18%
5.93%
1.81%
6.76%
6.30%
近67年
近40年
近15年
理髮
房租
書本

個案分析

由於貨幣時間價值，所談論的是經由一段時間，在未來的時間點，價值上的增值或減值，故本文針對個案中重要的角色阿星、神鵰俠侶、三位師父、斧頭幫以及火雲邪神，把他們在社會貢獻度上的價值（公眾價值）及對自身目標（個人價值）的達成度（往往是衝突的），依其時間的演進，去分析其價值的高低。

1、阿星

小時候的阿星在還沒遇到賣他 10 元一本「如來神掌」的乞丐時，他還是夢想著努力讀書將來當個律師或者是醫生，但是他選擇花 10 元買「如來神掌」來維護世界和平，他努力練功，一直到他出手救了芳這個被欺負的小女孩，阿星對社會的貢獻度是從水平線逐漸往上升，而他自身的目標，是希望可以當一個受人尊敬的人，對他個人的目標達成也是從水平線逐漸往上升。

但當他試圖救芳失拜，所練習的「如來神掌」無法抵制壞人，又慘遭壞人的毒打，他心中產生了「當好人不會有好報，我要當壞人」的念頭，一心想加入當時勢力最強大的斧頭幫，此時他對社會的貢獻度開始下滑。但對阿星個人的目標達成並不相衝突，因爲在當時的社會有錢有地位的人就會得到尊敬，只是阿星達成目標的方法不同，當阿星正式加入斧頭幫時，他對社會的貢獻度可以說是下滑到負值，但對他個人而言，卻是離他的目標更近了，他的個人目標達成曲線又往上升了。

當芳拿出當時的棒棒糖，喚起了阿星當初想要維護世界和平的念頭，他知道加入斧頭幫並不會爲世界帶來和平；又當包租婆說了「我不入地獄，誰入地獄」，又再一次喚起阿星最初想維護世界和平的決心，他知道斧頭幫和火雲邪神的所做所爲，是不對的，無法讓社會更好，讓他對社會的貢獻度有了一逐漸回升，而對他個人而言，卻是離目標的達成又遠了一些。

當阿星拿起棒棍往火雲邪神的頭上打下去時，也就是阿星預期完蛋的時候，因爲火雲邪神是不會放過他的，在此一階段阿星對社會的貢獻度會又更加攀升，但對他個人目標達成的曲線則急速往下降。然而當火雲邪神間接了打通阿星的任督二脈時，阿星成爲萬中無一的絕世高手，他成功的制服了終極殺人王火雲邪神，而斧頭幫的老大也間接因爲阿星被火雲邪神殺死了，讓當時的混亂社會得到了和平，此時的阿星對社會貢獻度急速上升，而他個人目標的達成已攀升到最高點了。

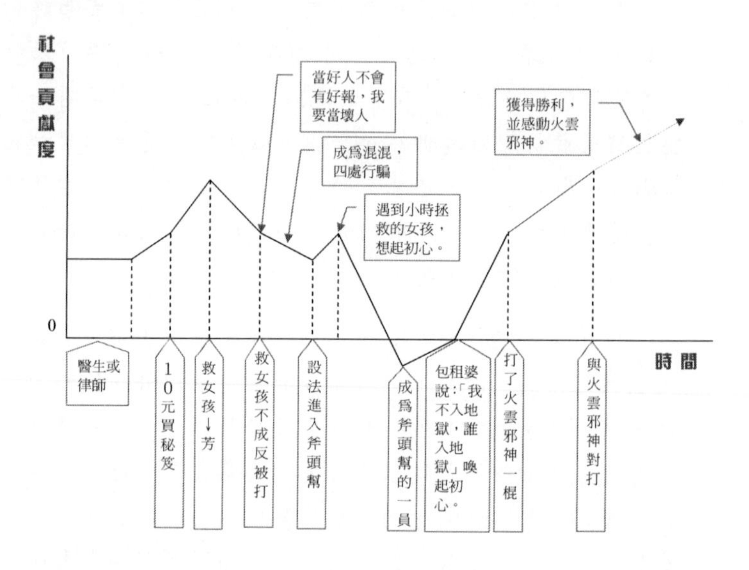

社會貢獻度
當好人不會有好報，我要當壞人
獲得勝利，並感動火雲邪神。
成爲混混，四處行騙
遇到小時拯救的女孩，想起初心。
0
時間
醫生或律師
10元買秘笈
救女孩↓芳
救女孩不成反被打
設法進入斧頭幫
成爲斧頭幫的一員
包租婆說:「我不入地獄，誰入地獄」喚起初心。
打了火雲邪神一棍
與火雲邪神對打

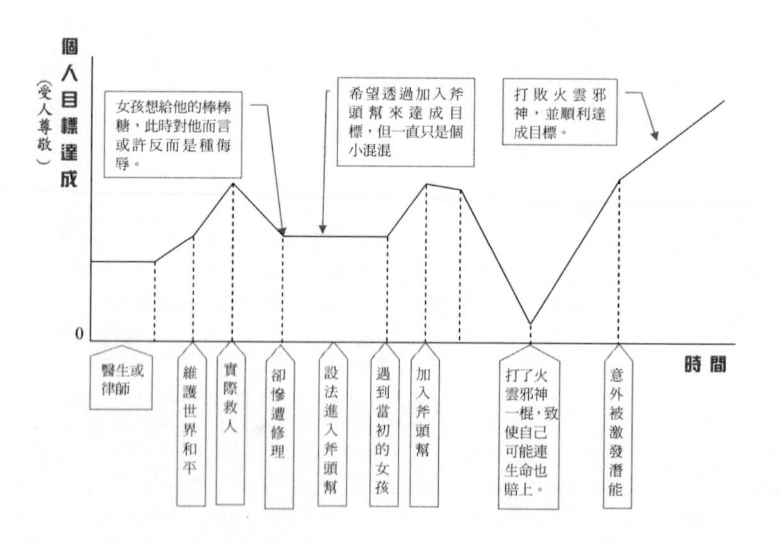

個人目標達成
(受人尊敬)
女孩想給他的棒棒糖，此時對他而言或許反而是種侮辱。
希望透過加入斧頭幫來達成目標，但一直只是個小混混
打敗火雲邪神，並順利達成目標。
0
時間
醫生或律師
維護世界和平
實際救人
卻慘遭修理
設法進入斧頭幫
遇到當初的女孩
加入斧頭幫
打了火雲邪神一棍，致使自己可能連生命也賠上。
意外被激發潛能

2、包租公、包租婆(神鵰俠侶)

包租公與包租婆原本因兒子被打死而厭倦了江湖上的鬥爭，決定退出江湖，而在豬籠城寨隱居。此時他們對社會的貢獻度是逐漸下滑的，因爲他們並沒有將他們的能力，發揮在保護人民，對抗黑社會的威脅；而他們的個人目標追求的是平凡生活，這樣的隱居方式，使他們的個人目標達成曲線不斷上升。

包租公與包租婆在第一次受到斧頭幫的威脅時，並沒有跳出來保護居民，選擇繼續隱瞞自身是有武功的身份，但在三位師父受到六指琴魔的殺害時，他們選擇了出手教訓了六指琴魔，此時他們對社會的貢獻度有了轉折點，逐漸上升，而與他們的個人目標就背道而馳了。當他們又決心要更進一步爲三名師父找斧頭幫算帳時，他們離他們的個人目標就又更遙遠了，但對社會的貢獻度，是一直不斷的往上升，一直到他們救了間接被火雲邪神打通任督二脈的阿星，使其成爲萬中無一的絕世高手，讓火雲邪神投降，使當時的社會不再有黑社會迫害，達到世界和平，此時包租公與包租婆他們在社會貢獻度上與個人目標達成上，是同方向前進的，不斷向上攀升。

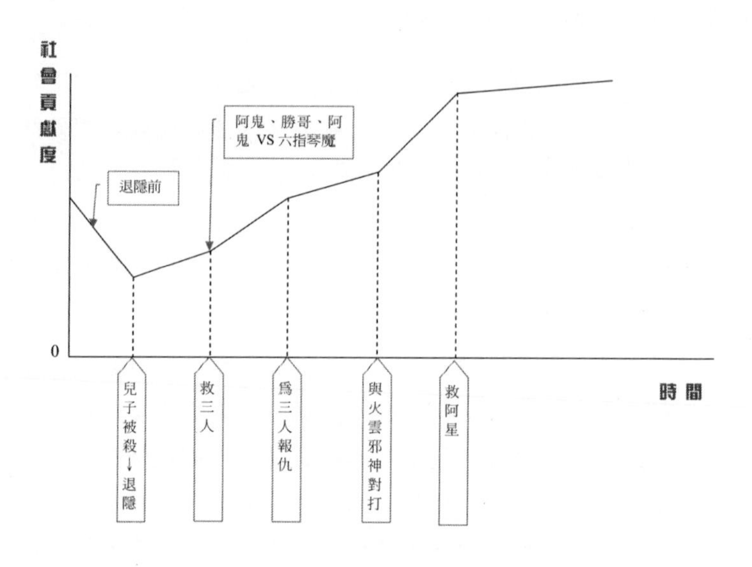
社會貢獻度
0
時間
退隱前
阿鬼、勝哥、阿
鬼 VS 六指琴魔
兒子被殺↓退隱
救三人
為三人報仇
與火雲邪神對打
救阿星

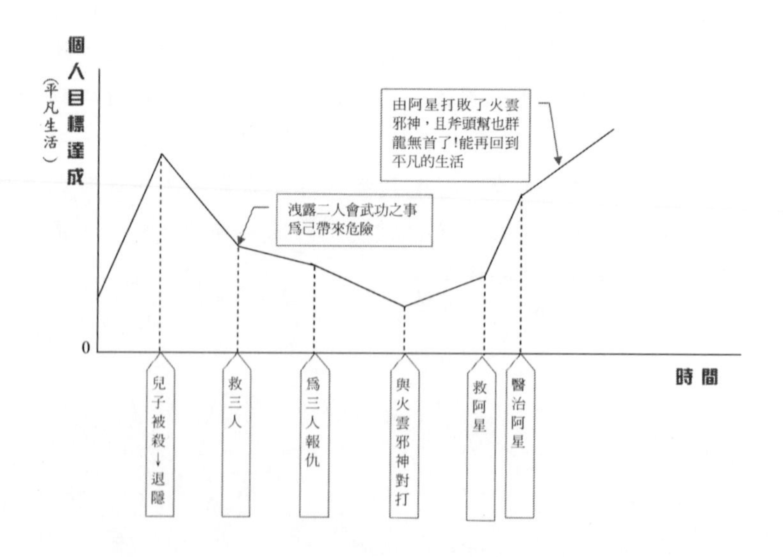
個人目標達成
(平凡生活)
0
時間
洩露二人會武功之事
為己帶來危險
由阿星打敗了火雲
邪神，且斧頭幫也群
龍無首了!能再回到
平凡的生活
兒子被殺↓退隱
救三人
為三人報仇
與火雲邪神對打
救阿星
醫治阿星

3、苦力強、阿鬼、裁縫師(勝哥)

苦力強、阿鬼、裁縫師(勝哥)，三人皆爲武林中有名的人士：「阿鬼-五郎八卦棍」、「裁縫師-洪家鐵線拳」、「苦力強-十二路潭腿」，然而因厭倦了江湖上的鬥爭，決定退出江湖，退隱於「豬籠城寨」並過著平凡的生活，此時他們對社會的貢獻度是逐漸下滑的，因爲他們並沒有將他們的能力，發揮在保護人民，對抗黑社會的威脅，而他們的個人目標追求的是平凡生活，這樣的隱居方式，使他們的個人目標達成曲線不斷上升。退隱期間，雖然三人還是有從事生產與勞力活動，創造價值，但對於社會的整體貢獻度還是低於三人退隱前的。

不料因爲小混混阿星之出現，意外招惹到「斧頭幫」，爲救無辜的母女，三人的挺身而出，提升了對社會貢獻程度，然而卻也導致三人的行蹤曝光，爲三人帶來殺機，很難再留於豬籠城寨過著平凡的生活，故與三人所期望之平凡生活是處於下降的狀態。

斧頭幫爲留住面子，並爲自己的人員報仇，找來所謂的專業人士「六指琴魔」，雖有鵰俠侶二人出面幫助，但最後三人還是因此喪命。然而，三人的喪命，卻也進一步的驅使「神鵰俠侶」二人出面對抗斧頭幫（自古正邪不兩立，我不入地獄，誰入地獄）爲三人報仇，對於社會而言是有利的。

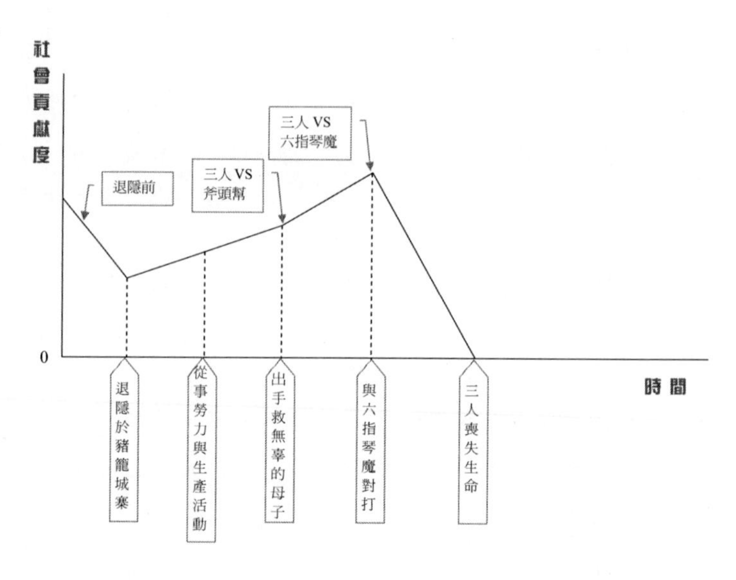

社會貢獻度
退隱前
三人VS
斧頭幫
三人VS
六指琴魔
0
時間
退隱於豬籠城寨
從事勞力與生產活動
出手救無辜的母子
與六指琴魔對打
三人喪失生命

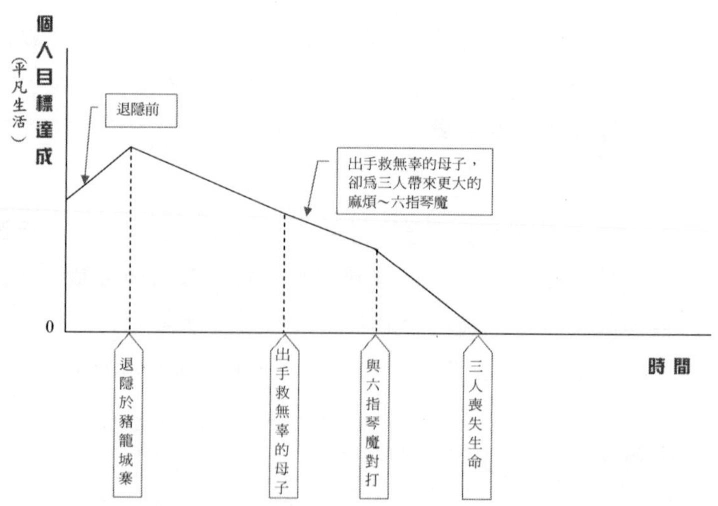

個人目標達成
（平凡生活）
退隱前
出手救無辜的母子，
卻爲三人帶來更大的
麻煩～六指琴魔
0
時間
退隱於豬籠城寨
出手救無辜的母子
與六指琴魔對打
三人喪失生命

4、斧頭幫

斧頭幫，是1940年代中國上海最令聞風喪膽的幫派。對於社會只有害而無益，而斧頭幫爲擴張勢力，除掉鱷魚幫老大，對於社會來說是少了一個威脅，故在社會貢獻度上意外的提升。之後斧頭幫極力於擴張其勢力範圍、開設賭場、買賣毒品、賄賂警察...等，都是有害於社會的，故其貢獻度爲負值，不過這些行爲與活動對斧頭幫之團體目標的達成是卻是正向的。

該幫在征收「豬籠城寨」這個貧困小社區時卻意外的遭遇失敗，對於團體目標的達成而言首度遇到下坡。此外，對斧頭幫而言，從來只有斧頭幫欺負人，沒有人敢欺負斧頭幫，而此事的失敗讓斧頭幫老大感到極度的不開心，因此，分別找來所謂的專業人士「六指琴魔」及「火雲邪神」來爲自己及幫派雪恥，以期提高目標達成。沒想到，斧頭幫老大卻也意外成爲火雲邪神手下亡魂(老大之死對斧頭幫之目標達成而言是負向的)，並使得火雲邪神順勢成爲斧頭幫的老大，這對社會而言更是不利，但對於斧頭幫之團體目標而言卻或許是正向而有利的。

火雲邪神繼續追殺「神鵰俠侶」與阿星，斧頭幫之成員也在這過程損失不少，而火雲邪神更被重生的阿星打敗，並受阿星之無私(想學啊你，我教你啊)而感動而認輸。

之後我們假設會有兩種情況，假如火雲邪神未來若帶著斧頭幫，轉惡爲善，則有利於社會。反之，若帶著斧頭幫，繼續爲惡，則有害於社會。

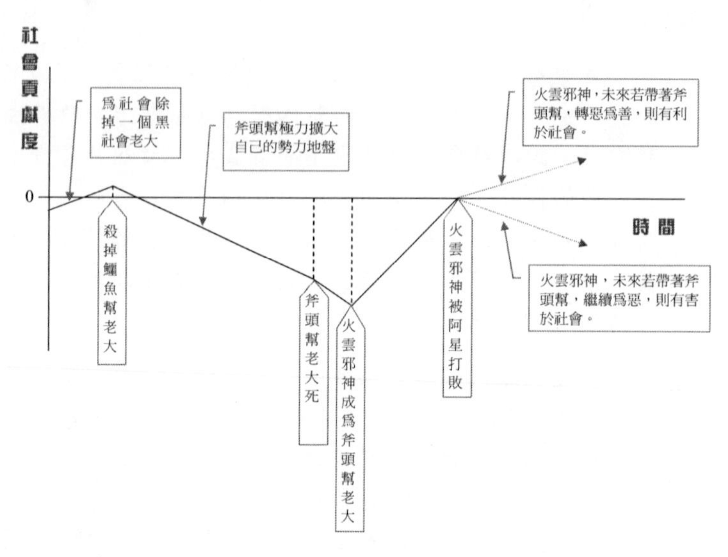

社會貢獻度
0
時間
爲社會除掉一個黑社會老大
斧頭幫極力擴大自己的勢力地盤
火雲邪神，未來若帶著斧頭幫，轉惡爲善，則有利於社會。
火雲邪神，未來若帶著斧頭幫，繼續爲惡，則有害於社會。
殺掉鱷魚幫老大
斧頭幫老大死
火雲邪神成爲斧頭幫老大
火雲邪神被阿星打敗

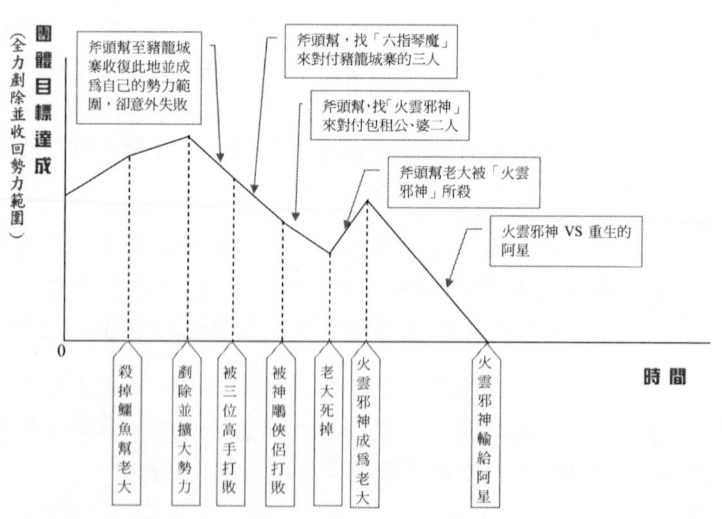

團體目標達成
（全力剷除並收回勢力範圍）
0
時間
斧頭幫至豬籠城寨收復此地並成爲自己的勢力範圍，卻意外失敗
斧頭幫，找「六指琴魔」來對付豬籠城寨的三人
斧頭幫，找「火雲邪神」來對付包租公、婆二人
斧頭幫老大被「火雲邪神」所殺
火雲邪神 VS 重生的阿星
殺掉鱷魚幫老大
剷除並擴大勢力
被三位高手打敗
被神鵰俠侶打敗
老大死掉
火雲邪神成爲老大
火雲邪神輸給阿星

5、火雲邪神

火雲邪神因爲在江湖上已經沒有可以較勁的對手，故自願住在「精神病院」，這時的他對社會的貢獻度是最高的，因爲他不會出來危害世人，而我們將他的目標鎖定在找到高手且能夠當他師父的人，這階段對他自身的個人目標達成是最低的。

而當阿星將他從精神病院救出後，到他得知有神鵰俠侶的存在時，並想打死他們，他對社會的貢獻度下滑至零，因爲他開始傷害世人，傷及無孤，但對他自身的目標是逐漸提升，由於神鵰俠侶不是他的對手，故火雲邪神在達到他自身的目標還不是最高點；當火雲邪神殺了斧頭幫老大，他對社會的貢獻就增加了一點，因爲他消滅了當時社會的大壞蛋。接著他因打傷了阿星，又成爲了斧頭幫的老大，他對社會貢獻度就更加低了。當他追殺神鵰俠侶和阿星到豬籠城寨時，被他打得幾乎要死的阿星，竟因不小心間接的被自己打通任督二脈，而變成萬中無一的絕世高手，阿星分別對火雲邪神使出了「如來神掌」，第一次讓火雲邪神感受到威脅，對他個人目標達成的價值，是節節攀升，因爲他找到高手，當火雲邪神投降時，他又再度使用暗器，阿星則對火雲邪神再一次使出「如來神掌」，但阿星並沒有直接打中火雲邪神，反倒是留給火雲邪神一次改過自新的機會，而火雲邪神最後也眞的是出自內心的改過向善，此時的火雲邪神對社會的貢獻度與他的個人目標達成是不斷上升到至高點。

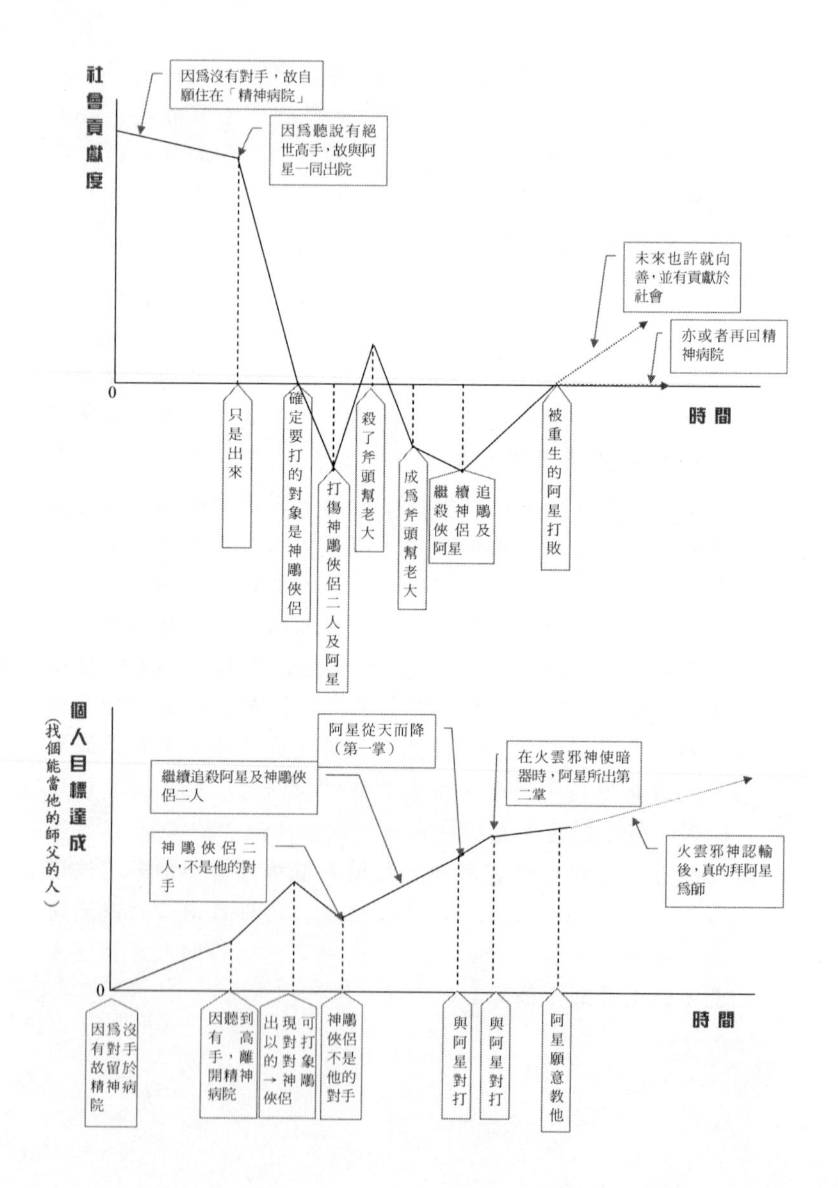

社會貢獻度
因爲沒有對手，故自願住在「精神病院」
因爲聽說有絕世高手，故與阿星一同出院
未來也許就向善，並有貢獻於社會
亦或者再回精神病院
0
時間
只是出來
確定要打的對象是神鵰俠侶
打傷神鵰俠侶二人及阿星
殺了斧頭幫老大
成爲斧頭幫老大
追鵰及神侶俠阿星 繼續殺
被重生的阿星打敗
個人目標達成
(找個能當他的師父的人)
阿星從天而降（第一掌）
在火雲邪神使暗器時，阿星所出第二掌
繼續追殺阿星及神鵰俠侶二人
神鵰俠侶二人，不是他的對手
火雲邪神認輸後，真的拜阿星爲師
0
時間
因爲沒有對手故留於精神病院
因聽到有高手，離開精神病院
出現可以打對象的→神鵰俠侶
神鵰俠侶不是他的對手
與阿星對打
與阿星對打
阿星願意教他

綜合上面針對各個主角所敘述的時間價值分析，就社會貢獻度來說，我們可以明確的看出，阿星、神鵰俠侶及火雲邪神，他們在經由一段時間其價值皆是增值的，而三位師父的貢獻度因爲失去生命，而降至零。此外，斧頭幫對社會貢獻度最終價值是較不明確的，如果火雲邪神最後沒有因阿星的「如來神掌」而改過向善，他將有可能成爲斧頭幫的老大，繼續危害社會，相對的其價值就會降低，反之，火雲邪神未來若帶著斧頭幫，轉惡爲善，則有利於社會，其對社會的貢獻就會增加其價值。

在此個案中，大致上來說，除最後喪命的三位師父及斧頭幫外，上述所列之人物於個人之目標達成方面的最終價值皆有提升。而原先爲反派角色的斧頭幫因其目標爲收復並擴大其勢力範圍，然而，在征收豬籠城寨時卻意外受挫，甚至失去幫派的核心人物-老大，故對該幫而言，其目標的達成度是下降的。阿星、神鵰俠侶及火雲邪神，雖各自最終所追求的目標不同，但在經過一段時間後，四人之最終價值依然是有提升的。阿星完成受人尊敬的夢；神鵰神侶也因火雲邪神被阿星打敗而可恢復原先所卻追求的平凡的生活；火雲邪神在輸給阿星後，也因阿星願意教他武功，而完成他不斷尋求對手及更高武術境界的目標。

管理意涵

一、風險問題

一項投資(機)，都會有潛在的風險，**風險愈大，其預期報酬也就愈大**，就看個人如何去做選擇。風險是在投資之前，就應先列入考量，必須謹慎評估其存在的潛在風險，並充分的收集與投資相關的資訊。

當時的阿星，並未好好的思考這本書本身的價值是否眞的值 10 元，在未經審愼的思考下便決定花了全身的家當來投資這所謂的「無價之寶的秘笈」，也未曾仔細思考乞丐說的話是否屬實，只因爲想達成「維護世界和平」的夢想，沒有完善的去預測投注行爲未來效益的實現，而放棄了讀書成爲律師或者醫生的機會，這對阿星來說，是他人生投注上一個很大的風險。

當一家企業在進行投資計劃時，必須謹愼評估投資計劃，先確定本身的風險承擔能力，並在可承擔的風險範圍內，尋求最大的報酬。也就是說，若能在投資之前先視理財目標並對於投資市場風險充分了解，才能把風險降至最低。

二、時間成本

人們存在一種普遍的心理就是比較重視現在而忽視未來，現在的貨幣能夠支配現在商品滿足人們現實需要，而將來貨幣只能支配將來商品滿足人們將來不確定需要，所以現在單位貨幣價值要高於未來單位貨幣的價值，爲使人們放棄現在貨幣及其價值，必須付出一定代價，利息率便是這一代價。

對阿星來說，額外的代價即是擁有一身武功，並成爲一名大英雄，同樣是能受人們尊敬的角色，他選擇了風險性較大，且對於未來的發展也較模糊的「維護世界和平」目標，雖然10元能滿足阿星現實需求，能讓他拿來念書，將來成爲醫生或律師。同樣是10元的付出，阿星選擇了對他而言未來值較大的「成爲維護世界和平的角色」，然而，阿星並未考慮到此項選擇所需付出的時間成本也相對的較成爲一名醫生或律師來得大。可看出阿星只看到投注10元後所能帶給他的效益，並未關注時間成本所帶來的風險問題。

每當進行一項投資方案之可行性研究，通常會考慮到投資總額、收入、支出以及是否可利用政府頒佈之融資優惠及租稅減免辦法。然後根據以上的數據，予以計算投資報酬率及回收年限，以評估是否值得進行投資。**故企業在進行投資時，應考慮到此項投資之報酬的有效回收期限，而非單單衡量投資所帶來的效益。**

（文字整理：吳映瑤、劉玉慧）

參考文獻

1. 張宮熊，2004，現代財務管理，第四版，新文京開發出版股份有限公司。
2. 廖宜隆，2004，企業財務管理～從失敗中再出發，普林斯頓國際有限公司。
3. 謝劍平，2006，財務管理-新觀念與本土化，第四版，智勝出版社。
4. 功夫官方網站，http://www.sonypictures.net/movies/kungfuhustle/site/

4.投資計劃之評估【奪寶大作戰】

【個案簡介】

Three kings

原意爲東方三賢者(三位博士)尋找耶穌的故事，而此個案敘述在伊拉克的三名士兵在尋找黃金寶藏。

◆時間：1991.3

◆地點：伊拉克沙漠

◆背景：西元 1991 年 3 月伊拉克沙漠波斯灣戰爭由美國高科技菁英部隊投入作戰後，一群待命軍人無所事事的在基地營隊中待了數週。戰爭使大兵無聊且身心失去平衡，當停火正式宣佈後，他們只想趕快離開這個荒涼的伊拉克沙漠。

在美軍準備從基地撤返回美國前夕，一群軍人卻意外從戰俘身上（屁眼中）搜到一張奇怪的地圖。他們推敲出地圖的奧祕，赫然發現這張地圖點出海珊從科威特偷來黃金的藏寶地點，價值千萬以上。這筆意外錢財足以使他們脫離戰後的平凡生活，改變人生。於是艾席蓋茲(喬治克龍尼飾)決定策動另外三個知情的同僚一同去尋寶，準備在臨走前大幹一票。

在高度期望策動下，這四個美國大兵展開了私人作戰行動，他們擬定的作戰計畫是**「破曉出動，中午歸隊」**。然而命運之神開了他們一個大玩笑，這四個尋寶大兵萬萬沒想到，他們單純的想法與作法卻引發出另一場戰爭。

在尋寶過程中，他們意外的搶救出海珊士兵手中的科威特人質。然而他們必須彼此並肩作戰，對抗海珊殘餘部隊，殺出重圍，才有機會順利運出這大批黃金。另一方面，時間消逝，早已過午，美軍基地指揮官也發現了這四個人無緣失蹤，正全力緝捕，這四個美國大兵正面臨被判軍法的額外風險。

在個案中，3 Kings 進行奪寶計劃時可以運用哪些投資決策方法？這些方法背後所隱含的義意何在？

【主要人物介紹】

帶頭大將艾席蓋特

特種部隊出身，勇氣過人、自恃甚高的軍人，這位男人恨、女人愛的超性感猛男，想要一戰成名，無奈仗沒打到，戰事就結束，眼看就要退伍，變爲平民百姓，他一心逮住任何可能的機會，再創契機。

動腦高手特洛伊拜隆

卓依平時是個庸碌的上班族，但身爲陸軍後備軍人的他，熱忱有爲，很驕傲能爲國家盡心力，只是這次出征，讓他極度想念家中妻小；一心想要趕快回國，補足這段當兵期的半失業狀態，賺多的錢，給家人更好的生活。

狙擊尖兵契夫艾爾根

外形酷猛、內心善良的奇夫，篤信神與他同在，因此非常認命並克盡職守的扮演好自己的角色。但內心深處他自識到軍旅生活跟他的日常生活其實都很平凡無奇。唯一值得驕傲的是，他虔誠的信仰和他正直的爲人，頗受同儕尊敬。

小跟班康拉德維克

對於一事無成連高中都沒畢業的康瑞而言，這次興奮的戰事，讓他充滿了天眞的憧憬。他想藉由這場戰爭來個大翻身，衣錦還鄉。只是他完全搞不清楚狀況，是個標準拖油瓶。

NBS 特派記者愛德安娜

飾演優秀的 **NBS** 電視台先鋒特派記者，爲了新聞不惜代價，只爲得到新聞界最高成就普立茲獎。她隨時貼身報導士兵們的一舉一動，找尋新聞、戰事、私事皆逃不其法眼，使枯燥軍旅生活憑添複雜。

學理簡介

一家企業的價值爲何？其實便是企業未來所有現金流量折現值的總和罷了！而未來的現金流量卻來自目前所有已投資的資產及未來的投資機會。未來的現金流量用一個代表企業所有投資人對不確定性評估的風險折現率予以折現得到：

企業的價值 ＝ 未來現金流量的折現值 ＝ 目前所有資產所產生的現金流量折現值 ＋ 企業的價值

企業財務經理人的任務便是尋求企業財富極大化，亦即尋求企業股東財富的極大化。財務經理利用一評估過程對長期資產投資進行決策，稱爲「資本預算」。資本預算技術分析：

1. 未來各期的現金流量。
2. 現金流量所附屬的不確定程度。
3. 考慮不確定之後，評估現金流量的價值。

一項未來的現金流量的不確定性愈高 其目前的價值便愈低。不確定性的程度便是風險，而風險反映在企業（個人）的資金成本上。此一觀點依然可以適用在個人投資決策之上。

本文所探討將專注在常用的資本預算決策技術的探討上，並分析這四項方法的優劣：

1. 回收年限法。
2. 折現回收年限法。
3. 淨現值法
4. 內部報酬率法

我們需關心那一個方法可以協助企業篩選投資計劃，以達到企業（個人）價值最大化的目標？一項優良的評估技術應該考慮到：

1. 考慮到因爲投資計劃而產生的未來增量現金流量
2. 考慮到貨幣的時間價值。
3. 考慮到未來現金流量的不確定性。
4. 考慮哪一項投資方案可以帶來值價增加最大化。

如果一項評估技術能符合上述三項條件，藉以進行資枓預算決策之篩選工作的話，大約能符合追求企業價值極大化的目標。

個案風險與報酬的估算

一、現金流量與機會成本

在進行投資決策的過程中，必須考慮各期的現金流量，分析現金流量可以研判公司財務狀況的好壞以及預測未來獲利的成長性，若公司的盈餘不斷增長現金流量也應隨之增加。。

而現金流量又分別包括了現金流入與現金流出，將分別指出個案中有那些現金流入與現金流出的部份，我們以「Three Kings」在進行尋寶的過程中，哪些事件使得現金流量有所增減，進行探討。[10]

1、現金流出 (Cash Outflow)：機爲成本

以本個案主要角色來看，他們是以各自的未來的可能收入當作本計劃的機會成本來進行估算。故對個案中不同主角而言，每個人的機會成本是不同的：未來退伍後一輩

[10] 此小節中台幣對美元匯價以 2008 年 1 月 1 日爲計算基準。

子的所得淨值，並依此作為計算「Three Kings」三人對「偷取黃金行動」投資決策評估的個別機會成本。

(1) 艾席蓋特(約 40 歲)：因其位階屬「少校」，因此未來幾乎不可能有升將軍的機會，此外，再過二週後他便要退休。因此，艾席蓋特之機會成本為「退休金」、「退休後順利至媒體界工作」。假如艾席蓋特未來升等當將軍的機會很大，那麼今天他就不會參與此項偷取黃金的計劃，因為所需付出的機會成本太大了。

◆退休金：假設美國退伍軍人退休金約為台灣同等級者三倍。

(NT $1,000,000 /32.5) × 3 倍 = US $ 92,308 美金 (分 10 年給)

◆退休金的 PV 值：

$$PV = CF \times \frac{1 - \frac{1}{(1+r)^t}}{r} = \text{US\$ } 9{,}230.8 \times \frac{1 - \frac{1}{(1+0.03)^{10}}}{0.03}$$
$$= \text{US\$ } 78{,}740.6$$

◆工作年數：65-40=25 年，

◆工作月薪：NT$50,000/32.25 ≒ US $1,540 (年薪：US$ 1,540×12=US $18,480)

◆Cash Outflow：US $ 1,540 × 12 ×35 年=US $462,600

◆Cash Outflow 的 PV 值：

$$PV = CF \times \frac{1-\frac{1}{(1+r)^t}}{r} = \text{US\$ } 18{,}480 \times \frac{1-\frac{1}{(1+0.03)^{25}}}{0.03}$$
$$= \text{US\$ } 321{,}795$$

➔艾席蓋特此次行動的 Cash Outflow 的 PV 值＝US $78,740.6 + US $321,795 ＝US $ 400,536

(2) **特洛伊拜隆(約 30 歲)**：位階爲「士官長」，爲了賺錢而從軍 (在得知妻子懷孕，想改善家人的生活)，故可知對特洛伊而言，「太太小孩的生活」是其機會成本➔可承受的風險較其他人來得較小，而特洛伊之 Cash Outflow 我們預估其退伍後，順利找到一份電腦公司的工作，並工作至 65 歲。

◆工作年數：65-30=35 年

◆工作月薪：NT$40,000/32.25 ≒ US $1,230 (年薪：US$ 1,230×12=US $14,760)

◆Cash Outflow：US $ 1,230 × 12 ×35 年=US $516,600

◆Cash Outflow 的 PV 值：

$$PV = CF \times \frac{1-\frac{1}{(1+r)^t}}{r} = \text{US\$ } 14{,}760 \times \frac{1-\frac{1}{(1+0.03)^{35}}}{0.03}$$
$$= \text{US\$ } 317{,}151$$

(3) **契夫艾吉(約 30 歲)**：從軍前在機場當行李的搬運工人，故假設其機會成本爲「當機場搬運工人時的薪水」，且因爲他是社會底層的黑人，要另尋工作較難，所以參與偷取黃金的意願相對的很大。

◆工作年數：65-30=35 年

◆工作月薪：NT$30,000/32.25 ≒ US $923 (年薪：US $ 923×12=US $11,076)

◆Cash Outflow：US $ 1,230 × 12 ×35 年=US $387,660

◆Cash Outflow 的 PV 值：

$$PV = CF \times \frac{1-\frac{1}{(1+r)^t}}{r} = \text{US\$ } 11{,}076 \times \frac{1-\frac{1}{(1+0.03)^{35}}}{0.03}$$
$$= \text{US\$ } 237{,}992$$

2、現金流入 (Cash Inflow)

對以上人員來説，四人的現金流入皆爲相同的，即爲他們預計偷取的「黃金」。

◎黃金：

❁一開始原先為➔120 袋：約 3500 萬美元 (由遺失後所剩 79 袋值 2300 萬元推估)

$$\frac{23{,}000{,}000}{79\text{袋}} = 291{,}139.24\,/\,@\text{袋}$$

➔ 120 袋 × 291,139.24 ＝34,936,708.86 ＝約為$3,500 萬美元

❁遺失 41 袋後➔剩 79 袋： $ 2,300 萬美元

二、風險（請見圖 4-1）

1、「Three Kings」共同面臨的系統風險：

(1)軍法處置(判刑、被關)：不假外出、違反停火協議、殺人。

(2)偷取黃金過程：被伊拉克政府軍或反抗軍給殺了或受傷、殘廢。

(3)黃金：也許那個地圖並沒有黃金，或者黃金在偷取過程中掉了、被搶、被沒收。

2、「Three Kings」個別所面臨的個人非系統風險：

(1) 艾席蓋特：其官階屬「少校」，若被判刑，應會比其他人來得更重。但也因爲是少校，升爲將軍的機會不大，因此，相對於順利退休後去工作比起來，他更願意冒險去偷取黃金。

(2) 特洛伊拜隆：所面臨的非系統風險爲三人中最大者，由於有妻子及剛出生不久的孩子，因此，特洛伊在面對風險時的感受會較其他人來得高，更趨避會有危險、風險的事情，行動上也較保守。因此，當其面臨的風險越大時，其所要求的風險溢酬也就越高，相對的折現率也就越高。

(3) 契夫艾吉：相對於順利退休後再去機場工作比起來，他更願意冒險去偷黃金。

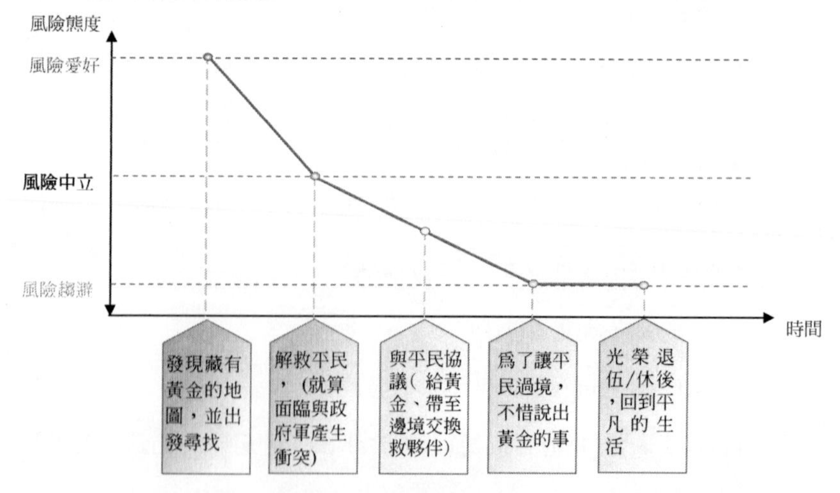

圖 4-1　個案主角風險態度變化趨勢

三、資本資產定價模型(CAPM)[11]估算個人要求報酬率

以資本市場線(capital market line; CML)，可延伸推導出所有投資組合與個別證券之期望報酬率與風險之間的關係如下：

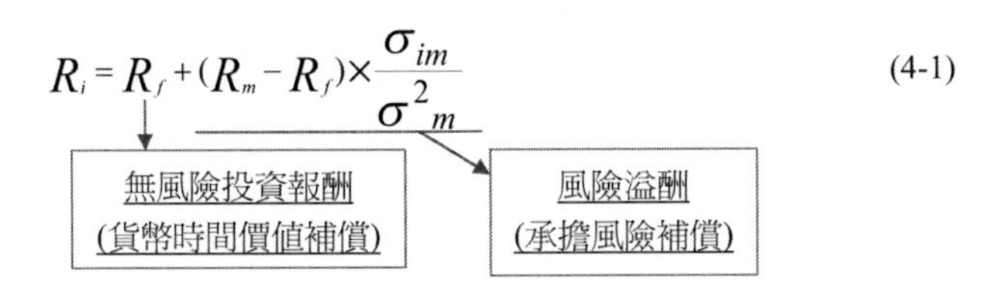

$$R_i = R_f + (R_m - R_f) \times \frac{\sigma_{im}}{\sigma^2_m} \qquad (4\text{-}1)$$

其中：

R_i =證券的期望報酬率

R_f =無風險投資報酬率

β =貝他係數

R_m =市場期望投資報酬率

$(R_m - R_f)\times\beta$ ＝風險溢酬

資本資產定價模型告訴我們：證券的期望投資報酬等於無風險投資報酬率，加上某些風險溢酬，而溢酬的大小則等於該證券的貝他係數乘以市場投資組合的風險溢酬。一般而言，高報酬經常伴隨著高風險存在，因此對於高風險的投資，一般要求的報酬也比較高。而風險溢酬就是投資者承擔風險所要求的額外報酬。

以本個案來看「Three Kings」是個 team，他們有共同的系統風險，以及個人之非系統風險，我們以 CAPM 之概念來分析「Three Kings」的預期報酬。

[11] 有關風險與報酬，以及資本資產定價模式之學理說明請見第二章。

R_i = 預計偷取的黃金➔未來的保障，不需辛苦工作

R_f = 不當軍人，可以得到很平安的報酬，假若市場無風險利率➔**3%**

R_m = 當美國軍人會共同面臨的風險，戰爭損傷機會大，風險較高➔**20%**

β = 在偷取黃金的過程的風險➔被政府軍或反抗軍打死，及可能誤觸地雷，

故本文認為「Three Kings」的 β 值應高於一般的美國軍人➔**1.5**

共同要求報酬率的估算

$$R_i = R_f + (R_m - R_f) \times \frac{\sigma_{im}}{\sigma^2_m} \tag{4-2}$$

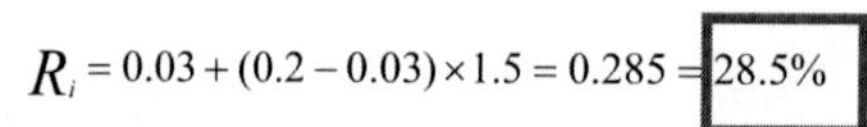

$$R_i = 0.03 + (0.2 - 0.03) \times 1.5 = 0.285 = \boxed{28.5\%}$$

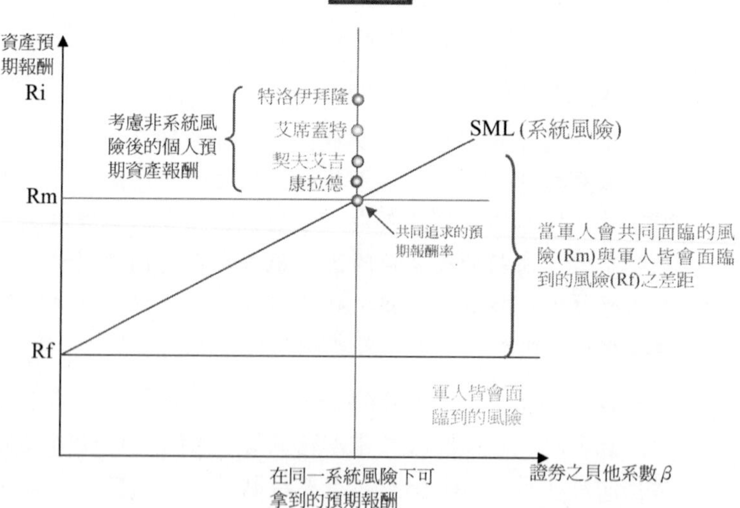

圖 4-2　證券市場線與 Three Kings 的預期報酬

經由系統風險與非系統風險觀念，我們可知道三人所面對的系統風險(β)是相同的，但是由於個人之非系統風險的高低，而導致每個人在面對相同風險時所產生的反應有所不同，所面對的風險也就不同，當風險越高，則風險溢酬「$(R_m-R_f)\times\beta$」就越大，要求報酬也越高，其折現率也就越高。

2、「Three Kings」個別所面臨的個人非系統風險：

(1) 艾席蓋特：其官階屬「少校」，若被判刑，應會比其他人來得更重。但也因爲是少校，升爲將軍的機會不大，因此，相對於順利退休後去工作比起來，他更願意冒險去偷取黃金。➔個人非系統風險低。

(2) 特洛伊拜隆：所面臨的非系統風險爲爲三人中最大者，由於有妻子及剛出生不久的孩子，因此，特洛伊在面對風險時的感受會較其他人來得高，更趨避會有危險、風險的事情，行動上也較保守。因此，當其面臨的風險越大時，所要求的風險溢酬也就越高，相對的折現率也就越高。➔個人非系統風險高。

(3) 契夫艾吉：相對於順利退休後再去機場工作比起來，他更願意冒險去偷黃金。➔個人非系統風險低。

圖 4-3　故事經過與報酬及風險的變化趨勢

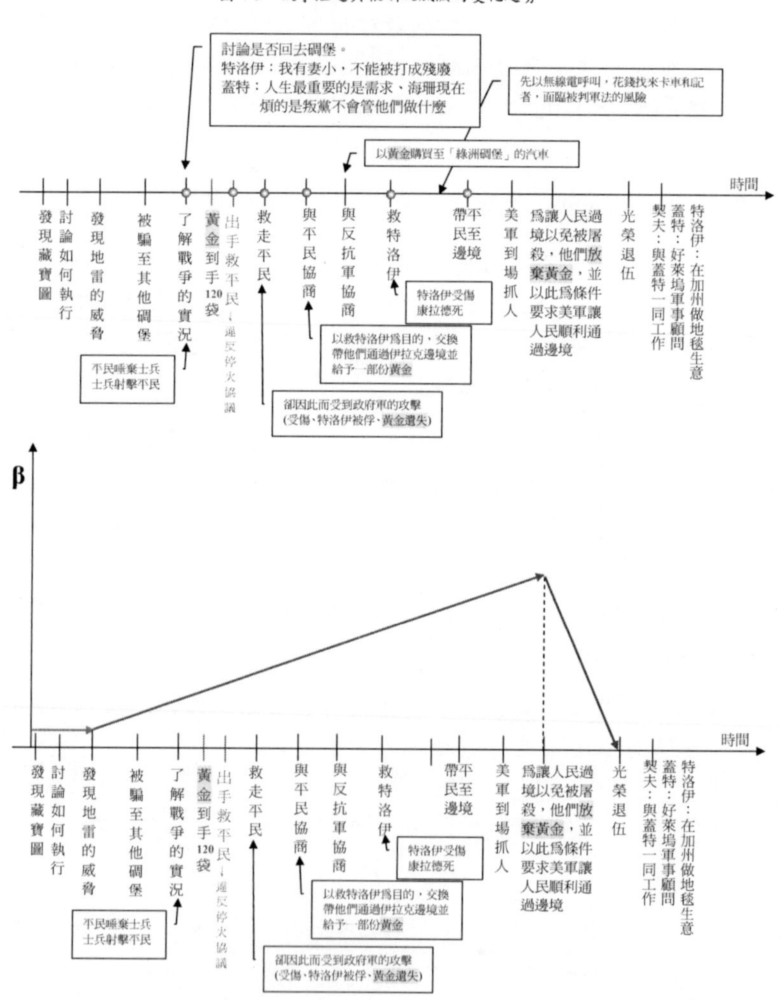

投資決策的可行性評估

1、回收年限法

簡單回收年限法提供一項初步的評估參考。它是指一項投資計劃從原始現金流出開始，到現金流入合計相等於原始投資額，所花費的時間，基本上，回收年限短的投資計劃優於回收年限長的投資計劃。但這大部份是適用於經營環境競爭激烈、壽命週期短暫的產業而言。回收年限法並不考慮投資風險、收回年限後的現金流量、以及現金流量的分佈情況。

而此個案中，「Three Kings」一開始對於此項活動的投入，並沒有考慮到任何的存在風險，並沒有去思考進行此項活動最後的報酬與行動過程中所遇到的狀況是否會使他們個人的折現值提高或降低，更沒有去評估他們所投入的機會成本，是否能確實取得相對的報酬。少校艾席蓋特一開始只有對此項活動，做了簡單的計劃評估：

(1)少校艾席蓋特評估路程只有 65 公里，尋寶活動只要黎明出發，午餐前就可以回來，而且也不會被軍中發現他們不假外出。

(2)衡量了路上唯一的風險，就是路上的地雷區，而少校艾席蓋特指出「82 軍已經完成掃雷的任務，我們只要不要離開馬路就好」。

(3)不能開卡車進行這項尋寶活動，易引起注意，所以只開吉普車，等找到黃金，再搶伊拉克的卡車運送，萬一被美國國軍攔下來，也比較不會出事，因爲他們可以說「這是我

們從伊拉克軍俘擄來的」。

我們在衡量此個案在執行計劃的過程中，每個時間點的現金流量，由於他們三人各自所投入的現金流量的不同，而有不同的回收期間。少校艾席蓋特所投入的機會成本是$ 400,536，士官長特洛伊拜蓋的機會成本是$ 317,151，而契夫艾吉的機會成本是$ 237,992，他們三人的回收期限皆是在第一次找尋到黃金的階段。但由於過程中所面臨到的風險，如伸出援手解救平民、帶走平民、翻車遺失了黃金、分黃金給平民、帶平民到邊界，使他們無法回收到他們所付出的代價。

最後他們的尋寶計劃並沒有他們當初預期的順利，過程中的許多風險，爲他們帶來了許多的威脅，顯示出：回收年限法並沒有辦法讓他們順利去評估一項投資決策，其評估的層面並不完善，而使他們面臨了許許多多的威脅，如被伊拉克政府軍逮捕、被地雷轟炸的風險以及被判軍法的可能。

圖 4-4 不同階段下現金流量估計

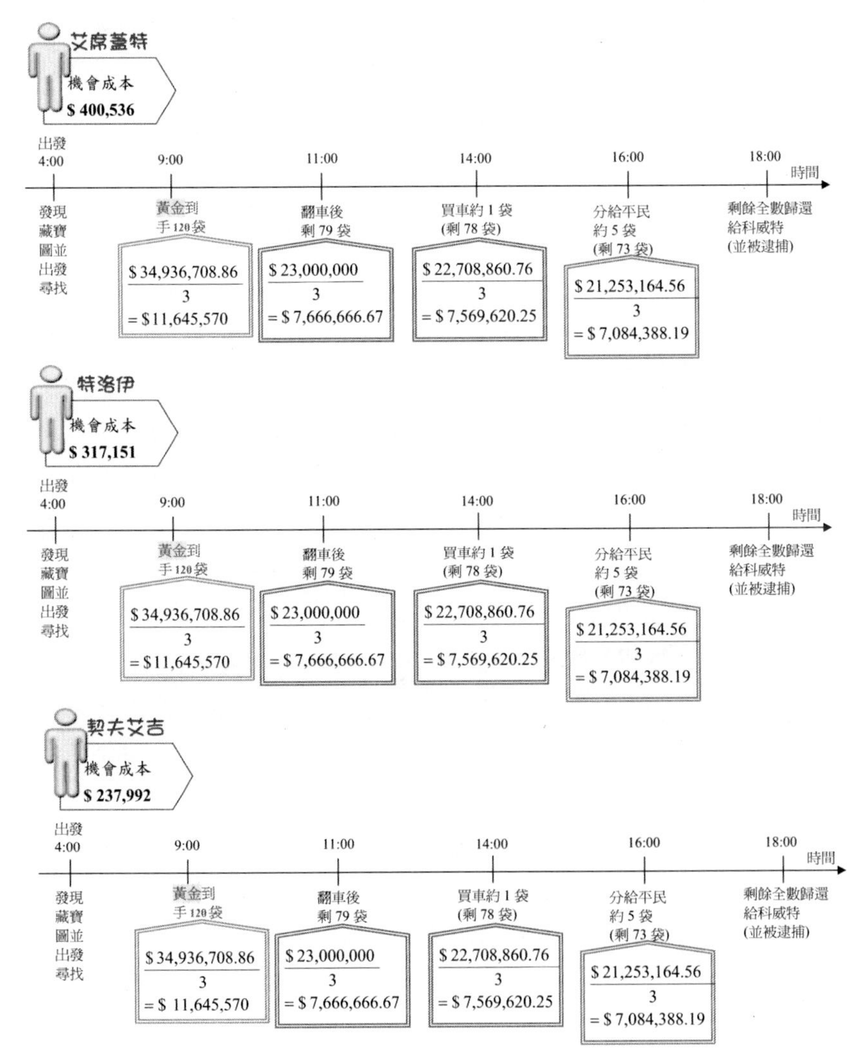

2、折現回收年限法

折現回收年限法改善了簡單回收年限法二個缺點：(1)考慮了貨幣時間價值；(2)考慮了現金流量的不確定性。折現回收年限法其折現率會依個人對風險的態度的不同而有所不同。雖説折現回收年限法所評估的結果比簡單回收年限法較令人接受，但是仍無法脱離沒有全盤考慮所有現金流量(尤其是回收年限後者)與追求企業價值極大化的原則。

由於折現回收年限法考慮到其不同風險程度的折現率，而折現率是個人的資金成本率，也就是個人風險的反應，風險愈大，折現率就會愈高。我們評估個案中，「Three Kings」在遇到哪些威脅中，使的「Three Kings」分別感受到不同的風險。

(1)在他們被政府軍騙説黃金在另一個碉堡時，他們在路途中，評估是否要繼續進行此項活動，三個人因其各自的非系統風險不同而各有不同的折現率：

(a)艾席蓋特：指出「人生最重要的是什麼→需求」，人類會視自己的需求而行動，在此時，他所感受到的風險並沒有那麼的高。

(b)特洛伊拜隆：在此時他想起他的妻小，認爲如果在這次行動中變成殘廢，那就太荒謬了，此時他所感受到的風險因他個人的非系統風險而顯的非常高。

(c)契夫艾吉：我們認爲他與艾席蓋特的觀點是相同的，也是認爲人的需求是最重要的，他願意冒風險尋找黃金，來改善他退伍後只能在機場當工人，由於他自身的非系統風險很低，所感受到的風險相對的沒有那麼的高。

(2)「Three Kings」爲了解救被政府軍欺壓的平民，與政府軍起了衝突，也就是違反了停火協議後，他們便開始了解到此次的行動，有他們未預想到的風險存在，而他們三人個別對風險的感受程度如下：

(a)艾席蓋特：雖然他認爲自己的需求滿足很重要，但他認爲解救平民也是很重要的，因爲他的機會成本較小，少校快退伍了，也剛離婚，所以他的非系統風險很小。然而因爲決定救那些平民，而使得必須與伊拉克政府軍產生衝突，並因此而破壞了停火協議、受了槍傷，故可看出其所感受的風險有增加的情形。

(b)特洛伊拜隆：在此階段他考慮到自己有妻小，他非常反對拯救平民，因爲這會使他們遭到政府軍的攻擊爲自己帶來風險，他自身所感受到的風險很高。

(c)契夫艾吉：我們認爲他與艾席蓋特的觀點是相同的，也認爲拯救平民是很重要的，因爲其沒有家庭的包袱，退伍後也只有在機場工作，所以他的非系統風險很小，而在參與救那些平民時，因爲必須與政府軍產生衝突，故可以感受到風險增加的情形。

(3)在他們救走平民時，伊拉克的政府軍利用催淚彈攻擊他們，使他們損失了黃金，又使特洛伊拜隆被俘虜，此時他們三個人所感受到的風險又更高了。

(4)在他們被另一群平民救到洞穴中，他們與平民商議，平民幫助他們順利救出特洛伊拜隆並且協助他們把黃金運走，而他們必須幫助這些平民逃到邊界。在此階段，特洛伊他被政府軍抓走，又被刑求，再加上他有妻小，他的個人非系統風險相當的高，故特洛伊所感受到的風險是三人中最高的；而另外兩人在決定要前往救特洛伊並幫助平民逃到邊界後，兩人也意識到其危險性的增加，所要冒的風險很高。

(5)當他們決定假扮海珊去拯救特洛伊時，艾席蓋特與契夫艾吉又同時面臨無法矇騙過政府軍而遭到攻擊的風險，此時風險又更高了。

(6)在他們拯救出特洛伊後，因爲政府軍知道他們並不是海珊，故派了直升機前來進行掃射，使他們每個人存在一個高度風險的環境下，再加上此時康拉德維克被政府軍射殺，而特洛伊也被射傷，使得特洛伊他個人所感受到的風險非常的高。

(7)在他們要送平民過伊拉克邊界時，他們面臨違反了美國與伊拉克的條約會被判刑以及美國軍政府到伊拉克邊界將他們帶回審判的風險，必要時還必須放棄黃金，告知美國軍政府黃金的下落，使他們原本應得的報酬都沒有了，此時他們三人所感受到的風險又再度提高。

我們分別計算出三人不同的折現率，來探討他們三人個別對風險的反應程度的不同。

個人的折現率=CAPM+非系統風險

(1) 艾席蓋特：其官階屬「少校」，若被判刑，應會比其他人來得更重。但因爲是少校，升爲將軍的機會不大，因此，相對於順利退休後去工作比起來，他更願意冒險去偷取黃金。

➔假設非系統風險預估爲 7%

折現率＝28.5%＋7%＝35.5%

(2) 特洛伊拜隆：所面臨的非系統風險爲三人中最大者，由於有妻子及剛出生不久的孩子，因此，特洛伊在面對風險時的感受會較其他人來得高，更趨避會有危險、風險的事情，行動上也較保守。因此，當其面臨的風險越大時，其所要求的風險溢酬也就越高，相對的折現率也就越高。

➔假設非系統風險預估爲 10%

折現率＝28.5%＋10%＝38.5%

(3) 契夫艾吉：相對於順利退休後再去機場工作比起來，他更願意冒險去偷黃金。

➔假設非系統風險預估爲 5%

折現率＝28.5%＋5%＝33.5%

三人的折現率大小順序爲，特洛伊＞艾席蓋特＞契夫艾吉。

根據求得這「Three Kings」三人各別的折現率，不難發現，他們對風險的反應都相當的高。由於他們在這麼短期間內就可以得到價值 3500 萬美金的高報酬，故他們自然而然必需承受相當高的風險，與本文預估他們各別的折現率值得到了驗證。也由於預期此一計劃在一天之內完成，依折現回收年限法所得的回收期間與簡單回收年限法所得結果，其差異並不顯著。

折現回收年限法雖然考慮到了貨幣時間價值的問題，將以折現率加以評估個人在進行投資決策時，所面臨到的風險與報酬，但因沒有全盤考慮到各期現金流量以及追求企業利益極大化，故使他們冒了一個有可能最後到頭來一個黃金也沒有拿到，還要面臨被判軍法的風險，所以折現回收年限法和簡單回收年限法一樣，皆無法提供投資方案所具獲利情況，因爲它們完全忽略回收年後所有的現金流量也沒有令個人追求利益極大化。

3、淨現值法 (Net Present Value Approach)

所謂「淨現值法」(Net Present Value Approach)意指評估投資計畫時，將各期現金流量予以折現、加總，視其加總後的淨現值大小，判斷是否接受該評估方案，亦即：

$$NPV = CF_0 + \frac{CF_1}{(1+r)^1} + \frac{CF_2}{(1+r)^2} + \ldots\ldots + \frac{CF_n}{(1+r)^n} = \sum_{t=0}^{n} \frac{CF_t}{(1+r)^t} \quad (4\text{-}3)$$

淨現值法考慮了所有現金流量，並改善回收年限法沒有做到的部份，此外淨現值法亦考慮到現金流量的貨幣時間價值，評估現金流量風險(反映在資本成本與折現值上)，並衡量投資計劃能獲得多少的淨現金流量，亦即符追求企業價值極大化的原則。

經由個案可發現，個案中主角之評估方法，由一開始「完全不考慮風險」(回收年限法)，認爲從海珊的碉堡裡偷走黃金不是件難事(由於「Three Kings」於戰爭期間是屬於後備支援部隊，並未直接面臨戰爭的危險)，一直到意識到此行動的風險，並面臨伊拉克政府軍及反抗軍間的內政問題、爲維護平/難民的生命安全而挺身而出的風險、失去黃金、被判軍法等風險。

接著本文運用第三個評估方法「淨現值法」來看，「Three Kings」在進行尋寶過程中，風險對於報酬與折現率的影響，進而了解其淨現值大小因非預期因素而改變的情形。

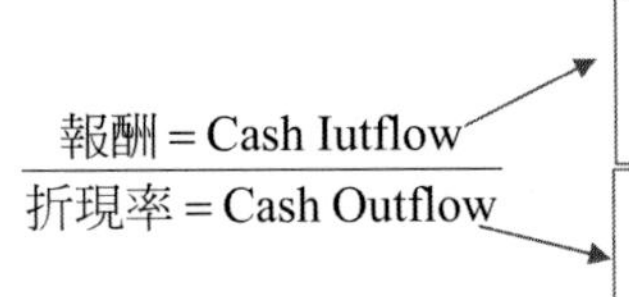

會因黃金的遺失、被搶、分配給平民、購買救夥伴的汽車、沒收 ➔爲報酬的減項

因面臨「軍法」、「政府軍」、「反抗軍」、「平民」等的威脅，而致使風險提高 ➔折現率的加項

個案的發展，從一開始三人的樂觀態度(因受黃金～高報酬的吸引，並未進一步的去了解戰爭的實際狀況)，對「Three Kings」而言幾乎不在風險(風險=0)，並計劃早上出發，中午歸隊，以防被上司發現。

在「Three Kings」實際出發去尋找黃金後，可發現三人之分子的部份現金流量，在因爲非預期的事件而致使出現遞減的情形；相對的，因爲所面臨的風險不斷的增加，因此他們所要求的風險溢酬也跟著越大。要求報酬越高，意胃著折現率也就越高，因此，可看出其折現率是呈現遞增的情形。可注意到的是，折現率因爲風險程度的增加而跟著變高，故使得每一期回收的現金流量(折現值)越來越少甚至可能呈現爲負值，進而影響最終之淨現值。

下面本文將針對幾個時間點，來探討「Three Kings」之個別及團體的現金流量(報酬)與折現率之增減情形：

(1)在他們被政府軍騙說黃金在另一個碉堡時，他們在路途中，評估是否要繼續進行此項活動。

◆以下是他們三人對報酬的增減：

此階段他們所共同預期的報酬「黃金」因爲尚未實際尋

獲，因此，處於不變的情形。

◆以下是他們三人對折現率個別的增減：

(a)艾席蓋特：指出「人生最重要的是什麼→需要」，人類會視自己的需求而行動，而且並說「現在海珊擔心的是那些叛黨，不會管我們做什麼事」，在此時，他的折現率並沒有明顯的升高(雖有風險但還不至於很高)。

因此，對整體及艾席蓋特個人而言，此階段之報酬及折現率並未有很大的變動。

(b)特洛伊拜隆：在此時他想起他的妻小，認爲如果在這次行動中變成殘廢，那就太荒謬了，若要回去碉堡找黃金，勢必會遇上在顧守那口井的政府軍，因此預期會遇上非預期的風險，此時他的折現率明顯上升許多。

因此，對整體及特洛伊拜隆個人而言，此階段之報酬雖未明顯的上升或下降，但在折現率部份，由於特洛伊考慮到家中的妻小，因此，面對風險時的感受會較大，並趨於保守的一方，所以當風險變大時，特洛伊之折現率也會跟著提高，而在報酬不變的情形下，NPV 值會因折現率的提升而變小。

(c)契夫艾吉：本文認爲他與艾席蓋特的觀點是相同的，也是認爲人的需求是最重要的，他願意冒風險尋找黃金，來改善他退伍後只能在機場當工人，此時他的折現率並沒有明顯的升高。

因此，對整體及契夫艾吉個人而言，此階段之報酬及折現率並未有很大的變動。

(2)「Three Kings」爲了解救被政府軍欺壓的平民，與政府軍起了衝突，也就是違反了停火條約後，他們便開始了解到此次的行動，有他們未預想到的風險存在。

◆以下是他們三人對報酬的增減：

此階段他們所共同預期的報酬「黃金」在此時已實際尋獲(共計 120 包)，因此報酬與前時間點相同，並未有太大的變動，而不同的是此時他們已可知實際可取得的報酬是多少。

◆以下是他們三人對折現率個別的增減：

(a)艾席蓋特：雖然他認爲自己的需求滿足很重要，但他認爲解救平民也是很重要的，因爲他的機會成本較小，少校快退伍了，也剛離婚，所以他的非系統風險不大。然而因爲其決定救那些平民(此時其風險態度並未有很大的改變)，而使得必須與政府軍產生衝突，並因此而破壞了停火協議、受了槍傷，故可看出其所面臨的風險有提升之情形，故此階段他的折現率呈上升。

因此，對整體及艾席蓋特個人而言，此階段之報酬未有很大的變動，但因爲他決定挺身而出救那些可能會被政府軍給屠殺的人民，而使得自己面臨一個較大的風險，相對的其折現率也跟著上升，故 NPV 值在報酬不變的情形下，會是呈現下降的。

(b)特洛伊拜隆：在此階段他考慮到自己有妻小，他非常反對拯救平民，「我們還是按計劃進行吧(拿到黃金後立刻回軍營)」，因爲這會使他們遭到政府軍的攻擊爲自己帶來風險，他的折現率有很明顯的上升，然而最後他還是參與拯救平民的行動，沒有自己開著車子離開，雖然過程中有中彈，但因防彈衣而幸運保住一命，因此，更讓他感受到風險的程度。

因此，對整體及特洛伊拜隆個人而言，此階段之報酬並未有很大的變動，但其折現率因爲所面臨的風險增加，因此與其他人一樣會有提高的情形，但是特洛伊個人之折現率的提高幅度會較其他人來得大，因爲就算「Three Kings」大家所面臨的是一樣的風險，但因爲其個人的權益成本(機會成本)較其他人來得要高，所以，當面對風險時，特洛伊之折現率的提高情形會大於其他人，同樣的對於 NPV 值的影響也會較大並使 NPV 值變小。

(c)契夫艾吉：本文認爲他與艾席蓋特的觀點是相同的(「我們可以先幫他們，然後再離開」)，也認爲拯救平民是重要的，因爲其沒有家庭的包袱，退伍後也只有在機場工作，所以他的非系統風險很小。而在參與救那些平民時，因爲必須與政府軍產生衝突，故可看出其所面臨的風險有提升之情形，故此階段他的折現率呈上升(但變動不大)。

因此，對整體及契夫艾吉個人而言，此階段之報酬並未有很大的變動，而其折現率雖因風險的提高而增加，但其上升幅度不大，故雖會使 NPV 值變小，但其影響程度不大。

(3)在他們救走平民後，伊拉克的政府軍利用催淚彈攻擊他們。

◆以下是他們三人對報酬的增減：

此階段他們所實際取得的報酬「黃金」(共計 120 包)，因伊拉克的政府軍的攻擊而少了41袋(剩下79袋等於$2,300萬)，故報酬減少1/3，此時他們更失去特洛伊這名夥伴，而使得後來必須花所拿到的錢來救特洛伊。

◆以下是他們三人對折現率個別的增減：

(a)艾席蓋特：在與政府軍發生衝突並因此破壞停火協議，且政府軍的支援人員及戰車也來到卡巴拉，因爲此時的他已受傷(左手槍傷)，且情勢對他們比較不利，所以，當下決定帶走所有人民，並趕快逃離。然而，卻因政府軍的攻擊而使得他們無法順利離開、失去部份黃金、康拉德左眼受傷，並讓特洛伊被政府軍所俘虜。因此，此階段所面臨的風險及損失都很大。

因此，對整體及艾席蓋特個人而言，此階段之報酬及折現率皆有很大的變動。報酬因在逃離過程中受政府軍的攻擊，而意外翻車，使得41袋的黃金遺失，成員並因此受傷、被俘。故預期現金流量在此階段呈現下降的，相對的其折現率也因風險增加而跟著上升，故NPV值在報酬下降、折現率上升的情形下，會是呈現明顯的下降情形。

(b)特洛伊拜隆：在受到政府軍的催淚彈攻擊，而致使載著黃金的卡車翻車後，他爲救兩名因受驚嚇而在佈滿地雷的地方奔跑的孩子，而使得自己成爲俘虜，並面臨可能在被審問過程中喪命的風險，故此階段其折現率提高很多。

因此，對整體及特洛伊拜隆個人而言，此階段之報酬及折現率皆有很大的變動。報酬因在逃離過程中受政府軍的攻擊，而意外翻車，使得41袋的黃金遺失，而特洛伊因爲被政府軍抓去而成爲俘虜，其所面臨的風險在此時相較於其他人來看，相對的高出許多。因此特洛伊之折現率的提高幅度會較其他人來得大，因爲他面臨了政府軍的審問，而且很可能在艾席蓋特救他之前就死了。再者，因爲特洛伊個人的機會成本較其他人來得要高，所以，當面對風險時，特洛伊之折現率的提高情形會大於其他人，同樣的對於 NPV 值的影響也會較大。因此，整體來看 NPV 值在此階段是有很明顯的下降的情形。

(c)契夫艾吉：在參與救那些平民後，因爲必須與政府軍產生衝突，更有可能因此喪命，故可看出其所面臨的風險有提升之情形，故此階段他的折現率呈上升。

因此，對整體及契夫艾吉個人而言，此階段之報酬及折現率皆有很大的變動，對於 NPV 值的影響也會較大。因此，整體來看 NPV 值在此階段是有很明顯的下降的情形。

(4)在他們被另一群平民救到洞穴中，他們與平民商議，平民幫助他們順利救出特洛伊拜隆並且協助他們把黃金運走，而他們必須幫助這些平民逃到邊界，並給予一部份的黃金(此時，尚未實際將黃金分給平民)。

◆以下是他們三人對報酬的增減：

在此一階段他們所實際取得的報酬「黃金」剩下 79 袋約爲$ 2,300 萬美元，然而，因爲與平民協議，平民幫助「Three Kings」順利救出特洛伊拜隆並且協助他們把黃金運走，而「Three Kings」必須幫助這些平民逃到邊界，並給予一部份的黃金，雖然黃金(報酬)現階段並沒有實際減少，但因已承諾要給予平民一部份黃金，因此，報酬其實已不是實際 79 袋這麼多了。

◆以下是他們三人對折現率個別的增減：

在此一階段，特洛伊他被政府軍抓走，又被刑求，再加上他有妻小，他的個人非系統風險相當的高，故特洛伊的折現率是最高；而另外兩人在決定要前往救特洛伊並幫助平民逃到邊界後，兩人也意識到其危險性，所要冒的風險很高，故其折現率也是明顯上升的。

因此，對「Three Kings」而言，此階段之報酬雖無明顯的下降，但因已承諾付出黃金以換取拯救被俘的特洛伊，故已可預估未來之實際減少情形。再因艾席蓋特及契夫艾吉決定前往綠洲碉堡救出特洛伊，面臨了較大的風險，兩人之折現率也會提高。而成爲俘虜的特洛伊，在直接面臨政府軍的拷問(電擊、灌石油)下，可能喪失其生命，因此他所面臨的風險在此階段是三人最大的，再加上本身的機會成本相對就比其他人來得高，因此，這個時候，「Three Kings」三人的折現率都有大幅提高的情形，而又以特洛伊提高的程度爲最大，對 NPV 值的影響也會較大。因此，整體來看 NPV 值在此階段是有很明顯的下降情形的。

(5)爲到綠洲碉堡去拯救特洛伊，艾席蓋特及契夫艾吉以「錢」向反抗軍購買車，並且以假扮海珊矇騙政府軍爲戰術希望能減少政府軍的威脅，但還是被視破而引來政府軍所派的直升機的攻擊與掃射，使他們每個人存在一高度風險的環境下。

◆以下是他們三人對報酬的增減：

此階段他們爲到綠洲碉堡去拯救特洛伊，而以「錢」向反抗軍購買車，故此階段的報酬有實際減少一部份。

◆以下是他們三人對折現率個別的增減：

在此階段，艾席蓋特及契夫艾吉可能面臨的風險有：無法成功矇騙政府軍而遭受攻擊及死亡的風險，故此時風險變高，折現率又上升了不少。

因此，對「Three Kings」而言，此階段之報酬減少了一部份；而折現率部份因特洛伊尚未被救出，還是政府軍的俘虜，故其折現率亦與上個時間點相同。艾席蓋特及契夫艾吉兩人決定前往綠洲碉堡救特洛伊，因此面臨了較大的風險，因爲可能因此而喪命，故兩人之折現率也有提高的情形。因此，整體來看 NPV 值在預期報酬減少、且折現率上升的情況下，NPV 值在此階段是有很明顯的下降情形的。

(6)拯救出特洛伊後，原以爲已沒有政府軍存在，但康拉德維克卻意外被政府軍射殺，而且特洛伊又被射傷。此外，被救出的平民更多了，所以，艾席蓋特以無線電呼叫華特請他以每位駕駛十萬元美金帶來四輛卡車、急救箱、記者，以幫助平民順利通過伊拉克邊境，並在卡車來之前將先前承諾要給平民的黃金進行分發。

◆以下是他們三人對報酬的增減：

此階段報酬因需要有卡車載送平民至邊境，因此花費了四十萬元請人開四輛卡車到綠洲碉堡。此外，黃金因實際支付給平民，故也因而減少一部份(估計約 5 袋) 。

◆以下是他們三人對折現率個別的增減：

在此階段，特洛伊雖被成功救出，但也因意外而受到槍傷，故他所面臨的風險是最高的；而在決定請來記者報導時，也讓「Three Kings」共同面臨了被判軍法的風險，故此階段三人之折現率皆明顯上升。

因此，對「Three Kings」而言，此階段之報酬有明顯下降，而三人之折現率亦因風險的增加而提高，因此 NPV 值下降。

(7)在他們要送平民過伊拉克邊界時，美國軍到到伊拉克邊界將他們帶回審判，因此平民無法順利通過。但「Three Kings」爲讓平民順利過境，還是說出找到黃金的事。

◆以下是他們三人對報酬的增減：

在送平民至邊境時，因美國軍剛好到這邊來抓他們三個，因此，平民未能順利通過邊境，反而被伊拉克政府軍抓起來(他們的下場很可能就是被屠殺)，因此「Three Kings」爲了讓這些平民順利通過，他們還是決定說出找到科威特的金條，而換取讓這些人過境。因此，「Three Kings」此時實質的報酬可說是降至 0。但最後，他們三個卻受到了平民的感謝也成功的解救了這些人的生命，或許這種無形的報酬比有形的報酬來得更大。

◆以下是他們三人對折現率個別的增減：

在此階段，由於「Three Kings」在幫助平民通過伊拉克邊境時，美軍剛好到伊拉克邊界將他們帶回審判，他們違反了美國與伊拉克的停火協議，及不假外出，因此他們共同面臨了被判軍法的風險，故此階段三人之折現率皆明顯上升。

因此，對「Three Kings」而言，此階段之實質報酬已降至為0，而三人之折現率亦因面臨被判軍法的風險增加而提高，因此NPV值因為報酬為0、折現率提高（亦無關緊要了），而使NPV值降為負值：機會成本的損失。

本文分別算出在計劃一開始時，三人的NPV值，如下：

(a)艾席蓋特：

$$NPV = -400{,}536 + \frac{11{,}645{,}569.62}{(1+0.365)^1} = 8{,}193{,}980.76$$ ➔NPV 值>0，接受

(b)特洛伊拜隆：

$$NPV = -317{,}151 + \frac{11{,}645{,}569.62}{(1+0.385)^1} = 8{,}091{,}202.15$$ ➔NPV 值>0，接受

(c)契夫艾吉：

$$NPV = -237{,}992 + \frac{11{,}645{,}569.62}{(1+0.335)^1} = 8{,}485{,}280.67$$ ➔NPV 值>0，接受

4、內部報酬率法(Internal Rate of Return Approach)

內部報酬率是使得一項計劃之淨現值為0的折現率，且內部報酬率代表一項投資計劃的隱含報酬率。而資金成本率則代表投資計劃的機會成本，計算出的內部報酬率如果大於其資金成本，故此方案是可以被接受的。但是內部

報酬率法未將資金流量風險考慮進去，需配合淨現值法進行評估才可彌補此一缺失，而且內部報酬率法無法評估方案是互斥的，也受資本預算額度的限制。

(1)個別資金成本投入的衡量

由於 IRR 會因投入的資金成本，也就是每個人投入之現金流入的高低，而有所不同，而個案中「Three Kings」三人各別的資金成本一如前文所計算所得：

(a)艾席蓋特：US $ 400,536

(b)特洛伊拜隆： US $317,151

(c)契夫艾吉： US$237,992

(2)IRR 之計算

$$IRR = -CF_0 + \frac{CF_1}{(1+IRR)^1} + \frac{CF_2}{(1+IRR)^2} + \frac{CF_3}{(1+IRR)^3} + \cdots + \frac{CF_n}{(1+IRR)^n} = 0$$

(4-4)

(a)艾席蓋特的折現率

$$NPV = -\ 400{,}536 + \frac{11{,}645{,}569.62}{(1+r)^1} = 0$$

$$IRR = R = 28.07 \boxed{= 2807\%}$$

(b)特洛伊

$$NPV = -\ 317{,}151 + \frac{11{,}645{,}569.62}{(1+r)^1} = 0$$

$$IRR = R = 35.72 = \boxed{3572\%}$$

(c)契夫艾吉

$$NPV = -\ 237{,}992 + \frac{11{,}645{,}569.62}{(1+r)^1} = 0$$

$$IRR = R = 47.93 = \boxed{4793\%}$$

在此個案中，由於他們只針對尋寶這一項計劃去進行是否可行的評估，就只需要去衡量他們的資金成本率是否小於 IRR，如果小於 IRR 的話，表示這項計劃是可行。本文評估他們在尋寶的過程中，每遇到不同的危險，雖然他們所預期的現金流量一直不斷的在減少，但在計劃一開始，他們的 IRR 絕對高過他們的資金成本率，在通過可行性評估後，「Three Kings」決定此一偷盜黃金的計劃。如果他們一開始便做了完整的評估決策，加入事前無法預期的高風險，他們這項計劃可能是不值得他們去執行的。

(3)追求價值極大化的特性

內部報酬率法可以挑選出符合追求企業價值極大化原則的投資計劃，本文針對此個案來做進一步的探討。

➔個案中預期的報酬：120 袋的黃金(約 3,500 萬美元)

➔各期的現金流量：每一期的現金流量是逐漸的遞減

➔投入的現金流出：

艾席蓋特➔退伍後的退休金+退伍後到退休這段期間工

作的薪資= **US $78,740.6 + US $321,795= US $400,536**

特洛伊拜隆➔退伍後工作的薪資= **US $317,151**

契夫艾吉➔退伍後工作的薪資= **US $237,992**

➔行動過程中的風險：

系統風險➔不經意被地雷及集束炸彈炸死、被判軍法的風險、受傷、死亡。

非系統風險➔個人退伍後的夢想實現及對家庭的責任。

➔個人的折現率：

艾席蓋特➔ **36.5%**

特洛伊拜隆➔**38.5%**

契夫艾吉➔ **33.5%**

➔最終的現金流量(報酬)：由於他們最後認爲平民的自由比他們獲得那些黃金還要重要，故他們告訴了上校朗，黃金的下落，把黃金還給科威特，讓上校有升官的機會，但導致他們最後可能一塊黃金給沒有拿到，雖然最後是宣稱有部份的黃金不知去向，不過還是比他們原先預期的報酬少掉了大部份。

經過以上的評估後，此項計劃並無法爲全體帶來價值極大化，計劃執行過程中他們不斷面臨不可預測的風險，不斷提高個人的資金成本，但現金流入卻一直減少，甚至到最後，幾乎接近零，這樣的尋寶計劃，並無法爲全體帶來價值極大化。

但是從另一個無形效用的角度來看，他們從原本只追求黃金，來改善退伍後的生活，到後來選擇放棄黃金的取得，換來平民能夠脫離伊拉克軍政府的欺壓，由於追求效用的不同，他們最後在這無形的效用上，眞正取得他們預期的報酬。

管理意涵

由個案的演進中，我們體認到面林不確定的未來，進行任何一項投資評估的困難度有多高。不但要能正確評估好現金流量：收益與成本；也要正確衡量風險，有可能因爲風險估算的失誤而全盤皆墨。如此投資決策評估才具有義意。

一、風險評估

任何一項投資，都會存在潛在的風險，**所冒風險愈大，其預期報酬也就愈大**，就看個人如何去做選擇。風險是在投資(注)之前，就應先列入考量，必須謹愼評估其存在的潛在風險，並充分的收集與投資相關的資訊。

在個案中可知，由於四人屬於後備軍隊，並無直接面臨戰爭所帶來的風險及威脅，因此，當他們在獲得一張藏著黃金(高報酬)的地圖時，立刻決定前往偷取，也因此忽略了執行計畫中可能遭遇非預期事件而帶來的風險，(可知一開始的時候，他們認爲這是一項高報酬低風險的投資)。然而，在到達卡巴拉和納撒拉間藏有黃金的碉堡後，才眞正感受到戰爭的現況(平民唾棄士兵，士兵射擊平民)當初因相信美國政府的話，起來反抗海珊及政府軍的平民現在卻無法獲得美國的保護，而不斷受到屠殺。

過程中，他們所面臨的風險也越來越大(政府軍、反抗軍)，這些都是他們當初預期不到的。甚至失去一名夥伴以及另一人重傷。

二、領導者決策

本個案中團隊領袖爲艾席蓋特，除了因爲他對於戰爭所了解的事物比他們其他成員多外，他也是三人中位階最高者，因此在面臨決擇時，通常皆以艾席蓋特的意見爲主。

然而，一位領導者的意見有時候會導致團體利益的損失，如「人生最重要的是什麼－需要」;「海珊現在擔心的是叛黨」;「帶平民離開碉堡」。卻因此引政府軍的攻擊，而使黃金遺失、特洛伊成爲俘虜。另外決定叫記者至邊境採訪可能會讓三人面臨軍法判刑而坐牢，雖然部份決定最後結果並沒有危害到其他兩人的權益，但是還是有因爲艾席蓋特個人的判斷及決定而使得整體面臨更大的風險。

三、投資者應確實掌握貨幣時間價值與折現率概念

當我們在做決策時，往往會涉及預測未來的現金流入（流出），而也往往需要藉由預測來衡量投資決策，在預測的同時，千萬不能忽略貨幣時間價值的重要，往往我們認爲眼前一筆很大的獲利或損失，都將使我們一夕致富或窮途潦倒。

就如同個案中，雖然眼前的金磚看似耀眼，但是是否將自己的年紀、家庭、社會責任等等加入衡量，在這些種種條件下，將會使得金磚漸漸的萎縮成金塊，那麼也就不會如此唐突的做出決策，畢竟有命賺錢，更要有命享受才行。

四、投資者應審慎評估每項策略，並選用適合的預算衡量技術

當我們在評估每項決策方案時，我們一定要仔細考量每筆現金流入（出）、風險、貨幣時間價值等等因素，考量的越

仔細，越能找出最佳的投資決策。

在個案中 three kings 最初僅以簡單便利的回收年限法倉促決定九個鐘頭便可以得到這筆鉅額的財富，但並沒有將其他的無形成本、貨幣時間價值、風險等納入考量。就算有考量到會被美國軍方發現的風險，但比起被伊拉克國民軍或反抗軍打死的風險來說，相對低估太多了，導致賠了夫人又折兵的最糟狀況。若當初這三位能在出發前，以其他比較合理的預算衡量技術來衡量這筆財富的眞實價值，那麼或許就不會因爲眼前的數字而這麼倉促決定了。

另外，一定要準確的掌握資金流入（出）的狀況，只有完全掌握你所投資的資金，所做的決策能無後顧之憂。就如同特洛伊再進行決策前，如果將自己的老婆、小孩的投入比重在更精準的估算，那麼這筆投資甚至可能爲負的報酬。

人的一生當中往往面臨許多決策，我們都必須依照事情的嚴重性來選擇適當的衡量方式，千萬不可因爲時間緊迫而倉促決定，因爲往往我們認爲一筆划算的交易，其實並沒有我們想的這麼美好；反之，在遭到不能再遭的逆境中，其實只要以時間換取空間，事情也沒有想像的這麼糟糕了。

五、正確的財務思維

在個案中，我們可以發現決策者艾席蓋特，憑藉者軍人的直覺與經驗，採取直覺式的決策，但我們知道一個好的決策者，其直覺雖然可以改善決策的品質，但直覺是無法取代理性分析的，應當是兩者相輔相成。沒錯，他的確憑藉著對兩國戰局及伊拉克國民軍的行爲舉止（地圖是科威特黃金的所在地）的瞭解，確實猜想到黃金的所在地，但他沒有利用理性的分析方式去評估這次的投資方案所應當承受的風險，導致結果超乎預期之外。故當我們面對重要決策前，是否應該積極的蒐集資訊後，拿起紙筆將每個決策精算考量，相信多了這樣的舉動，心中有了一把尺後，不管環境怎麼變，都會大大的減少錯誤的機會，再也不是一句「我覺得」來含糊帶過，相信這樣的財務思維將會使你面對決策時更加的踏實、安心。

（文字整理：吳映瑤、劉玉慧）

參考文獻

1. 張宮熊，2004，現代財務管理，四版，新文京開發出版股份有限公司。
2. 謝劍平，2006，財務管理-新觀念與本土化，第四版，智勝出版社。
3. http://app.atmovies.com.tw/movie/movie.cfm?action=filmdata&film_id=fTatm0895003

附表 4A　年金現值因子　$PVA_{i,t} = \dfrac{1 - \dfrac{1}{(1+i)^t}}{i}$

單期折現率	20 年	30 年
0.06	11.47	13.765
0.07	10.594	12.410
0.075	10.194	11.810
0.08	9.818	11.258
0.09	9.1285	10.274
0.10	8.510	9.430
0.15	6.259	6.566
0.20	4.870	4.979

5.投資決策的評估【鬼計神偷】

【個案簡介】

神偷尼克魏斯原本準備金盆洗手，告別往日和犯罪打交道的日子，和他擔任空中小姐的女友黛安退隱江湖。尼克打算安份地在加拿大蒙特婁經營一家爵士樂俱樂部，但是在他的好友捐客，及生意夥伴(銷贓人)麥斯的介入又必須再幹一票。

麥斯說服尼克幹下最後一票，也是最大的一票。尼克在不願中接下這個不可能的任務，且卻違反了他身爲神偷以來一直奉行的兩個基本原則，那就是一、絕不和人搭檔(他通常是獨行俠)，二、絕不在自己所居住的城市犯案·

麥斯給尼克安排的幫手，是個很有天賦而但野心勃勃的新手：傑克，他是破壞尼克第一條規矩的傢伙。破壞尼克第二條規矩是盜竊居住地蒙特婁的海關大樓保險箱裡的一個無價之寶：中世紀國王的權杖。

個案中，自大貪婪的菜鳥準備大撈一筆，而謹愼穩重的老鳥只想急流勇退，加上年老力衰的好友捐客面臨重大危機，獵物的誘惑力是巨大的。尼克如何評估此一投資計畫？他拿著與女友安穩生活與未來合法經營的 pub 事業當機會成本，是否能如願以償？投資計畫的評估方式有哪些？

學理討論

1.需要大量資金投入，應作詳細規劃與評估。

2.決策不能輕易更改，與存貨、應收帳款、現金短期性決策不同。

二、資本預算之步驟

1.估計投資專案的預期現金流量，包括：

a.收益預測—估計未來企業產品之銷售量、價格，以及現金流入金額。

b.成本預測—估計營運成本函數、折舊、銷管費用、稅捐與其它現金流出等。

c.資金成本預估 — 計算舉債融資之利率或自有資金之權益成本二者之加權平均成本。

2.估計預期現金流量的風險，參酌預期現金流量之可能機率分配。

3.根據預期現金流量的風險調整投資專案之折現率。

4.根據折現率計算現金流量之現值。

三、資本預算決策方法

1.回收年限法

回收年限法提供一項初步的評估參考。它是指一項投資計劃從原始現金流出開始，到現金流入合計相等於原始投資額，所花費的時間，基本上，回收年限短的投資計劃優於回收年限長的投資計劃。但這大部份是適用於經營環境競爭激烈、壽命週期短暫的產業而言。回收年限法並不考慮投資風險、收回年限後的現金流量、以及現金流量的分佈情況。

回收期間法優點有：

1.簡單易算。

2.可以衡量出投資專案之變現力。

3.可被用來顯示出專案相對風險之基本指標。

回收期間法缺點有：

1.對於投資專案於回收期間後所產生之現金流量忽略不顧。

2.未將「貨幣的時間價值」因素對現金流量之影響考慮在內。

2.會計報酬率法（Accounting Rate of Return Method） ARR

會計報酬率等於投資計劃的平均年度預期淨收入除以平均投資額。其缺點是未將貨幣的時間價值考慮在內。

3.淨現值法（Net Present Value Method） NPV

所謂「淨現值法」(Net Present Value Approach)意指評估投資計畫時，將各期現金流量予以折現、加總，視其加總後的淨現值大小，判斷是否接受該評估方案，亦即：

$$NPV = CF_0 + \frac{CF_1}{(1+r)^1} + \frac{CF_2}{(1+r)^2} + \ldots\ldots + \frac{CF_n}{(1+r)^n} = \sum_{t=0}^{n} \frac{CF_t}{(1+r)^t}$$

(5-1)

淨現值法考慮了所有現金流量，並改善回收年限法沒有做到的部份，此外淨現值法亦考慮到現金流量的貨幣時間價值，評估現金流量風險(反映在資本成本與折現值上)，並衡量投資計劃能獲得多少的淨現金流量，亦即符追求企業價值極大化的原則。

4.內部報酬率法（Internal Rate of Return Method , IRR）

內部報酬率是使得一項計劃之淨現值爲 0 的折現率，且內部報酬率代表一項投資計劃的隱含報酬率。而資金成本率則代表投資計劃的在企業經營中，經理人的決策行爲一直是影響企業能否生存與獲利的重要因素。**企業要達到永續經營的目的，必須以足夠的利潤（profit）爲前提，而利潤來自收益與支出間的差異（margin），此一差異愈大，其所能獲得的利潤愈高**。因此，經理人的決策行爲主要就是建立在利潤最大化的基礎上。

投資決策指的是如何於有限資本情況下，投入效益最高的投資專案計畫。學理上，如果投資方案的淨現值（Net Present Value, NPV）爲正，則是值得投資的方案。只要折現後的專案現金流入大於投資成本，專案的淨現值將爲正數，代表投資案可創造正的財富。

我們爲什麼要進行投資？原因是，當我們的生活水準不斷提升，投資決策是如何讓自己的資產增值，以滿足不斷增長的生活需求。俗話說不進則退，如果我們不投資，意指實質生活水準的下降。當企業沒有淨現值爲正的投資案時其實也就代表著企業的衰敗就在眼前。我們要知道投資人在進行投資決策時，不只是注重投資報酬率的高低，對於其伴隨而來的風險也應加以考量。風險因素如何納入投資考慮因素?通常我們會用隱含在資金成本率中做爲未來現金流量的折現率。除此之外，還有哪些投資評估因素需要考量呢?

企業財務經理人的任務便是尋求企業財富極大化，亦即尋求企業股東財富的極大化。財務經理利用一評估過程對長期資產投資進行決策，稱爲「資本預算評估」。資本預算評估技術分析：

1. 未來各期的現金流量。

2. 現金流量所附屬的不確定程度。
3. 考慮不確定之後，評估現金流量的價值。

一項未來的現金流量的不確定性愈高 其目前的價值便愈低。不確定性的程度便是風險，而風險反映在企業的資金成本上。此一觀點依然可以適用在個人投資決策之上。

一、資本預算之種類

資本投資決策分爲二種：

1. 投資於一連串資產或現金支出並預期未來擁有現金流入的決策。
2. 投資於固定資產—資本預算分析。

其中所謂的資本是指用於生產方面的固定資產或效用達一年以上的大額支出；所謂的預算是指未來期間預估資金流入與流出的計劃。

資本支出特性有：

機會成本，計算出的內部報酬率如果大於其資金成本，故此方案是可以被接受的。但是內部報酬率法未將資金流量風險考慮進去，需配合淨現值法進行評估才可彌補此一缺失，而且內部報酬率法無法評估方案是互斥的，也受資本預算額度的限制。

ＩＲＲ法的缺點包括：

1. 再投資率之假設值得商確。
2. 可能會有多重解出現。
3. 違反價值相加原則。

因爲長期專案對折現率較敏感，通常高折現率對長期投資方案之不利程度大於對短期投資方案。

個案討論

一、風險與不確定性

資本預算的所有問題必須以現金流量表示。現金流量可以分爲現金流出和現金流入。企業流出的現金流量是指資本投資，企業流入的現金流量係指執行投資計劃的回收。資本預算決策中不論是現金流出和流入皆是來自估計。

(1) 個案一開始，尼克剛結束一項計劃回來，不過他立即發現這計劃的投資與回收將有所變化。原本可得25萬元的計劃，因買主死亡而起了變化。在另找買主的情況下，時間跟風險呈現不確定性，且爲了執行計畫，他已先行墊付2萬的花費成本，回收時限相對延長甚至可能產生損失。

(2) 尼克從原本的不參與=>有400萬之報酬而感興趣=>蘇老大的知情=>傑克的背叛,這中間他經歷了電腦駭客曝光、麥斯沒告知欠債蘇老大且蘇老大知情可能洩露，及傑克因心懷報復而陷害等風險。在成本上，爲了這項投資，他必須考量除了駭克及接應者的支付，還有額外付密碼的支出，因爲所面臨的風險不斷的增大，因此他們所要求的風險溢酬也跟著越大，要求報酬越高，則其淨流入也就越少。可注意到的是，折現率因爲風險程度的增加而跟著變高，故使得每一期回收的現金流量折現值越來越少甚至可能呈現爲負值，進而影響最終之淨現值。

(3) 當尼克考慮接下此次任務時，避免風險之作法：尼克從不冒險，一直以來都是獨行俠，這次卻因麥斯的原因而讓小偷的身份曝光，進而需要和傑克合作，此時的風險變大，因此尼克告訴傑克「這一票的每個細節都由我作主，只要有一點蹊蹺我就走人，你只要搞不定或是有事瞞著我，我也馬上走人」，尼克的作法主要是控制非系統風險的發生。

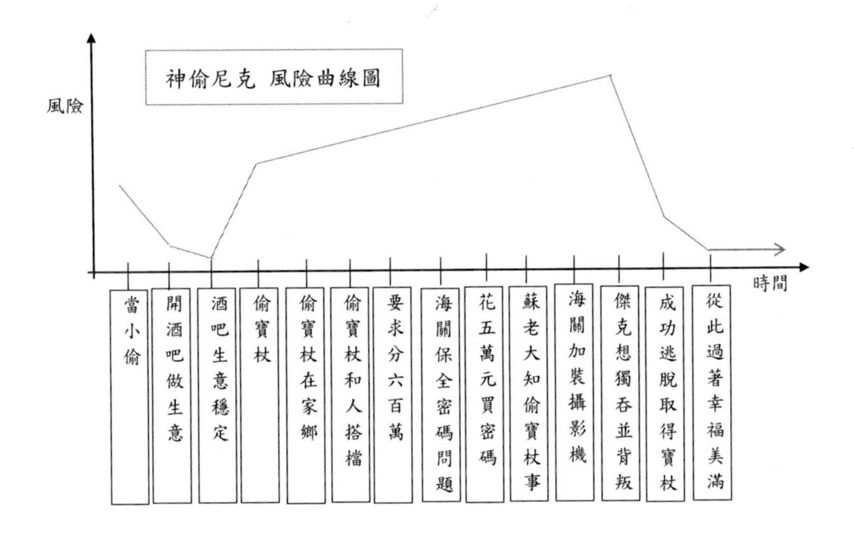

二、回收年限法的評估

回收年限以損益兩平點（break-even）作爲決策，所以它只考慮到損益兩平點之前的前置現金流量。改善的方法便是考慮回收年限後持續時間，亦即超過損益兩平之後仍有多少的經濟年限？回收年限法一般只作爲正式資本預算的初步篩選工具。

(1)尼克原先所墊付的 2 萬元，卻因爲買主掛了，使得事情辦妥後，預期應得的 25 萬元無法對現，需等待麥斯另尋買主，回收期限變得充滿不確定與回收時限相對延長，甚至可能損失。

(2)若以尼克所需求的 600 萬美元來作爲行竊的寶杖之酬勞，扣除假設 12%的成本花費 72 萬(如買密碼費用，駭客及接應手等必須費用)約 528 萬，若假設以爵士餐廳的收益淨額爲計算基礎來估算，每日客户數 150 人，每年以 360 天計，平均每人消費 20 美元，則年所得 108 萬美元，扣除所有餐廳的營運成本（包含折舊、人事成本、水電開銷、材料成本、保險費…）約 6 成 64.8 萬，即每年獲利所得淨額 43.2 萬美元。則預計回收年限約 5,280,000/ 432,000=12.2（年），即 12~13 年間即可回收

而當尼克決定接受麥斯的請求，主導參與偷取寶杖任務，要求報酬由 400 萬提高到 600 萬，以利他可以做完這筆交易後可以清償爵士酒吧的貸款。當尼克順利偷取寶杖後，則可一次清償所有的債務。因此預計回收年限爲三個月。

回收期越短當然越被接受，「賺得快比賺的多更棒」，故幹這一票是比較值得投資的，但每一年是否 43.2 萬的現金流入、通貨膨脹因素及回收後之現金流量如何，以回收年限法計算，仍有須商議之處。

三、內部報酬率的評估

內部報酬率代表一項投資計劃的隱含報酬率，而資金成本代表投資計劃的機會成本，因此對於獨立性投資方案而言，只需內部報酬率大於資金成本率，便可接受；反之，應予捨棄。

但是對於互斥方案而言極需小心判斷，高內部報酬的計

劃價值是否高於低內部報酬的計劃價值呢？不一定，因爲一項投資計劃的價值取決於 NPV 而非 IRR；不能單憑內部報酬率之大小評斷互斥投資計劃的優劣，仍需配合淨現值法綜合評價。

麥斯邀請尼克去偷國王的寶杖，尼克本打算不再行竊，與女友黛安共同好好經營爵士餐廳，在拗不過朋友的勸説下，決定幹下金盆洗手前的最後一票，以其所得來償還餐廳貸款。但因爲評估這一票的風險太大，而且違反了他自己行竊的原則：絕不和人搭檔、絕不在居住的城市犯案，使得不論是尼克自己或外部環境因素，所必須承擔的風險都大大提高，因此當麥斯提出 400 萬元的報酬，尼克卻很堅定的要求 600 萬元的報酬。若以此爲估算基礎，假設初年度其投資成本爲 150 萬美元，而爵士餐廳每年可產生 43.2 萬元的現金流量，若 20 年內必須將貸款償還完畢，則所能控制風險的之內部報酬率，導入公式

$$NPV = CF_0 + \{\frac{CF_1}{(1+k^*)} + \frac{CF_2}{(1+k^*)^2} + ... + \frac{CF_n}{(1+k^*)^n}\} = 0\text{，而 } IRR \text{ 即 } k^*$$

$$-1500000 + \frac{432000}{(1+r)^1} + \frac{432000}{(1+r)^2} + ... + \frac{432000}{(1+r)^n} = 0\text{，求得}$$

IRR=28.61%

因爲我們預計這一票預計一季即三個月回收，故爲計算基礎相等，我們也把開餐廳之 IRR 以季計算，即季 IRR=7.15%・

再來我們看若幹這一票且繼續經營餐廳其 IRR 又如何呢？則期初注入資金爲 150 萬加 72 萬費用等於 222 萬美元，而未來現金流量 600 萬元，即可得：

$$-2220000 + \frac{6000000}{(1+r)^1} = 0\text{，求得 } IRR=170.27\%$$

由此可知，做這一票的 IRR 爲 170.27%大於開餐廳之 IRR 即 7.15%，故非常值得投資，所以選擇偷權杖還是值得冒險的・

四、淨現值法的評估

正的淨現值代表該投資方案除了可以完全回收投資成本之外，仍可增加企業的價值；負的淨現值代表該投資方案的報酬低於原始投資成本，當然減損了企業的價值；而零的淨現值代表投資方案損益兩平。對於獨立的投資方案而言，只要淨現值爲正便可接受。

（A）若爲獨立計畫，則 NPV≥ 0 接受該計畫；

NPV＜ 0 拒絕該計畫；

（B）若爲互斥計畫，則選擇 NPV 最大之方案。

(1) 個案一開始，尼克剛結束一項計劃回來，不過他立即發現這計劃的投資與回收將有所變化・原本可得 25 萬元的計劃，因買主死亡而起變化，在另找買主的情況下，時間跟風險呈現不確定性，且爲了執行計畫，他已先行墊付 2 萬的花費成本，可能損失淨現值減少。

(2) 麥斯意欲奪得國王的寶杖，然單憑尼克一人無法潛入蒙特婁海關大樓行竊，需要精通保全系統的傑克來幫助，以降低成本利率（所承擔的風險）來提高淨現值，使成功的機會加大。

(3) 尼克第一次問黛安「要是我跟平常人一樣常在家，只當餐廳老闆，不當小偷，你覺得怎樣？」黛安起初不希望尼克因她有所改變，後來她父親勸她說「一單好買賣，雙方都要感覺有所付出」，所以黛安決定要改變生活，搬來與尼克同住，不希望尼克坐牢，或是每晚爲他擔心害怕，要他馬上答應洗手不幹，以降低他們之間所需承擔的牢獄風險，進而使得他們之間感情的淨現值能夠提高。

(4) 尼克知道麥斯欲取得寶杖的眞正原因，係爲償還蘇老大的負債後，不但對蘇老大說謊，亦對尼克說謊，使得尼克覺得事情一團糟，很可能不會成功，事情太複雜，風險性便高，而想收手，麥斯卻以這一輩子第一次感到害怕，生命受到威脅爲由，動之以情來勸尼克別放棄，使得尼克放棄念頭的即爲這份 25 年情誼的淨現值。

(5) 幹這一票且經營餐廳之 NPV 爲：

$$NPV=-CF_0+\frac{CF_1}{(1+r)^1}+\frac{CF_2}{(1+r)^2}+\ldots\ldots+\frac{CF_n}{(1+r)^n}=\sum_{t=0}^{n}\frac{CF_t}{(1+r)^t}$$

$$=-2220000+\frac{6000000}{(1+7.15\%)^1}=3379468$$ 大於 0，故非常值得投資

五、貸款每期償還金額(PMT)進行評估

如果尼克經營餐廳且以加拿大一年期房貸利率 9.1% 及 20 年分期還清貸款這樣計算，則尼克每年期末應還給銀行：

$$PVA_n = PMT \cdot \sum_{t=1}^{n}\frac{1}{(1+i)^t} = PMT \cdot (PVIFA_{i,n}) \quad (5\text{-}2)$$

導入公式可得：每年需還給銀行 165,492 元，才能將貸款給還清。

但若以銀行定存利息約 4.5%來計算，若得到權杖後，尼克光靠 528 萬定存過日子則每年可領回 405,906 元。除了這筆定存再加若繼續經營餐廳，考量未來利益，實在值得投資。

六、投資訊息的評估

投資人常會根據所獲得情報或資訊來進行投資決策。今設有兩位投資人，分別爲 A 與 B，就第一個投資人 A 而言，若其得到利多或好的訊息，則進行投資，若得到利空或壞的訊息，則放棄投資；但對第二個投資人 B 而言，其投資決策會受第一個投資人的影響，若 A 己投資，且本身所獲得的訊息也是利多或好的訊息，則 B 會毫不猶疑地加入投資的行列，但如果其所獲得的訊息是利空或壞的消息，則其投資的機率則僅有 50%，此一機率值等於其所面對一個好的及一個不好的訊息。

對麥斯而言，他因欠債需要錢，而此時傑克所帶來的計劃，寶杖 3000 萬收益，對他來說是利多訊息，也無退路，因爲他欠蘇老大錢，不還可能會死，故一定投資，但須尼克幫忙才可行，故開始他隱瞞部份資訊讓尼克踏入投資計劃中。

對尼克而言，他想擁有 PUB 及未來退休一切，麥斯的 400~3000 萬資訊，若完成即可完全擁有，是利多訊息，雖然從中有蘇老大等壞訊息介入，但麥斯的友情和高報酬還是讓他選擇加入。

管理意涵

巴菲特之所以能在數十年的投資決策中，讓財富穩健成長，蒸蒸日上，就是「把自己當作企業不具有經營權的合夥人」，而不是把自己擁有的股權，只當作是價格會每天變動的一張紙。由於投資人和企業經理人雙方是合夥關係，因此股東和企業應站在相同立場，同舟共濟。同時，企業管理階層也要以坦率的態度，透明地呈現各項企業表現，讓股東可以清楚評價企業表現，不能有報喜不報憂的心理。如同個案中麥斯只告知權杖賣出所得利益，卻未曾告知黑道蘇老大背後的風險。

當然，任何投資都有其風險，但如果能夠注意以下幾點，成功機率就越大。

1、懂得用犀利的眼光，查得投資商機的所在

經理人別只放在眼前利益上，而是要在變幻莫測的複雜情勢中看出關鍵商機，並做出判斷全局的能力；能夠看出整個局勢發展的大方向，並朝這個方向前進，才能使自己不致於失敗。「缺乏大局觀念，只能把事情辦糟；看準的事，就大膽去做」。個案中，麥斯扮演著伯樂的角色專門物色投資對象，麥斯擁有犀利的眼光，看得到商機所在，再交由尼克去執行。

2、懂得運用人才

有些人本事大，有些人本事小，有些人根本就沒有本事。用對一個人關係到投資案的成功與否，以及的利潤大小，甚至關係到你的生死。懂得運用對的人，發揮其才幹，才是最重要的。另外，并肩作戰的人要能與主

事者的作風相適應且一致。孫子·【謀攻篇】曰：「上下同欲者勝」，意思是指團隊成員彼此之間若能齊心協力，站在同一陣線且息息相關這個基礎之上，必能得勝。個案中，麥斯扮演著伯樂的角色專門物色投資對象，再交由千里馬尼克去執行。過去幾十年的合作讓二人的默契十足。

3、 風險控管：沒有做好第一步，不要進行下一步

許多時候賺大錢需要冒大風險，投資下去，究竟大筆的回收，還是血本無歸？常常不得而知。即使做了審慎地計劃，但執行過程中若偶一疏忽，往往就會因一招不慎而滿盤皆輸。就如同個案中傑克的中途反叛帶給團隊極大的傷害，但尼克的老謀深算終能化險爲宜。

4、 隨機應變處變不驚

在投資案的執行過程中，是否已做好自我實力評估與釐清市場現況、過程中的關鍵計劃是否周全、對於可能出現的意外情況是否有其他應對方案及還有如果有最壞結果時，其補救措施爲何？皆是風險管理重要的課題。尼克的老謀深算讓關關難過關關過，終能化險爲宜，奪取寶仗。

投資適當、判斷正確與否，直接關係到企業（投資團隊）的績效。因此，投資決策評估想當然爾是第一要務。世界上沒有不具風險的無本生意，能得到多少利潤，往往與經營者願意承擔的風險大小成正比；所擔風險越大，期望所得利潤也就越多，這似乎已是不變法則了。

（文字整理：許恆壽、賴偉正、鍾政義）

參考文獻

1. 30雜誌，2008年9月號。

2. 邱靖博，2006，財務管理，第六版，智勝出版社。

3. 張宮熊，2004，現代財務管理，第四版，新文京出版社。

4. 謝劍平，2006，財務管理-新觀念與本土化，第四版，智勝出版社。

6.融資決策的選擇【芝加哥】

【個案簡介】

1920 年代的芝加哥歌舞廳是集爵士音樂、歌舞秀、犯罪深藪、狂歡縱飲和男歡女愛的天堂。蘿西是一位滿懷憧憬，熱切渴望成爲閃耀巨星的歌場新秀。在她得知自己一絲絲的摘星願望被情夫無情地利用後，憤而殺了他，自己卻因此琅璫入獄，加入女囚的行列，故事就如同尚未躍昇便快速殞落的流星一般。

蘿西在獄中巧遇歌舞廳紅牌舞者薇瑪，薇瑪遭遇與其雷同，她因爲手刃背叛自己的丈夫而淪爲階下囚，但她始終不放棄任何重回舞台的希望。薇瑪復出劇碼都得靠聰明狡獪的芝加哥名律師比利來成全。比利向來擅於煽動媒體、興風作浪，以利於法庭上的攻防。由於擁有高明的愚眾魅力，讓他的辯護皆能立於不敗之地。兩位原本命運殊途卻在此時同樣身陷囹圄的美麗舞者蘿西和薇瑪，不約而同地受到強烈復出、成名慾望的驅使而爭奪比利。

比利接下蘿西的案子，他打算重新包裝，試圖把刑案當成芝加哥都會裡的一場娛樂進行炒作。成功地讓聲名狼藉的女囚一夕間轉化爲一名無辜受害者與萬眾傾慕的對象，然而蘿西面臨薇瑪的妒忌和從中阻撓。在經過一番與傳媒的週旋後，比利順利捧紅蘿西，但處在交織著貪婪、矯情虛榮、謊言、犯罪、詭計、通姦敗德的芝加哥名流社會中，替她開啓了一扇通往鎂光燈聚焦的舞台，然而就在比利幫蘿西打贏官司後又琵琶別抱，最後蘿西決定選擇與薇瑪合作搭檔演出。

個案的主角如何利用資訊不對稱重新包裝上市？價格眞實反應了她的眞實價值，還是炒作後的泡沫破滅？她們所使用的融資方式是否符合順位理論？

融資順位理論

所謂**融資順位理論(pecking order theory)認爲在市場資訊不對稱現象存在下，企業的融資方式是有優先順序的，以內部資金爲優先選擇，其次爲外部資金，而外部資金又以舉債方式較現金增資爲佳，並認爲公司有最適資本結構存在。**[12]

個案中：

(1)蘿西一直夢想要主演一齣轟動鉅作的舞台秀，過著和現在不同的生活，有人想要向她要簽名，讓她覺得不可能的事都會發生，而她自己達不到就想要藉著佛瑞德的關係來完成，就以自己的身體（保留盈餘）用偷情的方式來償還。同樣入獄後，爲了委請比利替她做辯護律師，但又無力支付五千元的律師費，仍然以引誘與偷情的方式償付律師費。

(2)舌燦蓮花的法界潘安，獨一無二的比利，不愛精品、羊毛、領巾、寶石，覺得不代表任何意義，給他雙眼淚汪汪，輕聲呢喃的說「我要你、守候你、服侍你、保護你」，只在乎愛，心靈上的慰藉才是他的負債，需要尋求融資。

(3)薇瑪從全世界都在談蘿西後，自己的巡演也被取消，雖然對蘿西仍存有不滿，但認爲全世界只有一種賺錢的生意，就是不計較恩怨情仇的。而她自己卻孤掌難鳴，所以開始極力邀請蘿西合作搭檔，即使被她拒絕，出獄後仍不死心，誠摯的邀請才終獲同意一起演出。

---

[12] Jensen, M. C., & Meckling, W. H., 1976, "Theory of the Firm: Managerial Behavior, Agency Cost, and Ownership Structure," *Journal of Financial Economics*, Vol. 3, pp.305-360.

(4) 蘿西之夫艾默斯欲委託比利爲妻辯護，然五千元的律師費，艾默斯只有自有資金一千元，另舉債向車行借款三百元、房屋貸款挪用七百元，其三千元缺口他打算每週從薪水扣二十元，外加二倍三倍利息償還，如一般人購屋採用部分自備款與分期付款方式進行融資決策，衡量過自己的能力與所能承擔風險，依自己的風險偏好與態度去作決策。

個案中蘿西與薇瑪之融資決策比較：

表6-1 蘿西與薇瑪之融資決策比較

人物	保留盈餘（實力、財力）	債權融資（向外求援）	權益融資（包裝並推銷自己）
蘿西	1. 入獄前本身無足夠的財力及實力。 2. 只有以身體交換可能演出機會。	1. 急於尋求舞台，底線盡出，讓賣傢俱佛瑞德有機可乘。 2. 為爭取比利律師為其辯護，雖沒有錢，但肯做某部分犧牲，達成目的。 3. 剛入獄時，企圖接近薇瑪，建立關係。 4. 出獄後到處爭取演出機會，仍得不到表演舞台。	1. 比利將她操作成芝加哥史上最甜美的爵士小殺手。 2. 包裝成一個改過向善的罪人，製造媒體同情。 3. 在失焦時，假裝懷孕再度獲取媒體注意。 4. 以弱者姿態博取陪審團同情。
薇瑪	1. 入獄前為紅牌名星（擁有財力與實力）。 2. 入獄後仍有業者願意安排她演出。 3. 出獄後仍有機會上台表演。	1. 在獄中為保有特權及影響力，讓女獄警（摩頓）予取予求。 2. 獄中當蘿西成為媒體焦點時，企圖向她示好並拉攏她能一起搭擋表演。	1.為爭取好價碼，採策略聯盟方式，邀蘿西參與並以雙殺手角色演出，吸引觀眾。

資訊不對稱

所謂資訊不對稱(Asymmetric Information)係指處於市場交易之雙方，有一方知道一些對手所不知道的私有訊息。因此造成**處於資訊優勢一方則藉此獲取交易好處；處於弱勢的一方想取得這些額外的資訊，需要付出額外的代價。資訊不對稱可能引起逆選擇及道德風險。**

對企業而言，公司高階經理人較外部投資人或關係人擁有較佳的內部資訊而對股價產生的影響。若套用在股市投資上，即所謂的『年輪理論』。位於愈接近年輪內圍的人，消息越快越準確；靠越外面的關係人則訊息的獲得越落後且可能有誤，產生散户與主力間的「資訊不對稱」，意即「好消息、壞消息，而散户永遠是最後一個才知道的人」。

Myers and Majluf 以資訊不對稱之觀點進行研究，發現高階經理人對公司資產價值及投資機會握有優於外部投資者的資訊。在探討公司的融資行爲上，建立了融資-投資均衡模型，指出企業可能會拒絕發行新股而放棄有利的投資機會。公司進行融資決策時以內部資本（保留盈餘）爲最優先選擇，如需向外融資時，則以舉債優於權益融資，此一主張即爲融資順位理論。[13]

[13] Myers, S.C., Majluf, N.S., 1984, " Corporate Financing and Investment Decisions when Firms Information that Investors do not Have", *Journal of Financial Economics*, Vol. 13, pp.187-221.

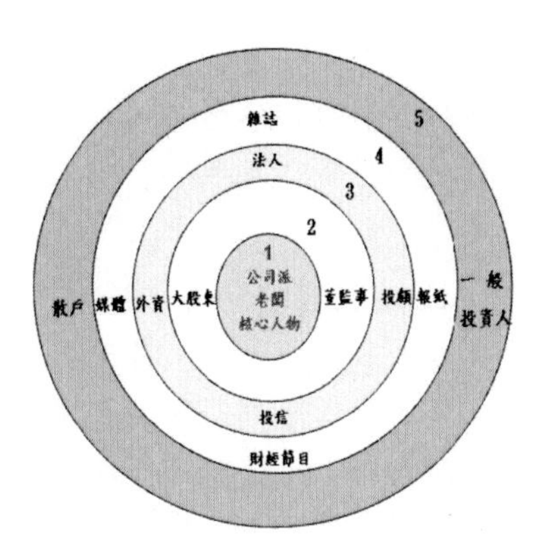

圖6-1　資訊不對稱的年輪理論

個案中：

(1)佛瑞德只是個家具業務員，家中還有一妻五小，連酒錢都付不起，根本沒有酒店經理的朋友。爲了與蘿西上床，卻讓蘿西誤以爲可以介紹她這個機會。蘿西在資訊不對稱下白白犧牲身體（保留盈餘），在得知事實後無法控制自己而做出違反理性的行爲。

(2)「媽媽」摩頓於獄中敢給敢要，而且認爲自己值得、自己要的到，就是因爲掌握了對方所需求的資訊與資源，才能完成所託付的事。

(3)比利是操控資訊不對稱的高手。他將開庭審判視爲手中操作的布偶，一個鬧哄哄的馬戲團，就像是娛樂產業，串聯蘿西要隱瞞眞相，準備搞一番胡鬧瞎鬧的老把戲，蒙他們胡言胡語，胡天胡地，讓他們看不透迷霧，智慧永遠被矇蔽，使噪音擾亂陪審團不清楚眞正的眞相爲何。

代理理論（agency problem）

Jensen and Mecklin 定義代理關係爲：「一位或多位之主理人雇用並授權委託代理人行使某些特定的行爲，要求代理人以主理人的最大利益爲目標，替主理人服務，並將此關係表現在契約上」。[14]

代理人（經理人）就代理契約內容於出資人（股東）授權後，對股東負責企業之經營與管理，並且爲股東謀取最大的財富，同時接受股東供給的報酬。但由於資訊不對稱、風險偏好，或是規避傾向等因素，造成主理人與代理人之間的代理問題，常見的代理問題有以下二種：

表 6-2　代理問題的分類

代理問題的起因	代理問題的類型	代理成本
股東與經理人間的利益衝突	股東與經理人間的代理問題： ①過度的特權消費 ②次佳的投資決策 ③資訊不對稱 ④融資買下	權益代理成本 ①契約成本 ②監督成本 ③殘餘成本
股東與債權人間的利益衝突	股東與債權人間的代理問題： ①過度的特權消費 ②次佳的投資決策 ③資訊不對稱 ④風險轉移問題 ⑤破產與重整成本	負債代理成本

(1)股東與經理人間的利益衝突在本個案之運用：

個案中蘿西爲其婚姻的經理人，因其憧憬想成爲閃耀巨星的熱切渴望而造成過度的特權消費（支付情夫佛瑞德

[14] Jensen, M. C., & Meckling, W. H., 1976, "Theory of the Firm: Managerial Behavior, Agency Cost, and Ownership Structure, " *Journal of Financial Economics*, Vol. 3, pp.305-360.

及官司的龐大花費）及資訊的不對稱下違反股東權益（偷情、槍傷情夫佛瑞德、假懷孕）。使得其與丈夫艾默斯的婚姻契約成本（維持婚姻所需付出成本）與監督成本（提防妻子紅杏出牆成本）大幅上揚，也造成其丈夫資金的大失血。

(2)股東與債權人間的利益衝突在本個案之運用：

個案中蘿西與律師比利關係，尤如股東與債權人關係，由於蘿西人在獄中且對於法律程序的不熟悉等資訊不對稱之情況，致使二人時有糾紛且意見不一的情形發生。如於記者會前薇瑪提醒蘿西，勿讓比利搶走所有的鎂光燈焦點，因此記者會上蘿西竭盡所能，拼命的要搶著發言，卻差點破壞了記者會。以及蘿西不願意穿著不合意的孕婦裝而與比利爭執時，自以爲可以不用依賴比利仍可以打贏官司，比利卻警告她太天眞了。

代理問題實例：東隆五金成功的重整與再生[15]

一、背景說明

(一)公司概況

東隆五金前身爲東興加工廠，由范氏三兄弟於 1954 年創立，後來在 1969 年改名爲東隆五金，資本額 600 萬，至 1998 年已達 30 億元，員工人數約 1200 人，是國內最大製鎖廠。東隆生產的各種喇叭鎖行銷全球，市場占有率

15 取材自：益思科技法律事務所報告：東隆五金公司掏空案。http://mail.tit.edu.tw/~das/acc02/yujuan/file13.ppt

高居全美第三名。

(二)財務狀況

在 1994 年，東隆五金總資產達 25.1 億，在 1996 年更高達 79.1 億。但在 1998 年股市違約交割事件後，估計被掏空 88 億、負債 62 億，總資產僅剩 12 億。

二、案情說明

(一)管理當局不當挪用資金

范氏兄弟在股票市場中大舉買進多檔股票 ，甚至將股票拿去質押、擴大信用操作。另外，他們透過海外子公司發行公司債，所募得的資金用又投入操作衍生性金融商品或國內股市，意圖取得其他上市櫃公司大量股權或經營權。在 1997 年亞洲金融風暴後，東隆五金一連串財務問題開始引爆。

因爲公司的派系經營權爭奪，再加上配合市場派人士之介入，增加了范氏兄弟過度不當轉投資與掏空自家公司資產以提供炒作股票的資金來源。

(二)經營決策不當

跨足的轉投資事業因爲與本業技術背景差距過大、或是忽略了高額風險，而導致管理高層的決策失誤，而影響到公司正常的資金運作並拖垮本業的營運績效。

(三)陷入重整之原因

東隆五金由於范氏兄弟過度擴張信用，最後發生違約交割。此肇因於營者措誤的急功好利心態，意圖快速多角化經營，致使公司負債比率過高，並以短債支長債方式因應，最後出現流動性資金缺口，發生財務調度困境。

三、重整再生

(一)銀行家的慧眼

2001 年底，港商匯豐銀行投入 5500 萬美元，搶下東隆 72%的股權，開始進行公司重整。並由匯豐銀行台中分行出面統合債權人，組成銀行團申請重整。終於在匯豐銀行的積極運作之下，東隆五金出現重生的契機。

(二)專業團隊的組成

在進行內部的改組時，重整人陳伯昌一改原先的家族經營模式，找尋專業人士（如在經營面有中鋼前董事長王鍾渝的加入），使東隆公司的管理高層成爲「專業領導」的經營團隊，奠立了重整成功的基石。

(三)善用資源基礎建設

運用公司大幅領先同業的技術優勢，透過老員工長年累積下來的的技術、經驗優勢，加上嚴格的製程管控，得以使成本壓縮，形成持久的公司競爭。讓東隆五金在市場中仍保有競爭力與市場價值，持續地獲利經營。

經過以上的重整過程，東隆五金在短短兩年內重整成功，並且成功地清償近 62 億的債款的三分之一。

個案中：

(1) 艾默斯原本相信蘿西遇到搶匪而誤殺對方，基於保家衛妻的心理想要替蘿西頂罪，擔下所有的責難，每天工作超過 14 小時，要給她過好一點的生活，還原諒她曾經兩次偷人，知道眞相後懊悔不已。可見自家人在家庭（企業）重整過程中宥於既有的框架很難成功。

(2) 蘿西犯下殺人罪後可能被判終身監禁，等同企業破產。但監獄裡的大姐頭「媽媽」摩頓，採取「我惠人人，人人惠我」的運作方式，稱爲『互助合作社』，只要給她方便給甜頭，就能幫你完成一個願望。加上比利接受蘿西的委託辯護，而蘿西從媒體焦點如何塑造，記者會如何說明，法庭上的表情、動作，如何穿著、答辯，證人安排，乃至呈堂的日記又加上幾句話，蘿西都必須接受配合，而爲了打贏訴訟，每一細節全在其掌握中從不冒險，並成功將蘿西重新包裝上市，著實扮演好蘿西重整人的角色。

訊號發射理論

在資訊不對稱的情境下，訊號發射理論認爲：當管理當局對公司有較樂觀之預期，認爲未來獲利將增加時，可使用現金股利之發放作爲訊號向市場傳達公司獲利將增加之利多訊息。亦即**訊號發射具有策略意圖：藉由訊息的傳遞，以達成所想達成的目的。**

個案中：

(1)媽媽於獄中毫不掩飾的公開「給媽媽方便，媽媽給你方便」，及在傳遞訊息給有需求的人，可以循此管道。

(2)比利佛林將她操作成芝加哥史上最甜美的爵士小殺手，包裝成一個改過向善的罪人，製造媒體同情。

(3)比利教蘿西出庭時，穿孕婦裝打毛線衣、宣誓時語氣平靜，回答時眼中噙著淚水，準備手帕拭淚，其目的即要博得陪審團的同情。

(4)比利故意讓薇瑪以污點証人出席，並以捏造蘿西日記取得方式、內容，來製作爭議，致順利讓蘿西無罪釋放。

價格與價值

物品的交換價值，用貨幣來表示，是價格。亞里斯多德把價值分爲兩種：(1) 代表物品的效用，稱爲使用價值，(2) 是物品的交換能力，稱爲交換價值。現代經濟學家把「價值」解釋爲交換價值，或指商品價格的標準，亦即自然價格，或不受市場供需變動影響的商品交換能力。但價格不等於價值，價格除反應價值外，通常受到情境因素：供需雙方的力量均衡的影響。

個案中：

1. 艾默斯對蘿西的愛，反應出蘿西在他心目中價值。不論是蘿西槍殺佛瑞德後，想幫蘿西頂罪；或是蘿西曾經出軌兩次仍肯原諒她；乃至於蘿西入監後自行湊錢想請比利替她做辯護律師；得知蘿西懷孕後在記者會上高喊著「我要當爸爸了」；爲了讓蘿西重獲自由，願意出庭作證，並於蘿西的首肯後，一直待到陪審團宣判；所有人都離開，他只想戴著蘿西回家團聚，對蘿西的愛不論值與價都不容打折。當然，當他知道蘿西並不是眞心愛他後，蘿西在他心目中價值便直直下降。

2. 另外艾默斯感嘆自己的人生就像玻璃人，因爲人人可以看穿他，走過他，而不知道他佇立在那兒，人不是空氣，這麼大的體積，一定看到他，除非這個人籍籍無名，微不足道，對自己的人生負責（價值）卻得不到外界的肯定（價格）。

3. 媽媽摩頓敢稱大姐頭，並且採用「互助合作社」的運作方式，就因爲它有自信自己值得，所以敢開口要自己所想要的價錢，不論幫薇瑪打電話要50元，幫蘿西聯絡比利要價100元，作爲蘿西的經紀人，要行情價一成。在摩頓心目中，她所提供的價值超過她的要求價格，亦即『物超所值』。

4. 監獄內六位謀殺親夫的快樂兇手，她們對感情對家庭的付出（價值），卻得不到丈夫（情人）的體貼與認同（價格），甚至是反得到背叛與欺騙，就因爲價值與價格的不等，所以她們高唱「採花在前，聞香在後，辣手摧花，這是謀殺，但不是罪」。

5. 艾默斯委託比利辯護，自帶1000元，另向車行借300元，房屋貸款挪用700元，不足部分打算每週從薪水扣20元外加利息直到所有錢還清，比利本不想與騙子浪費時間，卻又感動於他對妻子的無怨無悔（價值），就他對妻子的一往情深是條漢子，補足了不足的價格而接受委託。

6. 比利開始操作蘿西這項『商品』登上每家報社的頭版，舉行拍賣會、籌募辯護經費，讓大家瘋狂買她用過的東西。製造媒體同情，塑造她孤絕悲慘的境地，捲入大都會風塵，命運就像飛蛾撲火，但命運的巨輪停止轉動，利用眾人的同情心，無法抗拒改過向善的罪人，將其價格拉高與卻與價值形成大幅差距。即如受利多因素被炒高股價的股票一般，泡沫（bubble）於是產生。

7. 蘿西因爲艾默斯做愛的時候像是修理汽車機械什麼的，只會喊「我愛妳，甜心」，因此開始敷衍了事，紅杏出牆，玩到連晚餐都不做，卻幻想著有喜愛她的觀眾，她仍然可以對全世界予取予求。從前做人糟糠妻，一舉成名天下知，還認爲謀殺是一門藝術，本身眞實價值與外在價格差距更大。但當新商品(新上市股票)「凱蒂事件」後，所有媒體目光又離開蘿西，報紙已找不到蘿西的名字，連比利也對蘿西開始冷落，使得她的外在價格又從高處跌落，卻因佯裝懷孕使得媒體目光又回神，比利的關注焦點又拉回，其間波動宛如股價從跌停直拉漲停。

8. 反觀入獄前即爲擁有財力與實力的紅牌名星的薇瑪而言，即使入獄後仍有業者願意安排她演出，並期望在出獄後仍有機會上台表演。薇瑪的價值與價格較爲一致。

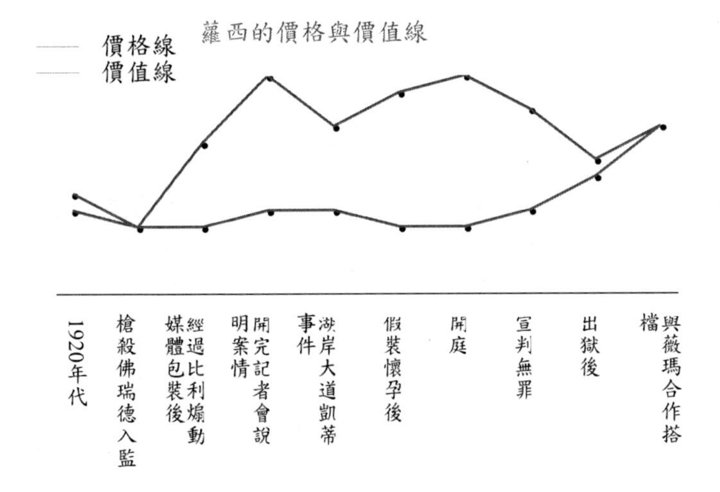

圖 6-2　蘿西的價格與價值線趨勢圖

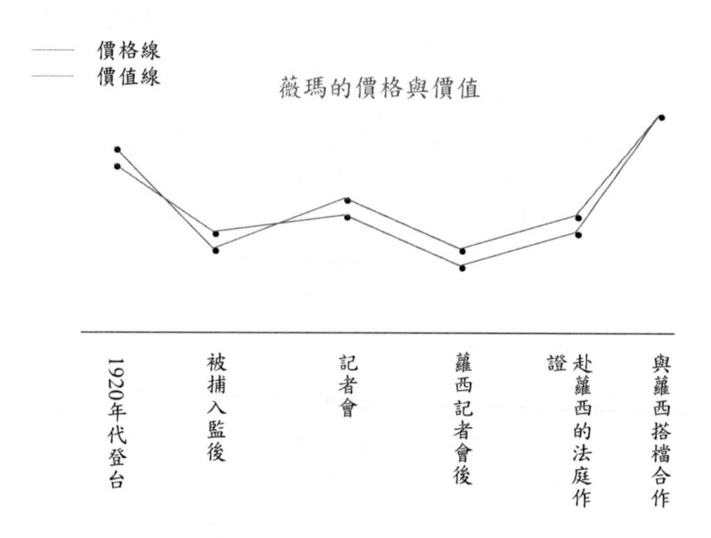

圖 6-3　薇瑪的價格與價值線趨勢圖

效率市場假說

效率市場假說（Efficient Market Hypothesis）認爲：在市場中，所有已知可以影響資產價格的因素皆已經反映在價格中，任何交易不必付出超額的代價便可順利成交，也不會顯著影響成交價格。根據這一理論，股票市場中應用技術分析無法獲得超額報酬。效率市場假說立基於三項主要的假設：投資人皆是理性的、所有的訊息即時公開，且獲得訊息無需負擔額外的資訊成本、以及沒有任何投資人的買賣行爲可以影響價格的變動。[16]

[16] Fama, E.F., 1970, "Efficient Capital Markets: A Review of Theory and Empirical Work", *Journal of Finance*, Vol. 25, pp.383-417.

效率市場在程度上有三種類型：

(1)弱式效率市場假説（weak form efficiency）：

弱式效率市場假説意指，在市場中資產目前的價格已經完全反映歷史資料。因此，投資者利用各種方法對證券過去之價量資料從事分析與預測後，並不能提高其選擇證券之能力。也就是説，在弱式效率市場假説成立下，投資者無法獲得超額報酬。

(2)半強式效率市場假説（semi-strong form efficiency）：

半強式效率市場假説意指，在市場中目前的資產價格已經完全充分地反映所有市場上已經公開的訊息。因此，投資者無法因爲分析這些已公開的訊息而獲得較佳之投資績效。

(3)強式效率市場假説（strong form efficiency）：

強式效率市場假説意指，在市場中資產目前的價格已經完全充分地反映已公開及未公開之所有訊息。冥冥之中，資產價格已經透過市場那一隻看不見的手調整完畢。因此，所有投資人皆無法從交易中獲得超額報酬。

由「資訊市場效率示意圖」瞭解，當某一影響股價的訊息宣告時（即時間 0），股價是否能迅速地由原股價 A 轉變爲 B？如果可以，就稱此一市場具備效率性。如果必須歷時多日才能完全反映完畢，稱之爲「延遲反應」；如果迅速反映，但反映過頭（如價格 C），稱之爲「過度反映」。後二者皆非效率市場。

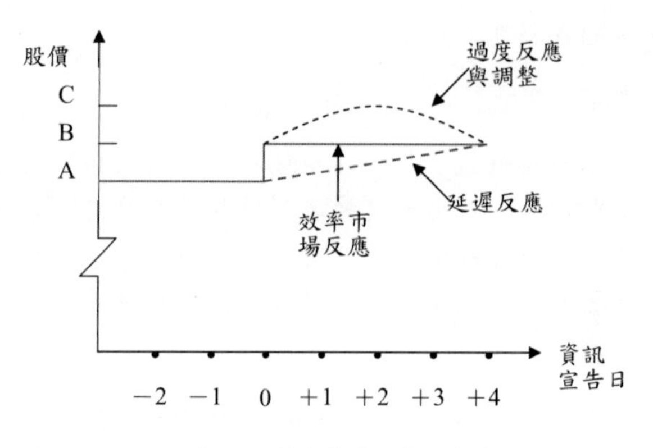

圖 6-4　資訊市場效率示意圖

個案中：

(1) 蘿西因爲辯護律師的包裝讓其從一名聲名狼藉的女囚，一夕之間幻化爲無辜受害者與眾人傾慕的對象，惟其因爲是經過刻意的包裝而所呈現市場的過度反應，終究走向泡沫化。

(2) 媒體記者追逐著一篇又一篇新聞，在人爲的炒作下充分呈現，而讀者卻無法根據這些新聞的正確性來作出判斷，價格與價值間具有落差。以其效率市場理論觀之，是不具效率性。

(3) 現今股票投資人盲目地追逐股市明牌，尤如本個案中記者在 1920 年代充滿爵士、歌舞、犯罪、狂歡縱飲和男歡女愛的芝加哥中，試圖一再以新鮮話題題引民眾，其過程與股票市場中的飆股『炒作—泡沫—破滅』如出一轍。如蘿西、薇瑪，以及湖岸大道貝克斯特殺人案發生後，媒體均一窩蜂報導，直至又有另一新鮮話題發酵（新的股票上市或舊股票的爆炸性話題）時，先前相關人事便失去鎂光燈焦點並回到原點。

管理意涵

1.資訊不對稱下的代理理論

主理人與代理人之間之所以會產生彼此目標、利益、風險不對稱的情況，除了代理人利己的行爲，主要起因於雙方之間具有「資訊不對稱」的情形。代理人如公司的經營者掌握較主理人〈股東〉擁有更多更精確的訊息與決策方向，代理人究竟是眞心誠意爲主理人的委託而盡心盡力，或是爲私利而追求個人效用極大化？其間的利益衝圖衍生出監督與管理激勵的手段以降低代理問題，促使雙方的目標與利益能趨於一致。

個案中的媽媽摩頓，憑藉著自身掌握較多的人脈與資訊，於獄中毫不掩飾的開口要求有需求者可給她方便，她也有把握可以還給對方一個願望的實現，而她對委託事項的達成率同時也能取得委託人的信任。而比利對委託人的委託更是絲毫不敢大意，就蘿西的訴訟而言，舉凡從一開始就先對蘿西的一切徹底瞭解，然後對媒體的興趣投其所好進行刻意包裝，營造出他想在法庭上所希望的形象博得眾人關注，進而安排證人（艾莫斯、薇瑪）引導向他所希望訴求的目的，教導蘿西如何穿著、如何說話，語氣、表情與如何應對答辯，加上刻意呈堂的日記，每一細節盡在運籌帷幄當中，以確保他不輸掉任何一場官司，其中的關鍵處即在雙方彼此的信任與代理人將所有的非系統風險控制在最小或零，才能使這場官司始終站在贏的一方。媽媽與比利算是善盡代理人之職責的實例，主代理人間無需運用其監督與激勵的管理哲學，然多數情形下仍需依賴管理手法的運用，以免博達、訊碟、皇統與茂矽等事例再次發生。

2.融資順位理論下的訊號意涵

『融資順位理論』強調融資需求以自有資金爲先，再次以舉債融通，現金增資爲最後考量。使用自有資金雖較無風險（控制性高），但存在機會成本的選擇與內隱成本較高的成本性因素，況且並非每一家企業都具備足夠的保留盈餘供應額外需求。需求資金若以舉債支應，若公司信譽形象佳，得以較低利率發行債券，以所賺得之利益支付舉債利息，尚能充分運用財務槓桿，未必遜色於自有資金。若爲現金增資，常是無法舉債又無足夠保留盈餘者，通常發行價格多有灌水之嫌。

新秀蘿西一心想要成名，而她自己達不到就想要藉著佛瑞德的關係來完成，就以自己的身體（保留盈餘）用偷情的方式來償還。同樣入獄後，爲了委請比利替她做辯護律師，但又無力支付五千元的律師費，仍然以引誘與偷情的方式償付律師費。最後比利將她成功包裝成芝加哥史上最甜美的爵士小殺手，並藉由不同的新聞炒作將她成功地重整成功並重新上市成爲飆股。

再觀察薇瑪，她對表演具有強烈的企圖心，當她入獄後（重整）一方面從媽媽處搭上比利意圖尋求牢獄的解脫，另一方面積極瞭解外面對她的任何有關報導，以謀因應對策。當她清楚她能重返舞台時所欠缺的部分，因此自從她的光芒被蘿西蓋過之後，她願意不記恥辱、放下身段找蘿西懇談，尋求共同搭檔的意願（策略聯盟）。她的目標明確、方向清楚，比利僅是她紓困的利用對象，蘿西雖爲她的競爭者，但如她所言「全世界只有一種生意是不較恩怨情仇的—賺錢」，若她正是幫公司解決困境的經營者，她同時關心蘿西所發生的一切，配合上法庭作證，出獄後仍不死心的尋求蘿西的合作，結果在其首肯後，經過體質的調整採取策略聯盟方式，不但突破困境事業開展，亦有大展鴻圖的氣象。

3.價值與價格的取捨

一家公司眞正的本質反應它的價值所在，然其衡量的標準是以市場價格來表現，而價格是否能眞正的反映其價值，其間含有諸多市場與非市場因素。以股票市場而言，**理想上其價格應是反映其未來價值的指標，但卻含有太多市場雜訊與人爲操作手法，在市場的效率性不足下，其間存在可能的落差，泡沫於焉發生。**

蘿西從一名糟糠之妻起，價值價格的差異小。但在入獄經過比利的煽動媒體、重新包裝開始，炒作記者會、假裝懷孕，直到開庭宣判爲止，其實際價值與價格的差異頗大。此一泡沫現象乃因比利透過媒體的刻意營造後的虛擬假象，如同比利要辭職時所說的「你只是假名人，媒體操作的產物，再過幾週，不會有半個人鳥你。」。蘿西的眞正的價值是在出獄後（重新上市），接受社會的冷落對待（眞實訊息反映），在答應薇碼的邀請後，共同爲事業衝刺，拿掉浮名的假象，才是她人生的高點。

而薇瑪對自己的人生定位明確，有多少實力展現多少力量，即使在挫折中亦不迷失自己，知道比利只是顆棋子，不能太依賴。眞正合作的對象是蘿西，所以能充分的掌握自己，爲自己創造機會，因此其價值與價格都極爲接近，與蘿西是相對存有反差的對比；艾默斯對蘿西的愛之忠誠與對自己的人生負責，價格接近於價值，價值也才是人存在的理由。

4.效率市場的泡沫化

效率市場是指證券的價格可以充分反映所有可用的訊息，然而經過包裝後的訊息，就成爲有心人操作的工具，使投資人陷於迷霧中而難辨是非。但效率市場的基本假設之一是投資人皆是理性投資者，對於價格分析是獨立的，不受他人影響，然許多投資者本身並不具有獨立判斷的能力，需依賴專業人士（經紀人或分析師）協助解讀其訊息。若非如此，有心人透過訊號發射傳遞假的訊息，使整個市場的訊息虛假難辨，投資人可能盲從。但隨著訊息逐步眞實化，資產價格終能反應其眞實價值，資產價格泡沫化可能逐漸破滅。

比利於代理人的角色扮演上算是稱職，對每一細節都不容超出控制，以掌握自己所願承擔的最小風險，但對工作本質卻使盡操弄手法，將莊嚴的法庭視爲表演木偶的娛樂事業。除了自己，其他人皆可騙，包括付錢的委託人，使得外界所追逐的一切盡是假象假訊息，而遂行他所欲達成的目的。倘若他是公司的經營管理階層或股市分析師、名嘴，藉由資訊不對稱而遂成其私利，投資人若不察，或市場不具有足夠效率性，將可能承受重大風險與損失。投資人若因此而跟隨炒作步調，資產價格必將走向泡沫化，因此投資人應該自我充實，加強自己的專業知識，勿迷失於資訊叢林裡而不自知。

蘿西本身條件並不好，雖然經過包裝後仰慕者接連不斷。但可惜僅止於曇花一現，時機一過，價格復原成原來的價值。反觀薇瑪由於本身條件夠，不管在獄中或出獄後仍保有基本的實力。由此可知，我們個人或公司，只要本身擁有足夠的價值，「真金不怕火煉」，市場價格自然會忠實反應，若本身沒有投資價值，雖然經過美麗的包裝，價格可能會短暫提高，但泡沫終究無法維持長久，終必破滅。

（文字整理：顏世杰、陳仲文、林昆輝）

參考文獻

1. 王元章與辜儀芳，2003，「資本結構的選擇、融資與負債清償規模」，財務金融期刊，第十一卷第三期，頁 35-87。
2. 益思科技法律事務所，東隆五金公司掏空案。http://mail.tit.edu.tw/~das/acc02/yujuan/file13.ppt
3. 張宮熊，2004，現代財務管理，第四版，新文京開發出版股份有限公司。
4. Fama, E.F., 1970, "Efficient Capital Markets: A Review of Theory and Empirical Work", *Journal of Finance*, Vol. 25, pp.383-417.
5. Jensen, M. C., & Meckling, W. H., 1976, "Theory of the Firm: Managerial Behavior, Agency Cost, and Ownership Structure, " *Journal of Financial Economics*, Vol. 3, pp.305-360.
6. Myers, S.C., Majluf, N.S., 1984, " Corporate Financing and Investment Decisions when Firms Information that Investors do not Have", *Journal of Financial Economics*, Vol. 13, pp.187-221.

7.效率市場與市場效率性【虛擬偶像】

【個案簡介】

維特崔倫斯基是一位過氣的奧斯卡獎提名導演。他很想要東山再起，但是大牌女明星妮可卻負氣之下退出他的新戲【日出日落】的演出，因此粉碎了他想要重出江湖的夢想。

當他被前妻伊蓮--現任的電影公司總裁炒魷魚後，維特不但尊嚴掃地，同時也失去和前妻及女兒蘭妮復合的機會。就在這最沮喪的時候，一名電腦天才漢克艾列諾卻及時出現。漢克在意外死亡後將一套完美的電腦軟體留給崔倫斯基，也因此改變了他的一生。因爲只要他按幾個按鍵，一顆閃亮的巨星：席夢就此誕生。

突然之間，維特嚐到突然成功的滋味，全球最受歡迎的閃亮明星就被他控制在股掌之間。但是事情可能沒有想像中的簡單。在一連串充滿笑料的追星過程中，這個虛擬偶像將的創造與破滅讓我們學會什麼效率市場？什麼是泡沫現象。

【主要人物及角色】題示

1、電影導演：維特崔倫斯基 → 專業經理人
2、電影公司總裁：伊蓮 → 控制股東、公司總裁
3、虛擬偶像：席夢 → 股票、產品、投資案
4、崔導演和伊蓮的女兒：蘭妮
5、電腦天才：漢克艾力諾
6、大牌明星：妮可安德絲
7、兩名狗仔隊 → 股市分析師

學理討論

一、效率市場假說

1.提出者：著名的財務學家法馬 (1970)歸納美國學術界 1970 年以前的實證研究結果後，提出效率市場假說(The Efficient Market Hypothesis, EMH)，認爲資本市場具有效率性。主要論點包括三個範圍：(1) 過去歷史交易資料 (2) 已知所有公開資訊 (3) 所有已公開或未公開的資訊，提出三項論點：[17]

□ 股價的未來走勢與過去歷史交易資料無關。

□ 投資者對有關資訊的判斷據同質性，故投資者無法根據已知的公開資訊買賣股票，獲得超額利潤。

□ 整體而言，各投資者無法擊敗市場。

2.何謂效率市場：指資本市場的資訊已友應於價格上，因此，如果假說成立，投資人以所蒐集的資訊從事買賣，無法獲得超額報酬，所謂超額報酬是指高於所承擔風險下的應有報酬率。換個方式來描述，投資人會以新的資訊來評估證券價格，而且價格的調整速度非常快，得到資訊後才從事買賣已無利可圖。

3.效率市場和非效率市場中股價對新訊息的反應（如圖 7-1）

(1) 效率市場反應：價格立即調整，而且完全反映新消息，沒有發生任何後續上升或下跌的傾向。

(2) 延遲反應：價格對新消息只作部分調整，經過一段時日後，價格才完全反映新消息。

[17] Fama, E.F., 1970, "Efficient Capital Markets: A Review of Theory and Empirical Work", *Journal of Finance*, Vol. 25, pp.383-417.

(3) 過度反應：價格對新消息作出過度反應，先是越過了正確的價格，然後再調整回正確位置。後二者皆是非效率市場股價對新訊息的反應。

4.其他學者看法[18]

所謂效率市場，就是指在市場中「天下沒有白吃的午餐」。在效率市場內，沒有投入成本的交易策略不會帶來超額報酬。在對風險作調整後，投資者的平均獲利不會超過一個隨機組成的投資組合。這並不意味著價格反映了所有的訊息或公開的資訊；相反的，它意味著未反映出的資訊和價格之間的關係太微妙，很難輕易地或不用花費成本地被察覺。

要發覺並評估相關的資訊是困難的，而且所費不貲。因此，若不用花費成本的交易策略是無效的話，一定有一些投資者能以『擊敗市場』來維生。他們藉交易成本(包括他們時間的機會成本)。這類交易者的存在，實際上是市場變得有效率的先決條件。沒有這些專業投資者，價格將無法反映所有廉價且易評估的資訊。

效率市場的價格就像隨機漫步，意思是說價格或多或少會隨機振盪，但要查出此種振盪需耗費巨大成本。此外，由於投資者偏好和期望的改變，觀察到的價格數列可能偏離明顯的隨機性，但這只是價格型態的改變，並不意味著有白吃的午餐。

市場效率性通常區分為三種形式。依照市場的效率程度，市場不是呈現弱式效率(weak form efficient)，半強式效率(semi-strong form efficient)，就是強式效率(strong form

[18] Richard Roll 是加州大定洛杉機分校(UCLA)的 Allstate 財務講座教授，他是傑出的財務研究者，幾乎在現代財務學各領域都有著作。

efficient)。這些形式的差異在於價格反映了那些類型的訊息。

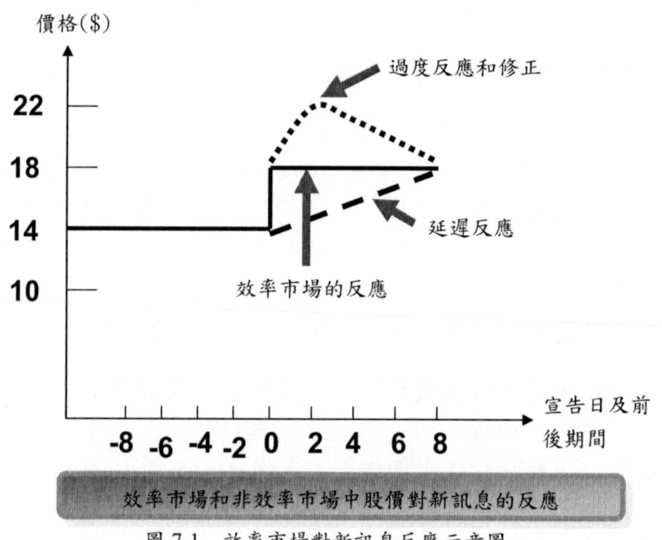

圖 7-1　效率市場對新訊息反應示意圖

資料來源：張宮熊，2004，現代財務管理，第四版，新文京出版社。

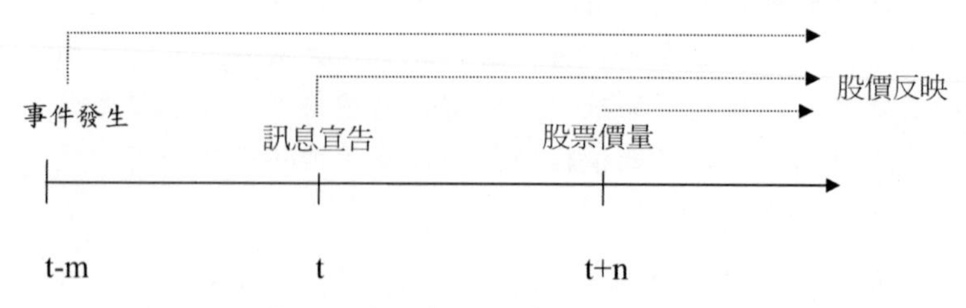

圖 7-2　事件發生、訊息宣告與股價反映

資料來源：張宮熊著，2009，投資學，滄海書局。

以時間來看，股票價格當然是反映了企業實值的事件。然而，企業事件〔如產能利用率、新商品研發、市場毛利率等〕從發生到價格反應在市場中歷經了三個階段：事件發生、訊息宣告〔如月報、季報與年報〕到市場價格表現。(如圖 7-2)

效率市場的假設如下：如果企業事件發生同時，價格已透過一隻看不見的手〔並非內線交易〕同步調整到合理價格，則此一現象稱爲「強式效率市場」；如果企業事件發生後宣告，在宣告同時，價格有效率且迅速的調整到合理價格，則此一現象稱爲「半強式效率市場」；如果企業事件發生後宣告，在宣告同時，價格往合理價格調整，而投資人無法從過去價量走勢去有效預測未來走勢〔亦即股價走勢無趨勢性〕，則此一現象稱爲「弱式效率市場」。

1.弱式效率市場(Weak Form Efficient Market)：在弱勢效率市場中，價格已經反應所以現存的歷史資訊，投資人無法藉由分析過去的股價資料而預測未來、獲取超額報酬。我們可以從歷史資訊中，諸如過去價格走勢、成交量等，來檢定價格是否存在某動趨勢，如果有，就表示市場不符合弱勢。也就是說，如果市場符合弱勢效率，則利用過去價量資料所作的各種技術分析都無效。

2.半強式效率市場(Semi-strong Form Efficient Market)：在半強式效率市場中，價格不但反應現存的歷史資訊，也已經反應所有公開資訊，我們可以檢定價格對事件發生的調整速度，如果有時間落差或是過度反應，就表示市場不符合半強勢效率。若市場符合半強勢效率，則不但技術分析無效，所有利用公司的財務、業務資料所製作的各種基本分析都是無效的。

3.強式效率市場(Strong Form Efficient Market)：強勢效率市場指的是價格已經反應所有已公開、未公開的資訊，即使是未公開的私人資訊也無法賺取超額報酬可以瞭解市場是否具有強勢效率，則任何技術分析、基本分析、內線消息都是無效的。

三種效率市場假說的不同點，基本上是指資產價格反映訊息的內容不同所致。事實上，這三種假說的資訊彼此具有涵蓋性與階層性。(如圖 7-3)

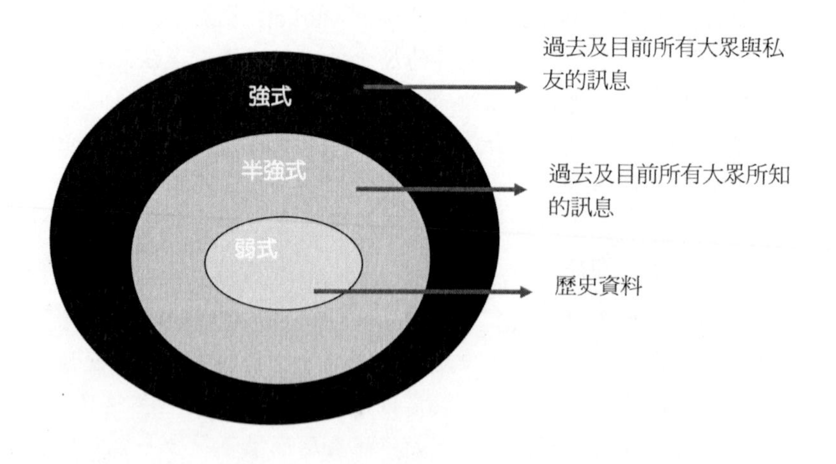

圖7-3 不同型態效率市場假說的訊息集合

二、股市泡沫化

什麼是泡沫？如果一項資產的價格長期偏離其應有的價值便是泡沫。學理上，具效率性證券市場反應所有相關的資訊，但如果反映過度，我們稱之爲過度反應(over-action)，如果一項資產的價格長期偏離高過其應有的價值便是泡沫(bubble，或正泡沫)。相反的，如果一項資產的價格長期偏離遠低於應有的價值便是負泡沫(negative bubble)。

歷史上，資產價格迅速地飆漲後又劇烈地崩跌的現象，最遠可以追溯到 1630 年代荷蘭的鬱金香狂熱（1634-1637 年）、英國的南海泡沫（1720 年）與法國的密西西比泡沫（1719-1720 年），而最貼身的例子應該就屬約 1998 年起的由億萬人追捧到慘澹經營的 .com 網路股。

個案探討

一、以崔導演還未創造出席夢之前爲切入點來探討：符合弱勢效率市場

所謂的弱式效率市場，就是現行的股價完全反應過去的歷史資訊。在個案中，如果以崔導演還未創造出席夢之前爲切入點來看的話，就符合弱勢效率市場的現象。他的前妻伊蓮根據他過去的資料：搞垮了前三部戲這個歷史資訊來判斷崔導演已不符合現代電影的潮流，且也不看好他未來的發展性，認爲他不管拍幾部戲都不可能賣座，而其他人也對他抱持一樣的看法，認爲他只是一個空有理想抱負的過氣導演，所以連一些從未演過戲的新人都不願意在崔導演的戲中演出。

在個案中的所有人都根據他過去的歷史資訊(搞垮三部戲且負債累累)做爲一個判斷的基準，認爲他已經沒有價值了。而實際上，在他還未創造出席夢這個虛擬偶像前的實際價值也正符合大眾對他的看法，所以符合弱式效率市場假說。

二、席夢(產品)在影迷(投資大眾)心目中的價值：違反效率市場

若資產價格長期過度反應且一直未適當修正爲正確之實際價值，違反效率市場假說。如圖 7-4 所示，席夢的價值長期處於不合理偏高狀態，可謂是「泡沫」現象。

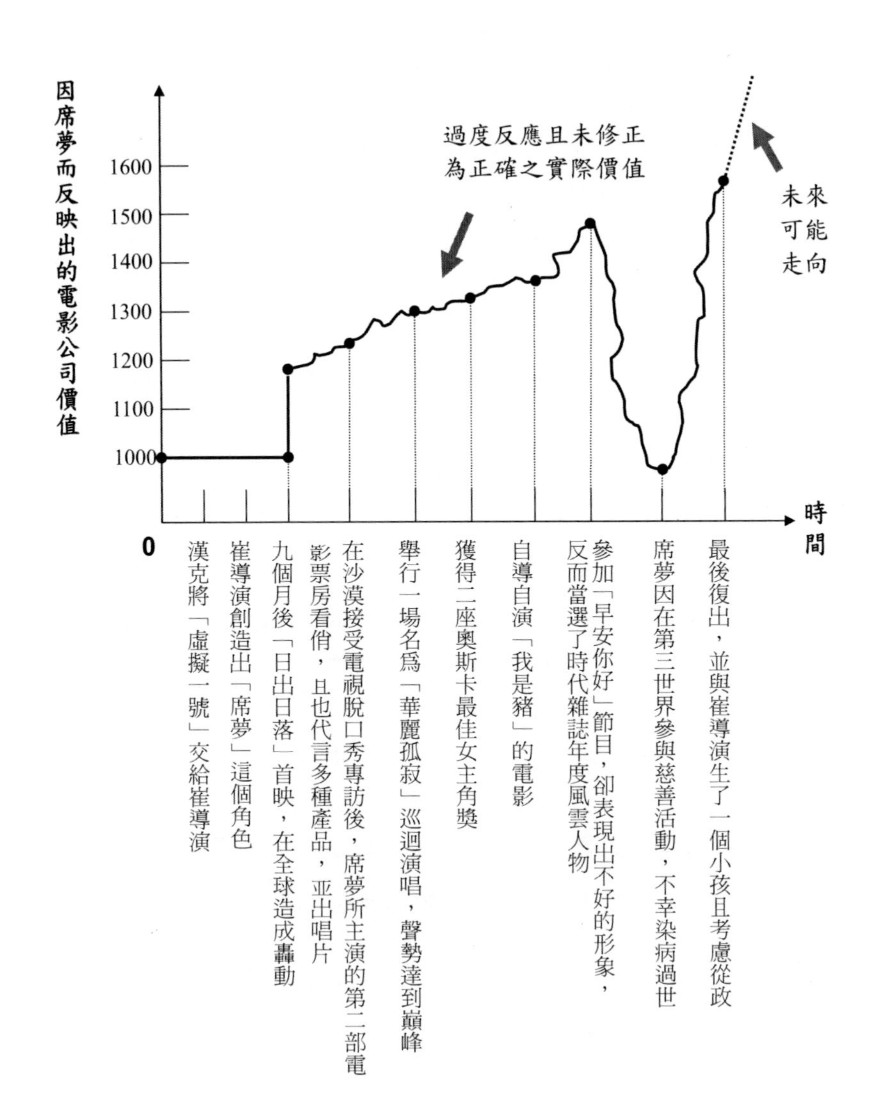

圖7-4　席夢(產品)在影迷(投資大眾)心目中的價值

1. 一開始當崔導演創造出「席夢」這個角色時，其價值還是處於無的狀態，但在席夢演出「日出日落」這部電影而在全球造成一股轟動之後，便瞬間爆紅。

2. 在沙漠接受專訪後，席夢所演出的第二部電影票房看俏，且也上了各大雜誌的封面並且代言多種商品(例如：香水)，最後甚至還出了唱片，以擁有更大的影響力，而從這些現象來看，席夢在人們心目中的地位也已越來越高了。

3. 舉行一場名爲「華麗孤寂」巡迴演唱會後，聲勢更是達到巔峰，她滿足了每個影迷的期望，並感動每個人的心，讓她的影迷們擁有美好的夢想。

4. 在奧斯卡頒獎典禮上獲得二座最佳女主角獎，這也將她的演藝事業推上了高峰。

5. 拍了一部「我是豬」的電影，崔導演企圖毀滅席夢在大眾心目中的形像，卻反而獲得如雷的掌聲。

6. 參加「早安你好」的現場節目，卻表現出吸毒、抽煙這種不修邊幅的模樣，並且說了許多違反社會標準的話，例如抽煙能幫助減肥等，但這反而讓觀眾更加欣賞她這種有話直講的個性，甚至因此當選了時代雜誌年度風雲人物。

7. 崔導演爲席夢舉行一場葬禮，也就是企圖做席夢這個角色消失掉(但他也等同於扼殺了自己辛苦創作出來的心血結晶)，而影迷也對席夢的死感到哀痛欲絕，認爲這是一大損失。

8. 最後伊蓮和她們的女兒蘭妮發現了眞相，一起和崔導演將席夢這個角色推向更高峰。甚至在最後崔導演還和席夢生了一個小孩，還有可能考慮從政。

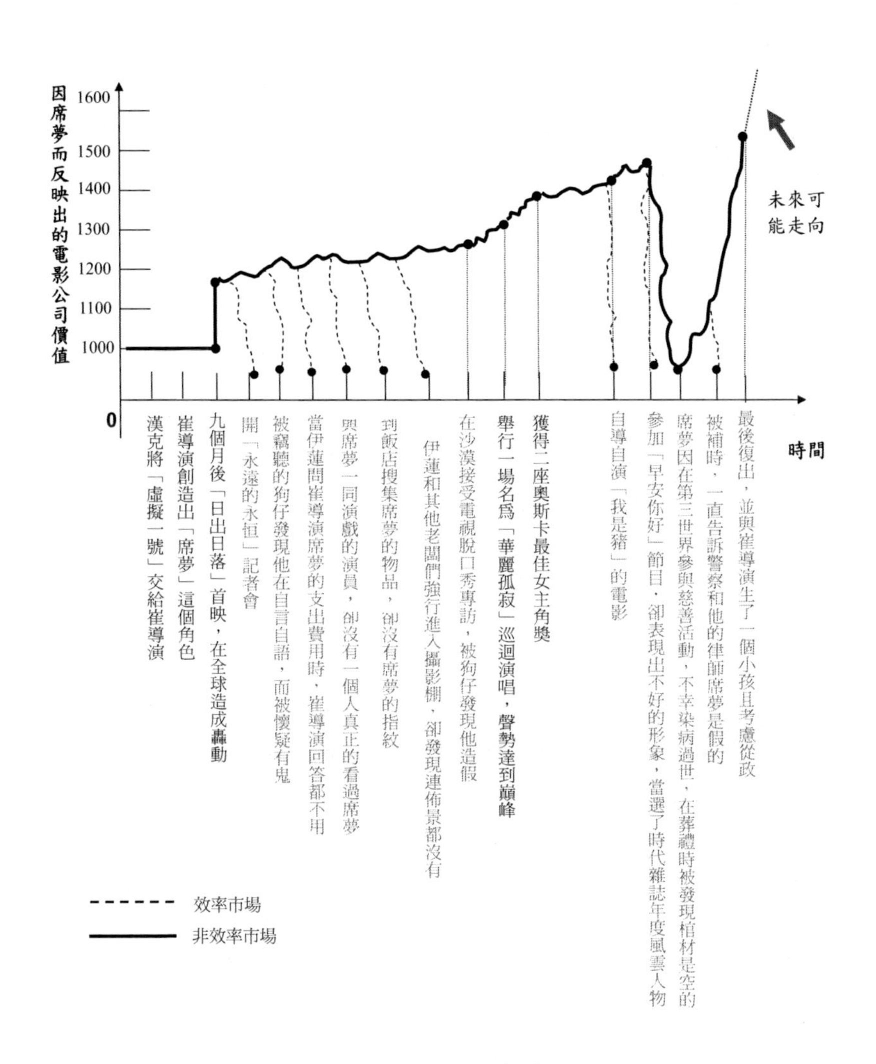

圖7-5　效率市場與非效率市場之比較

三、股市泡沫化的警訊-從一些蛛絲馬跡就可察覺「席夢」，並非眞人

（一）積極的造假

1. 當「日出日落」這部電影在全球造成一股轟動之後，所有的人都以爲崔導演會馬上攜帶「席夢」出現在全球觀眾面前，但是當崔導演下車後，卻不見席夢本人。而當他的前妻伊蓮向他詢問席夢本人怎麼沒有跟著他一起出現時，崔導演卻推說席夢很重視隱私，所以過著隱居生活，而不願意出現在公眾場合之中。

   事實上，這與現實社會中我們所認知的有些不同，因爲當一位導演要極力栽培一位女星時，他會迫不急待的帶著該位女星一起出席造勢宣傳活動，並且接受許多媒體專訪等。像導演李安在拍完《色戒》之後，就馬上攜帶女主角湯唯出席各個場合， 而且也接受許多媒體訪問，不會採取如此低調的方式，所以這是令人感到可疑的地方。

2. 當守門的警衛問崔導演席夢有沒有來到他所負責看守的攝影棚，崔導演卻回答他席夢在他上班前就已經來了，等他下班之後才會走，且沒有他的允許，誰都不能進去這個攝影裡。讓人不禁懷疑以電影已經拍攝了九個月的時間來看，守門的警衛如果在這九個月中都一直是同一個人的話，爲何在這九個月中警衛都不曾看過席夢本人，這也是令人懷疑的部分。再加上沒有崔導演的允許，其他人都不得進入這一點，難免會讓人認爲他們之間是否有些曖昧的成份存在，因爲整個攝影棚內只有崔導演和席夢在裡面而已，而且想必沒有其他的工作人員，如：攝影師、化妝師、服裝師、場記、燈光師、道具組進出這個攝影棚。而警衛卻一點都不懷疑的相信崔導演的話，顯然不合常理。

3. 開記者會宣佈要拍「永遠的永恒」這部電影，席夢依然不露面，而狗仔則對在電影結束後所顯示獻給漢克提出疑問，好奇漢克和席夢之間的關係，而崔導演卻回答「他們曾經形影不離，但現在只能互相懷念」之後就不再回答記者的問題了。
4. 當崔導演被第一部「日出日落」男主角哈爾辛克萊叫住的時候，哈爾想再度與席夢搭檔演出，以藉機拉抬自己的身價，而假裝遇見過席夢並和她聊過天，而崔導演為了戳破他的謊言而假裝席夢打電話給他，而使哈爾頓時尷尬不已，就在此時另外二位狗仔也正在竊聽崔導演的電話，但只能聽到崔導演的聲音，反而沒有聽到席夢的聲音，一開始他們懷疑是訊號干擾或是崔導演他一個人自導自演，但他們之後隨即推翻這個假設，認為崔導演沒有這麼好的演技，還以為崔導演是用了新型的反狗仔技術，但他們還是對此事心存懷疑，認為這其中一定有什麼見不得人的秘密。
5. 當記者包圍住崔導演家時，記者說他們不能把席夢藏起來，要求要席夢出現在他們面前，但崔導演卻回答說他要席夢出現時，她才會出現，而引起狗仔的懷疑，認為是崔導演對她下了蠱，否則席夢怎麼會對崔導演如此的言聽計從。
6. 當伊蓮問崔導演席夢的一些支出費用時，如司機接送、髮型師和化粧師和戲服等，崔導演卻推說她因出身劇場所以都自己準備和打理，甚至連一盎司都不會胖時，伊蓮卻連一丁點的懷疑都沒有，全然相信崔導演的話，認為這可能是席夢自己的喜好而不詳加探究。
7. 將與席夢一同演出「永遠的永恒」這部新片的其他演員，

並沒有任何一個人與她同台演過戲，唯一的一次連繫就只有在新片開拍之前大家一起透過類似對講機的機器說過話而已，但是同劇的演員依然不疑有他，認爲可以和席夢一起出現在同一部戲中就已經很榮幸了，不會去懷疑這樣的情況是否有不合常理的地方。

8. 崔導演到飯店去假裝席夢曾經住過這家飯店，並留下她的頭髮、內衣褲、用過的牙刷和睡過的痕跡以證明席夢是眞實存在的人，但當那兩個狗仔到飯店去搜集有關席夢的東西並帶回去化驗後，卻都沒有發現席夢的指紋，甚至從衛星圖上也都看不到席夢的身影。甚至傳出她去參加了一場好萊塢 A 級派對，卻依然沒有任何一個人看到她。

9. 當伊蓮和其他的廠商、老闆執意進入攝影棚時，卻發現裡面不只看不到席夢，甚至連佈景、攝影機都沒有，但卻都願意相信崔導演的謊言，就是席夢是個電腦迷，所以才會足不出户，她甚至還患有憂鬱症、潔癖、懼高症等病。而不會去質疑一個害怕接觸人群的人，怎麼會選擇去當一個最需要接觸人群的電影明星的工作。

10. 當席夢透過衛星連線上電視脫口秀在沙漠中接受訪問時，兩個狗仔卻認出了在席夢背後的那棵樹，進而找到那個背景所在的地方，但是卻發現在當地多出現了一棟飯店，認爲這棟突然出現的飯店不可能在一天之內蓋好，而心生懷疑，而去探查一些資料，發現到崔導演是用舊照片，而質問崔導演席夢根本沒離開過片廠，所以認爲是崔導演綁架了席夢並控制她，他們並沒有聯想到席夢有可能不存在於現實生活中，否則爲什麼他們都已經佈下了天羅地網了，卻都還是沒有看到席夢本人。

由以上分析，回頭再看看在平常生活中，不理性的行爲到處可見。像在二十世紀末的葡式蛋塔效應一樣，一進入台灣就瘋狂的遭到大眾的喜好而瘋狂搶購，每家店都大排長龍，所以很多投資者用下大筆的資金投入葡式蛋塔的資產中，但熱潮過後一家一家的倒，一個一個投資者紛紛賠錢。

另外最具效率性的美國證券市場也充滿了吊詭的情節。如：美國恩隆成立或投資一些小公司，或所謂的特殊目的公司，然後將恩隆產品及服務賣給這類公司，由於恩隆並未在財務報表中解釋利益來源，也沒有將這些合夥公司列入報表，但是投資人在看到這些虛記的盈餘時，卻無法心生警訊，卻也都選擇相信公司所提供的訊息。

（二）消極的造假：坐轎的人想下轎，抬轎的人卻不想罷休。

1. 當崔導演告訴伊蓮席夢並非眞人，而是他所創造出來的，是他製作出來由一堆畫素所組合出來的虛擬影像，伊蓮卻以爲他在說醉話，並不相信他所說的。且也不願去探究他話中眞實的成份有多少，就直覺的將席夢是虛擬而不存在的想法給直接的否決掉。
2. 拍了一部「我是豬」的電影，企圖毀滅席夢在大眾心目中的形像，且讓席夢的價值可以接近她原本實際的價值，觀眾卻依然疼惜憐憫她。
3. 參加「早安你好」的現場節目，卻表現出吸毒、抽煙這種不修邊幅的模樣，並且說了許多違反社會標準的話，例如抽煙能幫助減肥等，觀眾卻依然疼惜憐憫她，忽視她臨時的出軌行爲。
4. 當席夢的棺木被打開時，發現裡面空無一人，大眾的直覺反應卻是崔導演將席夢殺了，而不會聯想到席夢根本就不存在。雖然崔導演一直告訴警察和他的律師席夢是一個虛擬影像，不存在於世界上時，他們卻都不願意相信他所說的事實，而只憑一個監視錄影帶就判定是崔導演將席夢給殺了，不願意在去深究原因。或許他們不願意去相信這世上眞的沒有席夢這個夢幻偶像存在，所以才會矇閉自己的雙眼，選擇逃避事實。

二十世紀末，美國網路公司泡沫化時，已經有部份投資大師提出警告，也有部份理性股票分析師說股價過高了，但是買股票的人還是不相信，一直陶醉在美麗泡影之中，覺得可以大賺一筆，不久之後泡沫就破滅了。可見**坐轎的人（炒作大戶）想下轎，抬轎的人（不理性的投資人）卻不想罷休。**

四、證券市場泡沫與股價炒作

我們可以利用個案的相關情節，找出與證券市場大户炒作股票有異曲同工之妙之處。讓我們省思當一個可以抗拒貪婪、利誘的理性投資人是多麼地困難。

1. 維特伺候大明星

   因爲當作手要炒作股票時，一般都會放假消息，促使買進股票，這是爲了要求預期的高股價與高報酬。

2. 日出日落拍完之後

   兩個年輕人在廁所交談：「有席夢，誰還管那些爛佈景」。如果有一支股票一直在漲停，誰還會理會有瑕疵的財務報表呢？。

3. 席夢的迅速竄紅原因

一炮成名+若隱若現找不到行蹤+很多耳語，如同炒作股票的手法=引起市場散户「聚焦」追逐若隱若現的利多線索。

4. 維特拍完日出日落開始引起注目之後
又繼續讓席夢拍第二部「永遠的永恆」，食髓知味甚至接著拍廣告、代言香水、出唱片、開演唱會，如同在股市坐過一次轎一般，之後會好幾次品嚐相同成功滋味，但是什麼時候被股票套牢，並不知道。

5. 維特在飯店故佈疑陣
股市作手拉抬股票，也會留下蛛絲馬跡以引起股民的注意，然而維特早已經都做好準備了，包含準備席夢的衣物香水，甚至替身出席。如同作手準備炒作股票，也要先在低價時先吸收大部分股票。。

6. 在飯店替身當成席夢跑上車
如王雪紅概念股，錯把替身當席夢，如同錯把建達當宏達電。。

7. 狗仔去飯店，在床上享受席夢的餘溫，聞他的味道...
如同宏達電到達1220高峰點之後開始往下跌，然而卻還有很多人在幻想宏達電股價會繼續衝高。

8. 維特女兒跟他媽的對話，他問他媽是否眞的看過席夢，近距離接觸
大家對於一片看好的股票有沒有人眞的去追究過眞實性？似乎沒有，都是一股腦兒的投入。

9. 漢克在男明星哈爾面前打電話
狗仔竊聽，狗仔助理說：「搞不好他只是自言自語」，亦即股票市場走多頭的時候，看空的眞實想法往往都被投資人

覺得是在唱衰，而刻意忽略。

10. 維特曾跟老婆說明席夢之假

維特說：「席夢根本就是假的，是一堆1與0的數碼」，但是伊蓮仍然不相信。如同被炒高的股票，明明已經呈現回跌，但是持股散户仍不相信它會眞的下跌，認爲它應該會止跌才對，抱持回漲的期望。

11. 依蓮說女明星會摧毀他們的導演

如果炒作者來不及抽身，泡沫破滅時常常傷害到炒作者自己。眞實多有案例：如台鳳、農林、台肥、台開、博達。

12. 維特在監獄看到電視說：「席夢怎麼都死不了」

宏達電雖然在1220反轉向下，但是還是多次一直在股市扮演帶頭上攻的腳色，宏達電近三年每年都賺50元左右，堪稱台股最會賺錢的股票，年年都賺超過一個資本額，如果它眞的是一檔好股票，股價就不會寂寞。

管理意涵

從此個案的相關情節，不難找出與證券市場大户炒作股票，以及散户死心踏地跟隨的行爲，有其異曲同工之妙之處。讓我們省思當一個可以抗拒貪婪、利誘的理性投資人是多麼地困難。我們應當深思：『效率市場假說』是可驗證的，還是只是一個『假說』？

1. 雖然一開始崔導演使用「席夢」，可能不是出於壞意，但是卻造成一連串不可收拾的局面。在現實生活中，像是恩隆案、博達案可能一開始也可能想說可以賺錢，但是到後來負債，卻聯手會計師共同隱藏負債，導致整個美國的風暴產生，使得美國很多在恩隆案上班的員工，所有退休金全沒，生活不下去，也見到自殺個案。
2. 無形的產品或許不存在於現實，但是如果它可以帶給顧客在心裡程度上的滿足，或許它的效益會比實體的產品來的更大。就像是個案中「席夢」帶給觀眾一個夢想，透過這個夢想，他們或許可以從中得到一些慰藉或心靈上的滿足，而這可能是實體產品所無法帶給他們的。2009年六月當中華網龍登上台灣股市股王寶座，應證了在經濟風暴下『宅經濟』的起飛已經不再是『虛擬』的商品了。
3. 在現在的感性行銷的概念下，感性行銷是以感性的訴求方法，讓產品能夠和消費者的情感經驗連結，讓品牌融入消費者的日常生活中，以引起消費者心靈上的一些共鳴。因此現在有許多的產品賣的已經不只是實體產品本身了，而是透過這個產品可以爲顧客帶來超越實體產品本身以外的額外價值。所以無形的產品並不會因爲它是虛幻觸摸不到就因此而失去了他的價值，相反的，要看它對每個人的效用來決定它的價值。

（文字整理：廖怡惠、陳珀如）

參考文獻

1、書籍與論文

a、徐俊明，2005，財務管理原理，第三版，雙葉書廊有限公司。

b、姜堯民，2007，現代財務管理，第十一版，華泰文化事業公司。

c、張宮熊，2004，現代財務管理，第四版，新文京出版社。

d、廖柏欣，2001，損失趨避、私房錢效果與股價泡沫破滅關係之研究。雲林科技大學財務金融系碩士班論文。

e. Fama, E.F., 1970, "Efficient Capital Markets: A Review of Theory and Empirical Work", *Journal of Finance*, Vol. 25, pp.383-417.

2、網站

a、奇摩知識：http://tw.knowledge.yahoo.com/question/?qid=1005032607716

b、隱形富豪投資王之路：

http://investmentking.mysinablog.com/index.php?op=ViewArticle&articleId=835745

c、思博網：http://www.ceps.com.tw/ec/echome.aspx

d、期刊文獻資料網：http://www.ncl.edu.tw/journal/journal_docu01.htm

8. 代理問題的探討【雨人】

【個案簡介】

個案描述一位擁有超強的心算能力和數字觀念的自閉患者雷蒙，與其胸懷大志的弟弟查理之間的代理問題。

父親山福爲了避免哥哥雷蒙（Rayman）的特異行爲傷害到弟弟查理的正常成長，因此早先就把雷蒙送往療養院，因此查理從小就一直有雨人（Rainman）的記憶。由於查理從小就和父親不和，長大後，父親仍是對他態度冷淡，直到父親過世後仍得不到查理的諒解。

當查理得知父親死後把所有的遺產全部留給雷蒙，只留下一台古董車和玫瑰花園給查理。又適逢查理遇到事業困境、急需用錢之際。

在報復的心情和急需用錢的驅使下，查理打算綁架雷蒙，欲以要脅雷蒙來奪取父親遺產。但是在脅持的過程中，查理終於得知雨人這個回憶的由來，也領悟到父親當初爲什麼要把雷蒙送進療養院。雷蒙的率眞和親情終於感動了查理，他決定就此罷手，並且願意終生照顧親哥哥雷蒙。

代理問題在本個案中扮演什麼角色？企業或個人如何克服代理問題呢？

【主要人物介紹】提示

山福巴比特：原始股東
布魯納醫生：外部董事
雷蒙：新股東
查理：經理人

代理問題在現實生活中到處可見，在企業經營上卻是影響營運績效，乃至於股東權益的關健因素。Jensen & Meckling 定義代理關係爲：**「一位或多位之主代理人僱用並且授權給另一代理人代其行使某些特定之行爲，彼此間存在的契約關係。」**由此可知代理關係爲一種契約關係，一方爲出資人，另一方爲代理人。[19]

在企業經營上代理人（高階經理人）就代理契約內容於出資人（股東）授權後，對出資人負責企業之經營與管理，並且爲出資人謀取最大的財富，同時接受出資人供給的報酬。但**由於資訊不對稱、風險偏好、規避趨向等因素，造成出資人和代理人之間的代理問題產生。**

在本個案中，山福巴比特(原始股東)藉由遺書(契約)委託布魯納醫生(外部董事)爲雷蒙(新股東)的監護人，但因雷蒙弟弟查理(經理人)因不滿遺產分配不均(利益衝突)，而誘拐雷蒙離開療養院，代理問題遂然產生。

代理問題所衍生的現象

在企業經營之中，高階經理人與股東間的代理問題，可能發生下列幾種現象：

一、代理人之自利行爲與過度特權消費

現代大型股份有限公司在產權關係上， 主要特徵係「經營與所有權」分離。 隨著經營權與所有權的分離，企業內部產生股東和經營者間的代理關係（前者爲主理人、委託人；後者爲代理人），雙方無可避免地存在著因爲目標不一致發生

---

[19] Jensen M., and W. Meckling, 1976, Theory of the Firm: Managerial Behavior,Agency Costs and Ownership Structure, " *Journal of Financial Economics,* 3(4), pp. 305-360.

利益衝突。此時如果代理人爲追求自身的利益而損害委託人利益，就會發生因自利行爲所產生之代理問題。而委託人和代理人目標利益的不一致性，是代理問題的根本源頭問題。例如經理人不盡全力爲股東謀最大福利，反而憑藉經營權享有額外特權消費。

就個案中來觀察，山福老爸(原始委託人)希望兒子雷蒙受到完善的醫療照顧，因此交由醫生正式代理他的生活，但是查理(非法代理人)出現，爲了自身的利益(遺產繼承權)與不滿父親的安排而私自帶走了雷蒙，不符合委託人最終的目標利益，也形成了代理人的自利問題。而弟弟查理沒有打算爲哥哥雷蒙謀最大福利(美滿的人生)，查理利用爲雷蒙弟弟的身份(額外特權消費)，打算奪取哥哥一半的繼承遺產，而不打算承擔照顧哥哥的責任(分擔成本)。

二、代理法律關係的不完備

企業所有者與經營者間往往透過合約簽訂，作爲代理關係形成之基礎，但若欲藉由合約內容來處理眞實世界中所有可能發生、不可預見之情況是不能的。因此，實務上並無法訂立一個眞正完善的契約來限制經營者的越軌行爲。

本個案當中，查理違反委託人(老爸)以及合法的正式代理人(醫生)的經營目標，私自將雷蒙帶離療養院。即使布魯納醫生是山福老爸遺囑當中的合法代理人，有法定監護權，對並對沒有簽訂任何的法律文件，私下將雷蒙帶走的弟弟查理，以強烈的法律途逕尋求解決，反而多以道德勸説的方式欲挽回查理對待雷蒙的方式。布魯納醫生已盡了外部董事的責任。

三、次佳投資決策

當公司所有權與經營權同時存在時，會採取公司價值最大化之策略；但所有權與經營權分離後，管理者可能只追求某一報酬下風險最小的投資策略，因此，代理問題下產生次佳投資決策，無法使公司價值最大化。

在個案裡，查理一心爲自己的利益著想，想得到監護權，間接取得 150 萬的財產。在旅途當中，查理並非眞心尊重雷蒙，只是敷衍了事，例如雷蒙吃鬆餅之前，有楓糖一定要先放在桌上的習慣，查理卻不予理會。即使查理說如果得到財產後，可以把雷蒙送到其他醫院或是更好的貴族醫院，也是次佳策略，這絕非最好的處理方式，也不是一開始委託人的最大利益：雷蒙得到良好照顧。

四、管理者過分注重短期公司績效

管理者偏好短期內的現金流入以證明自身的績效，有短視現象存在。在個案裡，查理意外發現雷蒙特有的潛能，並且利用雷蒙超強的記憶能力去賭場，得到額外的一筆報酬，這裡查理自以爲比醫生更瞭解雷蒙的特質與專長，卻用在代理人自身績效而非符合主理人的利益。

五、資訊不對稱

管理者通常擁有比外部投資者對公司經營績效有關的特定訊息更瞭若指掌，但股東必須想辦法且付出額外成本去收集相關資訊。在考量市場機能運作時，通常假設每一位市場參與者皆擁有「完全資訊」，雙方對彼此及市場資訊瞭若指掌，但在眞正現實世界中，往往並非如此。就一般而言，「資訊不對稱」 係指在交易中僅一方握有較多交易相關資訊，另一方在交易中則處於資訊弱勢。

關於資訊不對稱之原因，可能有以下兩者：其一爲『隱藏資訊』：資訊隱藏可能發生在「選擇前」，意即：代理人特質與能力未符合委託人期待，但委託人不知道。其二爲『隱藏行爲』：隱藏行爲問題的發生時點往往在「選擇後」。由於公司所有人對於代理人的行爲無法預期，在雙方利益存在自我利益導向的情況下，就可能有隱藏行爲的發生。

個案中，在隱藏資訊部分，查理直接帶走了雷蒙，強迫發生代理關係，而查理的特質和能力並不符合委託人(老爸)以及原本正式代理人(醫生)的期望。另一方面，老爸雖然將雷蒙託付給醫生，但醫生沒有預期到雷蒙對於親情的需求，甚至在個案的後段，雷蒙讓查理碰他，這是療養院的醫護人員所無法給予的。醫生在這方面能力的缺乏，也是當初老爸沒有預想到的。

六、財務危機：

一旦企業大幅使用負債融資，則會產生無法履行償債之義務或解決財務狀況惡化的財務危機，導致公司價值降低，股東權益嚴重受損。

如本個案中，雷蒙隨著查理任意出走，將會導致不可預期風險及生命的危險(財務危機)，最後損失安定的生活(公司價值降低)。

代理問題衍生的成本（agency cost）有哪些?

一、監督成本

監督成本是指股東設立許多條件或規章，以限制經理人過度的自利作爲所產生的成本。例如董監事會通常會限制經理人對業務投資計劃的裁量權。在本個案中，父親(山福巴比特)視遺產分配方式(限制條件或規章)，以限制查理(經理人)得到的遺產(過度的作爲)。

二、契約成本

契約成本係指董監事會訂立許多聘用條款，以確保經理人按照股東利益來管理一家企業。在本個案中，布魯納醫生(外部董事)干涉查理的誘拐奪產計劃(經理人對業務的裁量權)，並嘗試提供25萬支票(契約條款)換取查理帶雷蒙回療養院，放棄爭奪監護權，維持股東的利益。

三、殘餘損失

股東雖然設立許多契約與監督措施，以確保經理人符合股東利益。但超過股東所能控制外的代理成本，稱爲殘餘損失。其中包含積極性的機會成本之損失，以及消極性的財產上損失。前者係指，代理人未能即時對於某些事務採取積極行動，導致公司獲利之減少；後者係指，代理人決策偏差或錯誤時，造成企業財務數字上的損失。

在積極性機會成本的損失上，查理強行帶走雷蒙，讓雷蒙必須去適應外在的環境，而不能享受醫療院所提供的完善照顧。消極性的損失上，包含了旅行過程中，雷蒙前後兩次在精神上所遭受的情緒失控、自殘，包括一次發生於機場上，查理要求雷蒙搭飛機、第二次在查理家中因爲警報器響起害怕，這些都是與委託人的期望互相違背。

降低代理問題之方法

一、就監理機制方面

個案中，查理得知父親遺產交給雷蒙後大發雷霆甚至拐走雷蒙想奪取遺產而成爲非法代理人。反觀布魯納醫生努力成爲良善的代理人，爲雷蒙(企業股東)謀取的最大利益(雷蒙得到妥善的照顧)而用心經營。

目前先進國家都已普遍實施外部董事或監察人制度者，對其執行之成效大都給予正面之評價。但在台灣，董事會同時擔任執行與監督的角色，及重大決策採多數決情況下，故即使有外部董事的存在，亦因居少數地位或礙於董事情面，而往往未能發揮制衡與監督的功能。可見有效的外部董事或監察人制度仍有進步的空間。

二、管理激勵計劃

公司可透過將經理人的報酬與公司經營績效結合在一起，如此會將促使經理人採取公司價值最大化的行動。在本個案中，如果布魯納醫生（獨立董事）可以訂定管理激勵計劃，要求查理(管理者)照顧好雷蒙(公司績效)，就可提供適當的經理人報酬，如此將可促使查理讓雷蒙得到美滿的人生(公司價值極大化)。

三、解雇的威脅

如果管理當局違反股東利益，沒有用心經營公司，導致公司的營運狀況不佳，董事會可依職權解雇不適任的管理人員。在本個案中，如果查理(管理者)沒有能力照顧好雷蒙的生活(用心經營公司)，讓雷蒙遭遇到生活上的困難或危險(公司營運不佳)，而布魯納醫生可依遺囑內容(職權)，尋司法途徑強制雷蒙返回療養院。

四、增加經理人持股比例

當經理人持有企業 100％股份時，代理問題自然消失。此時由於其所承擔的是企業所有的風險與利益，因此將可預期經理人不會行使出對企業不利的行爲而使企業價值降低，亦即導致自己的損失；相反的，經理人會努力提升企業的價值，使自己的利益極大。

Jensen & Meckling 認爲當經理人持有一家企業股份比例越高時，其追求個人之利益目標與投資人所期望之企業利益目標便越一致，自利的動機便越不明顯，因此可以有效降低

企業的代理成本。個案中，如果老爸山福事前可以採取讓他們兩人擁有共同的持股比率，但是股權不可分割，這麼一來查理就會好好利用這份遺產，並且照顧好雷蒙。

實務探討[20]

除了最近的力霸集團王氏家族掏空企業耳熟能詳、名震海內外之外。發生在近年來的典型代理問題如胡董掏空太電的例子。胡董進入太電從基層一路做起，20 多年時間受到前太電董座仝董的賞識，升到副總兼財務長位置，學到深厚的財務操作手法，利用董事長對他的完全信任，以孫董事長、前仝董座，以及他自己等三人的名義，從 1994 年 3 月設立由太電公司百分之百持股的「中俊企業公司」，方便讓他調度資金，而太電的決策核心完全被蒙在鼓裡。據檢方起訴內容顯示，這些與太電沒有關連、實質由胡董獨力掌控的幽靈公司絕大部分都登記爲英屬維京群島公司(BVI) 的紙上作業公司。胡董掏空太電 171 億元，導致日後太電下市，33 萬小股東手上的股票，全變成了廢紙。

本個案之所以發生主要有兩個關鍵點。其一是資訊不對稱，胡董則是利用此一優勢，行掏空之實，在公司外設立 146 間空頭公司以及 4 間紙上銀行來轉帳，一步步掏空太電。當檢方調查太電案即將偵結時，發現孫董對於胡董的所做所爲並非完全清楚。其二是太平洋電信孫董事長的領導哲學是「放

---

[20] 本小節取材自：商業周刊：錢、密碼、詭計 http://www.businessweekly.com.tw/fineprint.php?id=19510；http://www.geocities.com/autism_hk/01_autism/rainman.htm；ETtoday：http://www.ettoday.com/2006/06/29/11338-1959968.htm；全球華文行銷知識庫：http://marketing.chinatimes.com/ItemDetailPage/MainContent/05MediaContent.aspx?MMMediaType=BusinessWeekly&offset=708&MMContentNoID=13666

手是領導的開始」，完全信任部屬，這樣的信念，給了胡董可趁之機；之後孫董更進一步，讓胡董完全管理太平洋電信的海外子公司，這也無異於給了胡董能夠上下其手，進行掏空的絕佳機會。

另一個有名的個案是發生在 1998 年，頂新集團 (康師傅) 接管味全後，立即變賣味全之資產，使得市場普遍對頂新集團購併味全公司出現負面的解讀，主管機關也想瞭解頂新集團是否有掏空資產之行爲。

味全公司在 1953 年由創辦人黃烈火創立，原本在 60 年代的台灣曾經是台灣食品業第一大品牌。即使 70 年代統一公司進入市場後仍享有「南統一、北味全」的聲譽，維持雙霸天的均勢。此一優勢在 1980 年代中期，統一 7-ELEVEN 來勢洶洶的「通路革命」中，南北雙雄命運就此分道揚鑣。

味全公司在由於發展通路決心不足，嚴重影響到 90 年後本業的表現：然而擁有土地資產 29 萬餘坪，龐大的發展潛力驚人讓頂新集團垂涎三尺。1996 年頂新集團總營業額爲六億美元，方便麵佔總營收佔 87%，目標是建立中國人口味的世界級食品大廠。1997 年回臺投資，買下味全 35%股權，引起市場震撼。

在頂新耗費巨資買下味全後卻以金融操作優先，卻忽略了味全主要營運活動，損及龐大散户股東權益。例如：嘗試處分土地資產，包括處分味全三重廠土地 36 億；出租松江大樓,全部事業單位搬到汐止；處分雅品麵包，中國青年商店等八家長期轉投資公司。大量質借資金，負債由 3000 萬攀升到 39 億，卻部份疑似用在股票護盤上，並轉投資新設的子公司，如康全、康勇、康望、環美、新瑞、欣全，並進行部份的海外投資，這些行爲都可能嚴重影響到龐大散户股東的權益。

管理意涵

行事在人，成事在天。在本個案中我們學到的一個教訓是：爲了避免遇上代理問題，在事前一定要找到有德又有才的人來擔任公司的高階經理人。亦即**找「誠信」和「有才能」的人上車是避免代理問題的根本策略。**

以本個案來觀察，山福去世之前，將生前的財產全留給雷蒙，委託他生前的好友布魯納醫生代爲管理，而布魯納醫生的所做所爲的確沒有違背委託人生前的願望，不但堅守分際，沒有對鉅額遺產心生歹念。就算雷蒙被帶走，也不向查理開出來的條件低頭，甚至反而幫助了查理和雷蒙，讓他們體會到親情的可貴。如果委託人還健在，想必不會對醫生感到失望。

反觀太電一案中的胡董，雖然他是個人才，但是卻用在不正當的行爲上面，基於董事會對他的信任與授權，竟然背地裡五鬼搬運，不但害了公司，也害了數以萬計的無辜小股東，血本無歸。其實孫董的領導哲學未必有錯，但是對的方式遇上錯的人，下場終究是場悲劇。

外賊易除，家賊難防，人是最重要的關鍵，在選定公司管理者時，必須去評估他的道德與價值觀，以及他的能力是否能夠改變公司的營運績效，爲公司帶來成效。像是東隆五金找對了正確的代理人來經營，在公司的成效上得到了正面的效果，其事後強調公司治理的效能發揮，不如一開始就找到對的人來管理企業。

當然事中的管控也是減少代理問題的重要階段。股東與高階經理人應彼此交流公司的經營目標與願景，並建立良好的溝通機制，降低資訊不對稱所衍生的危險。另外，股東與經理人須合作無間，避免心懷鬼胎、相互猜忌，而損害公司價值。如果有契約規範，股東與高階經理人間的契約訂定應清楚訂定，以避免未來有雙方產生爭議。

至於事後的監理機制，外部董事制度的設立是目前最被認同的方向。可仿照美國董事會於內部分別設置彼此獨立之相關委員會（如審計委員會、提名委員會等）的精神，以眞正發揮其「獨立性」之功能，勿讓「獨立董事」變成了只有橡皮圖章功能的「獨立」、「懂事」。此外，要求上市公司設立外部監察人制度，但爲避免外部監察人之選任受到大股東的操縱，應就監察人的選任資格、獨立性條件與應盡之義務訂定適當之法源依據。

（文字整理：高子倫、張芸禎）

參考文獻

1. 林玉霞，2002，臺灣上市公司代理問題、公司治理與股東價值之研究，中原大學會計學系碩士學位論文
2. 洪駿，2004，公司治理機制對代理成本控制之研究－以台灣上市公司為對象
3. 張永霖，2009，財務管理經典題型解析《上》，高點出版社。
4. 張宮熊，2004，現代財務管理，第四版，新文京圖書公司。
5. 張麗娟，2004，財務管理實務-公司理財，鼎茂出版社。
6. 謝劍平，2006，財務管理-新觀念與本土化，第四版，智勝出版社。
7. Jensen M., and W. Meckling, 1976, Theory of the Firm: Managerial Behavior, Agency Costs and Ownership Structure, " *Journal of Financial Economics,* 3(4), pp. 305-360.

9. 公司治理問題的審視【瞞天過海】

【個案簡介】

三年前丹尼歐遜夥同足智多謀的操盤手羅斯萊恩、年輕氣盛的扒手金童萊納斯卡得威、心不在焉的爆破專家拜許，以及鬼計神偷的開鎖高手法蘭克卡頓，一舉幹下史上最膽大妄爲、金額最高的竊案。他們設下一場瞞天過海的高明騙局，潛入心狠手辣的黑道賭場老大泰瑞班奈狄掌管的紅龍賭場，把他藏在金庫的一億六千萬美元一毛不剩地全都偷走。

就在丹尼歐遜領軍的「歐遜集團」平分這一億六千萬美元鉅款後，分別都想金盆洗手、走上正途。但是天不從人願，麻煩還是找上門來。

原來當初參與行動的一名成員竟然犯了偷家大忌，向心狠手辣的黑道賭場老大班奈狄告密。於是賭場老大決心對丹尼歐遜和他的同夥進行報復，並誓言要討回他被偷的一億六千萬美元，外加龐大利息，否則就會讓丹尼「歐遜集團」成員求生不得、求死不能。更令人吃驚的是，班奈狄並不是唯一在找他們的角頭老大...他如何保守「歐遜集團」所有成員的利益？

對一家企業而言，如何保護散户股東權益便是公司治理的核心議題。在本個案，我們學到什麼？

【主要人物介紹】提示

1、歐遜十二大盜主要人物：頭腦丹尼歐遜與羅斯萊恩，丹尼歐遜之妻泰絲、小跟班萊納斯、高手拜許......。
2、國際刑警：妮可
3、角頭老大　：班奈狄
4、夜狐：范德沃特
5、夜狐的老師：勒馬克
6、萊納斯母親：莫莉史塔

公司治理的源起

公司治理(Corporate Governance)在近年來已經成為企業競爭力研究中，已經成為最重要的討論議題之一。早在 1930 年代，便有學者探討公司治理機制，當時並未受到廣泛的注意。一直到 1997 年底發生亞洲金融危機，公司治理議題再度被學界及實務界重新重視。1998 年經濟合作暨開發組織（OECD）召開的部長級會議中，更明白揭示公司治理的運作未上軌道，是導致亞洲企業無法提昇國際競爭力之關鍵因素之一。而 2001 年底起，美國陸續爆發的安隆、世界通訊弊案，更是引起全世界的震驚，公司治理如同星火燎原般的成為全球企業管理關注的焦點。

在公司治理機制不甚健全的企業中，經理人可能會從事非法盈餘管理行為。而股權結構、績效評估和薪酬制度等公司治理機制是否健全，能有效改善公司代理問題，漸為企業界與學術界關切之主題。**健全的「公司治理」機制係指企業採公平對待所有利害關係人（fairness）、決策及資訊透明化（transparency）、對所做所為負責（accountability）與善盡管理人責任（responsibility）之原則。股東採行股東行動主義（shareholder activism），以及董事會均善盡職責，共同致力於提昇股東長期利益與企業永續經營之目標。**

曾有學者提出公司治理之定義為：各利害關係人如何透過內部控制機制(透過董事會運作)，確保其利益能得到公平的維護。其中心議題在於：如何確保公司的負責人或高階經理人善盡其對公司資金供應者（股東，尤其是小股東）的責任；同時容許負責人或高階經理人保有經營權的誘因、管理權的自由度，以利運用公司必要資源以創造利潤、分享成果。1997 年亞洲金融風暴造成許多開發中國家經濟成長大幅衰退時，便有研究指出，東亞國家公司的股權度高集中於其他地區，加上公司治理機制不完善，是導致金融風暴的主要因素之一。

一直以來，美國一向被認為是會計制度上較為健全的國家，但是在爆發出一連串包括安隆、世界通訊、以及默克藥廠等大型企業相繼傳出掏空弊案的醜聞之後，讓投資人開始嚴重關切公司治理以及代理制度的相關議題。而台灣也自1998 年下半年起，許多台灣上市上櫃公司陸續發生的財務危機事件（俗稱地雷股，如東隆五金、國產汽車、台鳳、順大裕、美式、中櫃、新巨群....等），引發各界質疑國內公司治理機制的健全性。

相關角色網絡

茲將本個案主要角色之關係網絡說明如下：(請見圖 9-1)

一、管理當局：以主角丹尼歐遜與足智多謀的操盤手羅斯萊恩爲主要經理人(12 個小偷的決策者)，其餘 10 人爲協助管理者。12 個人持股雖然相同(平分班奈狄的一億五千萬美元)，但實際營運做決策的執行大權掌握在丹尼歐遜與羅斯萊恩手中。

二、公司股東：股東爲擁有公司所有權者，在個案中擁有公司營運資金者爲的歐遜集團可分爲大小股東，董事會爲較具有發言決定權的丹尼歐遜與操盤手羅斯，且他們二人也爲公司主要決策者；其餘的同夥因發言權較小，視爲小股東，而小顏與萊納斯則是典型小股東的代表。

三、債權人：借錢給公司的人則稱爲債權人，相對借錢的人即爲債務人。在個案中，賭城富豪班奈狄，他在第一集籌備一場舉辦金額高達一億五千萬美元的世界拳王錦標賽但也燃起了丹尼歐遜等人的野心，進而他們被偷走。但後來知道是丹尼等人偷走後，誓言要向他們討回他的一億六千萬美元，另外還要加上利息。故訂立了兩個禮拜的契約，並且在這期間一直監督丹尼等十二人的活動。所以，丹尼等人運用的資金及可視爲向班奈狄借來的營運成本，班奈狄與丹尼等人有債務借貸的問題存在。

四、外部董、監事：外部董事意指不擁有股權且不參與公司經營者，但卻可參與董事會開會、決議、監督公司事務之董事。一般是由具特殊專長，如會計師、律師、或是社會清望人士等來當任，主要是公司爲突顯其公司治理與財務的透明度。所以，請這些人擔任獨立董監，一方面可指導公司未來走向，一方面可除弊，可避免有股權董監事貪一己之私，而傷害股東。而在個案中，第一神偷勒馬克可視爲外部董事，因爲他雖沒有實際擁有公司所有權(向班奈狄偷來的獎金)，也沒有參與那筆獎金的運用，但有參與整個偷彩蛋計畫的指導，讓管理者可以更將明確的了解公司未來走向(整個計畫的過程)；在個案中，最後萊納斯的媽媽扮演的警探，也可視爲外部董事之一，因爲他一樣也是沒有擁有公司所有權，但最後爲集團陷入困境時，伸出援手，拯救整個集團所面臨的牢獄之災。另外，可將女警探伊莎貝視爲獨立監事，伊莎貝爲了追捕 12 人，不惜勞動警力來監視他們的一舉一動，並且利用各種可能的機會去探索丹尼等人的計畫進行(偷走拉斯堤的手機，而獲知他們想偷取彩蛋的計畫)或是在博物館裡安裝許多的監視器與雷射保全系統等。

五、競爭者：在個案中的夜狐因不滿勒馬克對其某評論丹尼等人之作爲，故進一步挑閱並且提出偷彩蛋計畫來一爭高下，在此也可將勒馬克的讚譽比喻爲企業間競爭的市場，只是夜狐不曉得他與歐遜等人所行的任務在於偷天換日，目的在於將資產負債表中的龐大負債轉爲業主權益。

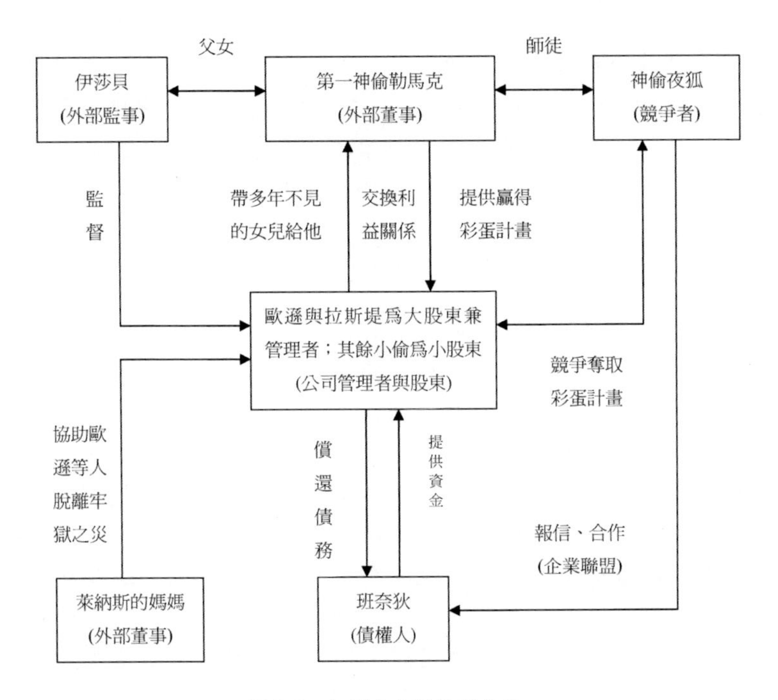

圖 9-1　相關角色關係網絡圖

公司治理的本質與定義

公司治理（Corporate Governance）與一般「公司管理」（Corporate Management）的觀念不同。**「公司治理」的目的，以維護股東權益與公司價值爲核心問題**，不強調例行事務的管理工作。「公司治理」既以股東權益爲出發點，所要討論的課題不外乎有：公司董事會的結構與機制、公司資訊的透明度、資訊揭露的及時性、財務激勵制度的制定，以及公司與股東及其他利害關係人的互動關係等。

企業若能建立一套良善的公司治理制度，對內可確保企

業的營運能夠處於最佳效率，提升公司在經營上的競爭力；對外可藉由釋放公司治理指標的相關資訊，以獲取股東及各利害關係人的信任與支持，甚至能夠吸引更多外部資金投入，使公司資金來源無虞，以維持低成本的優勢。因此公司治理的標準，已不單單只是對公司管理上的單純要求，甚至可以成爲公司內部自我約制、自我要求的企業文化，以及公司對外企業競爭力的重要觀察指標。

若從公司治理議題的發展背景來觀察，可以將公司治理分爲狹義與廣義的公司治理。**狹義的公司治理，是指公司股東對管理階層的一種監督與制衡機制；亦即如何透過制度安排，合理地配置股東與管理者之間的權利與責任分際，其重點放在如何透過激勵機制，以強化內部監督與約束機制。依此觀點，公司治理的目標在於確保公司價值的極大化，防止經理人的目標與股東的利益相衝突。**其主要手法是透過股東會、董事會、監察人對管理階層所構成的管理機制所行的內部治理方法。**廣義的公司治理，則不侷限於股東對管理者的制衡動作，而是涉及公司與所有的利害關係人（stakeholders）：包括股東、債權人、員工、供應商、政府和社區等與公司有利害關係的集合體間的有效與友善關係。**

在本個案中，由丹尼歐遜所領導的歐遜集團，並未建立一套可保障每位股東與利害關係人(債權人班瑞狄、外部董監事伊莎貝)之完善的公司治理制度。對內，丹尼並沒有尊重小股東的發言(忽略萊納斯的想法，如去偷殘障人士的股票之議題)與未充分跟泰絲說明整個公司的計畫(讓泰絲只能依其計畫去假扮明星，之後被抓感到自己被利用而感到生氣)且也沒有尊重其他小股東的人權，爲了出掩人耳目而將集團成員塞至行李袋中；對外，丹尼等人釋放出讓人誤以爲可能會投資失敗的訊息，導致相關利害關係人有資訊錯誤產生(如誤導伊莎貝和夜狐以爲偷取彩蛋的計畫失敗而被警方逮捕)。所以，丹尼歐遜並沒有建立有效的制衡機制(董事會機制、股東平等原則、資訊揭露與透明度不完全等)促使公司價值極大化，以維護股東與其他利害關係人的權益來治理公司。

公司治理的指導原則

公司治理強調企業所有權與企業經營權的分離概念，並透過法律的制衡管控設計，來有效監督企業經營活動，並落實公司經營者的責任機制與過程；並在兼顧其他企業利害關係人利益下，藉由公司經營透明化，來保障股東權益，減低經營風險、追求公司價值極大化，公司治理的概念已受到先進國家與開發中國家普遍的重視與推動。經濟合作暨發展組織(OECD)，在 1999 年共同發表了一套「公司治理」的指導原則：

1.股東權益保障：確保股東基本權益。從個案中發現，大股東丹尼並沒有重視小股東的發言權與基本人權問題，有違反此一原則的現象。如萊納斯對於去偷殘障人士覺得心虛的想法；爲了掩人耳目將成員塞進行李袋。

2.股東的角色：保障公司所有利害關係人的利益。從個案中發現，大股東丹尼並沒有完全保障公司利害關係人的權益，如同是股東的泰絲，就不知道公司的投資計畫(偷取彩蛋計畫)的整體進行程序，而有被矇騙的感觸；但在對第一神偷的勒馬克(外部董事)上，則有保障之間交換利益的承諾，所以由勒馬克提供集團對於投資計畫的指導走向，相對，丹尼等人也依承諾帶伊莎貝回去。另外，法蘭克在被

抓走詢問的過程中，不承認自己也是集團成員之一，想撇清自己的罪責，這種行爲也傷害到他與其他股東之間的信任。

3.董事會責任：強化監督來經營管理公司營運。從個案中發現，董事會是由外部董事勒馬克與外部監事伊莎貝等警方所構成。勒馬克爲了提供集團的營運走向，提供可以贏得夜狐的計畫，並提高了股東權益與公司價值；外部監事伊莎貝也善盡了監督責任，利用各種管道如偷萊恩的手機獲之偷取彩蛋計畫，進而到博物館佈下嚴謹的監視系統。只可惜，道高一尺魔高一丈，完全落入丹尼等人的計畫之中。

4.股東平等原則：確保所有股東公平待遇。從個案中發現，大股東丹尼並沒有重視小股東的發言權，如萊納斯對於去偷殘障人士覺得心虛的想法。以及沒有釋放出公司營運狀況與投資計畫等，給所有的股東知道，而使泰絲有被利用矇騙的心情。另外，小顏與法蘭克都有過度消費股東特權，如小顏私自消費高級hotel和食物和法蘭克也非法消費買了靴子等，對其他股東而言是不公平的待遇。

5.資訊揭露與透明度：財務狀況及重大訊息揭露與透明度。從個案中發現，對其當初平分的一千五百萬元，每個股東並沒有揭露使用的途徑與明確的剩餘資金有多少。可能會有財務透明度不健全存在。且在重大訊息之揭露上，也沒有讓每位股東知道。

公司治理的功能之重要性

公司治理功能可分爲興利與除弊兩個構面：

就興利而言，公司治理可以增強策略管理效能，確保公司策略在正確的方向執行。例如台積電在 2002 年 5 月對外公佈：聘任前英國電信執行長邦飛爵士（Sir Peter Bonfield）及麻省理工學院教授梭羅（Lester Thurow）爲獨立董事，哈佛大學教授波特（Michael E. Porter）爲獨立監察人，即是希望藉由延聘這些具有國際聲望的學者專家，一方面強化董事會與監察人的結構與功能，來增強公司的競爭力與全球化經營能力。另一方面亦是宣示台積電對公司治理的重視程度是與世界同步接軌的，藉此而達到一個相當正面且倍受肯定與注目的宣傳效果。

就除弊方面來說，上市上櫃公司應該存在具有獨立性的董事與監察人，透過透明的即時資訊揭露來監督高階經理人，以確保外部股東與債權人獲得應有之報酬。更具體地說，公司治理在於防範高階經理人傷害公司價值，並且強化公司競爭力與管理效能，以保障資金提供者（股東）與其他利害關係人的權益，是一項追求公平與競爭的合理制度。

在個案中，丹尼等人爲了贏得彩蛋計畫，聘請了第一神偷勒馬克爲外部董事，來指導集團未來的走向，以提高公司價值極大化之目標。所以，再興利的部分，丹尼就如同台積電張忠謀先生一樣，以聘請外部董事來增強公司管理效能，並進一步提升集團的競爭力，最後以瞞天過海的方式贏得競爭者夜狐，也達到公司價值的最大化目標(得到夜狐提供的一千五百萬來歸還班瑞狄)。在除弊的部分，外部監事伊莎貝，利用各種方法與管道來跟蹤與獲得丹尼等人的行蹤與活動，防範丹尼、羅斯等人爲了個人利益，而違反法律規範或倫理道德。

現代公司治理的問題

隨著股份有限公司的大型化與所有權的分散，使得大部分的散户股東，沒有發言權與決策參與權，可能落入代理問題受害者的角色中。在公司複雜化與專門化的發展下，欠缺專業知識的一般散户股東對公司的經營狀況更無從瞭解起。加上資本主義帶來證券市場的發展方向，促使股票流通更加便捷但又極富投機性。因此，沒有影響力的散户小股東，不關心（或無從關心）公司的治理。在這些因素影響下，即使法律賦予股東選舉董監事的基本權利，但由於股票所有權的大幅分散，個人所持有公司的股票與表決權影響極微，因此在行使監督權或影響力是艱難且代價高昂。因此，散户股東的很難經由行使表決權來制約實際經營者。**當股東對公司的現行經營狀況不滿時，最可行和成本最低的方式是便是賣出手中股票，也就是「以腳投票」（voting with feet）的方式來保護自己的權利。**

綜上所述，法律賦予股東的只有寬鬆的期望，股東爲追求一連串不確定的希望，而放棄一連串明確的權利。在所有權與經營權相分離的情況下，所引起一系列的現代公司治理的問題都成爲實務界或學術界爭論的議題，在現行股份公司體制下所衍生的公司治理問題，約分爲下列五種類型的問題：

1.資訊不對稱（Asymmetric Information）

現代股份有限公司中股東人數眾多，爲了克服過高的協調成本，將公司的管理權集中在少數人手中。多數散户投資者往往無法獲得準確和可靠的資訊，以便對投資決策作出正確的判斷。而高階管理者掌握公司完全的資訊，但因某些自利動機考量下，而使得資訊不被有效揭露或克意發布不實資訊的方式，來欺瞞散户投資者或利害關係人。公司治理的中心思想便是設計一套機制來保證散户投資人或利害關係人，讓他們獲得其應得到的基本資訊。這是目前學界與企業界都一致關心的資訊充分揭露（disclosure）與企業透明度（transparency）的議題。

在個案中處處可發現都有資訊不對稱的情況存在，如業界所關心的資訊充分揭漏両透明度的議題，在個案中，丹尼未向泰絲眞實表態實際偷取彩蛋的計畫，則有資訊未充分揭露的問題；而股東與外部監事也有著資訊不對稱存在，丹尼等人爲了贏得採蛋，而故意設下陷阱讓外部監事伊莎貝以爲自己眞的抓到了這囂張的12人歐遜集團，但其中有許多資訊都只是煙霧彈，此外對於除了歐遜及羅斯以外其他小股東來説，也存在著資訊非常不充分的現象，到進了牢籠還不知道事情的眞正經過，接連的還牽涉到泰絲涉入，故資訊未充分接露的問題是相當嚴重的。

2.代理問題（agency problem）

在股權趨於分散情況下，散户股東遠離公司的實際運作，公司的經營行爲由管理者具體負責實施，成爲多數散户股東的代理人。然而經理人爲公司運籌帷幄、處理經營決策、尋找投資機會，須有足夠的授權，這是所有與經營分離原則之精神所在，也是企業經理人存在的意義。但爲避免雙方利益衝突，經理人在運用企業資源，作出重大投資決策時，股東需要一種監督機制來維持雙方利益的均衡。

3.有限責任（limited liability）

「有限責任」的原則，是現代股份有限公司的特徵與優

勢，爲防止此一原則的濫用而損害多數散户股東或利害關係人的行爲，有控制力或影響力的股東代表或者股東團體，理應有效的發揮監督功能。這中間須有一套適當機制平衡其權力結構，以防止其代理問題的產生；此爲公司治理關注的中心議題。因此如何有效監督代表性股東或股東團體，確保沒有從事與公司經營範圍以外的業務，或操縱公司從事於非常規交易的違法行爲，對於保護多數散户股東的利益成爲重要的課題。

在個案中，丹尼在集團中是非常具有影響力的股東與決策者，但是因爲他忽略其他小股東的權益，而使某些成員有不受尊重之感受甚至受到傷害。爲了防止這些不公平的行爲，應該限制丹尼等大股東的責任與權限，才能夠保護相關利害關係人的權益。

4.管理者與利害關係人（stakeholder）目標的偏離

現代公司組織的公共性與社會性，其結合多方權利與經濟力，對社會生活產生重大的影響。由此一觀念發展成爲：公司制度是一個由股東與各利害關係人所構成的一個利益共同體，因此各利害關係人權益的維護密切相關是一重要課題。然而，公司的經理人的經營策略可能與各利害關係人的目標存在不一致或甚至於偏離的情況。因此，在決定公司的經理人、股東的利益與利害關係人利益，有賴政府法規制度、經濟或社會情況所建立的權力的制衡。

在個案中，一開始歐遜集團進行公司決策計畫時，主要目的是爲了湊到班瑞狄的一千五百萬元，而想盡辦法到處去偷取有錢人的財物(股票、名畫等)，且他們也更進一步投資高風險計畫(偷彩蛋)來獲得高報酬。但卻與外部監事伊莎貝的刑責目標是相背離的，伊莎貝依其法律規範來監督丹尼等人是否有進行違反之活動。由上可知，管理者與外部監事的目標不一致，則難以成爲一個利益共同體，來提升公司價值與股東權益；但是在最後伊莎貝因僞造文書之緣故，與萊恩有了進一步的交集，最後因父親的緣故結成同盟，有了一致的共識。

5.股東以腳投票（voting with feet）

股權高度分散化的結果，使得公司的眾多股東在經營決策上很難取得一致。加上在競爭激烈、複雜多變的市場環境下，爲促使經營決策有效率與效能，理應委託專業董事與經理人來執行。在股權高度分散的情況下，股東之間雖具有共同的利益關係，彼此間缺乏固定的密切關係。加上股東是一群高度流動性群體，個人股東對權利的爭取不僅具有重大不確定性，而且也不符合成本效益。因此，散户股東多採取更爲實惠的態度，以追求股市中的資本利得（capital gain），與短線交易之個人邊際效益的提升。無控制力或影響力的散户股東，在對公司的現行經營不滿時，於無法有效監督經營者的情形下，常選擇了流動性和多樣性的方式，賣出手中股票，來保護自己的利益。

在個案中，老人索爾，對於丹尼歐遜等人的計畫，以年紀過大，欲安享晚年爲由想置身事外，來保護自己不在受牽連，便是典型的股東以腳投票的例子。

管理意涵

從個案中我們不難發現一些公司治理上的基本問題，其中以資訊揭露的問題最爲嚴重，不論是內外部董事之間、大小董事之間、甚至是董事會對社會大眾（競爭者）等等，由於這些資訊的不對稱讓這部電影充滿許多弔詭的情節，也使得個案進行精彩萬分。但是在現實生活中，由於弊案頻傳，輕自在位者特權消費，重則掏空公司資產，讓大眾不得不重視這樣的問題。

公司治理的基礎在於資訊必須可靠且及時透明，然透明度的問題，必須從股權結構及董事會運作透明開始，有一個好的健全的公司治理機制，可以能夠發揮「興利」與「除弊」功能。「興利」在於確保公司正確策略執行；「防弊」在於財務透明與資訊揭露，也唯有公司組織與機制健全，執行過程明確且透明，才可以眞正發揮公司治理之效能。所以公司治理若要在台灣落實執行，除了企業主的心態要改變外，相關法令也得加速推動與修正；公司治理不僅只要爲股東好，還要督促公司，負起社會責任，保護所有利害關係人的權利。針對公司治理議題，本文提出幾點管理意涵做結：

1.增強監督經理人的機制

所謂事在人爲，目前正是增進董事會的獨立性，讓獨立董事成爲良師諍友的契機。如同台積電張忠謀對公司治理曾表示：「經營者要正直、誠實；要有監督制衡的機制，隨時向董事長等提出監督、勸告、警告；董事會要扮演執行長的諍友，但同時也要有『隨時準備揮動尚方寶劍，換掉董事長的勇氣』」。所以，要如何增強監督經理人員的機制是當代公司治理的核心問題。

(1) 建立有效運作的股東會、董事會和監事會（或監察人)。
(2) 聘用外部董事，強調外部董事的獨立性與能力。
(3) 外部董事直接向股東大會報告，強化外部董事的職權。
(4) 政府有關部門對董事會有效監理。
(5) 建立獨立外部與內部稽核機構。

2.限制大股東的權利

公司治理另一課題爲如何制衡大小股東之間的權限，避免小股東喪失發言權與應有的股東權益。法令上須約制大股東權力無限制擴張，損害多數散户股東的權益。

3.強調公司遵循相關法律與社會責任，保護債權人、客户及其他 利害關係人的利益

確保公司管理者的行爲符合相關法令的規範；公司的目標與利害關係人的目標一致。

4.確保公司的資訊適當與即時的揭露

促使資訊的使用者獲得充分的資訊，對公司的經營狀況作正確的評估與判斷。

（文字整理：周文美、薛州凱)

參考文獻

1. 朱延智，2005，財務危機管理，五南出版社。
2. 吳當傑，2004，公司治理理論與實務，財團法人孫運璿學術基金會。
3. 薩門等，2001，公司治理，哈佛商業評論精選，天下遠見出版。
4. 鐵雜誌，2005，私募股票成風 股東權益拉警報，原富傳媒。
5. 工業總會服務網：
   http://www.cnfi.org.tw/kmportal/front/bin/ptdetail.phtml?Category=100057&Part=9206-1 。
6. 公開觀測資訊站 http://newmops.tse.com.tw/ 。
7. 中華公司治理協會：
   http://www.cga.org.tw/index.php?content=qna&sub=answer&catid=13&id=41 。
8. 中文期刊篇目索引影像系統：
   http://tw.knowledge.yahoo.com/question/?qid=1006120908106 。
9. 奇摩知識：http://tw.knowledge.yahoo.com/question/?qid=1006120908106 。
10. 易立達高科技網 http://www.hope.com.tw/default.asp 。
11. 商業周刊第 993 期：
    http://www.businessweekly.com.tw/article.php?id=23809 。
12. 全球華文行銷知識庫：
    http://marketing.chinatimes.com/ItemDetailPage/MainContent/05MediaContent.aspx?MMContentNoID=43621&MMMediaType=WinmoneyMG 。

10.公司治理問題的審視【偷天換日】

【個案簡介】

原本一個完美無缺、天衣無縫的偷盜計畫中，竊盜集團首腦柯查理卻萬萬沒料到他的左右手史提竟然背叛他，黑吃黑奪走一批價值數千萬美元的金條並造成集團內偷盜高手貝約翰的喪生。

查理和他的夥伴－電腦天才拉奧、飆悍駕駛帥哥靚仔羅、爆破專家左耳和新加入的美女開鎖高手斯娜（貝約翰之女）爲報仇要再幹一大票，並取回失去的金條！爲了達到目的，找到背叛者、駭入洛杉磯的交通管制電腦系統，在縝密策劃及運用各種方法下，順利奪回失去的金條，除爲其師父報仇外，又保障了其他成員的權益。

本個案中，查理所領軍的竊盜集團尤如一家企業，查理與其手下就像是公司的經營者，他在面對背叛者對該集團所造成的損失中，如何起死回生並保護其他股東及利害關係人利益，劇情內容不乏意涵「公司治理制度」之管理概念，值得我們深思及體會。

相關角色介紹及其網路關係

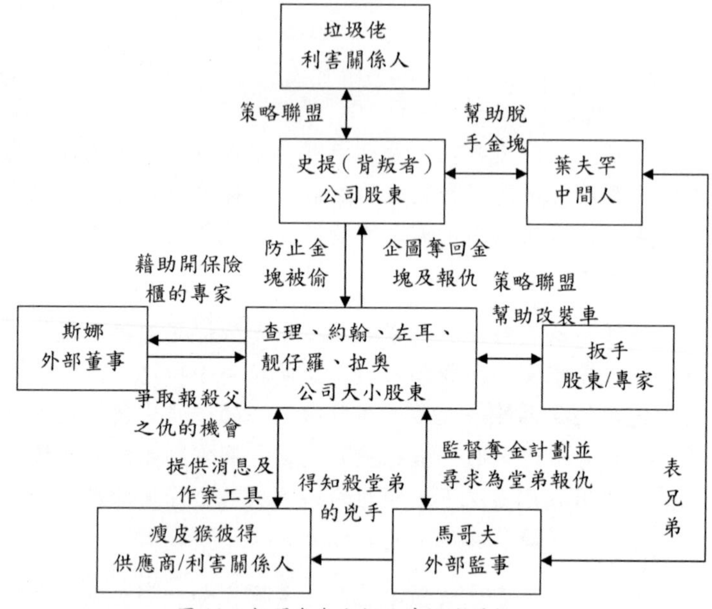

圖 10-1 相關角色介紹及其網路關係

（一）查理（管理當局）：竊盜集團首腦，負責整個偷竊計畫籌備及尋找相關成員參與，並決定計畫執行時機與執行方式，除承擔整個計畫的成敗責任外，又要讓成員眞正發揮其專長，以達最大效益。個案中查理角色如在企業中宛如是一個大股東、管理者及決策執行者。

（二）竊盜集團其他成員（股東）：發言權較小聽命行事無決策權，而最後加入的扳手則爲最典型的小股東，其利益（損失）全由大股東所決定。

1、拉奧：電腦駭客。

2、左耳：爆破專家。

3、靚仔羅：駕駛好手。

4、貝約翰：開鎖高手，在一次行動後遭背叛成員史提槍殺喪失生命。

5、扳手：幫助改裝車。

（三）斯娜（外部董事）：外部董事意即沒有股權在手，卻可參與董事會開會、決議、監督公司事務的董事。個案中貝約翰之女，原本是一位鎖匠高手擁有正當職業，原與該竊盜集團並無交集，但因該集團亟需一位開鎖高手，因此查理找上她幫忙，再加上其父親係因遭設計喪生，讓她亦投入復仇計劃。

（四）馬哥夫（外部監事）：外部監事意即不擁有股權且不參與公司經營者，卻可參與董事會開會並監督公司事務的監事。馬哥夫為黑幫角頭具有經營工廠之利益，因堂弟被弒欲報仇而加入計劃當中，處於整個計劃的最外圍，一直關心活動的執行情形，到最後出面收尾，不但分得利益且完成自己欲報仇的心願。

公司治理的內涵

（一）公司治理的定義：在不同觀點：法律、經濟等觀點下，有不同的解讀。

1、重視經濟觀點者，認為公司治理係使公司經濟價值達極大化為目標之制度。例如追求股東、債權人、員工之報酬之極大化。

2、強調財務管理之觀點者，認為公司治理係指資金的提供者如何設計一個有效機制，以確保公司經理人能以最佳方式運用其資金，為其賺取應得之報酬。

3、側重法律觀點者，認為公司治理主要著眼於企業所有權與經營權分離的組織體系下，如何透過法律的規範、制衡，以有效監督企業的經營活動；以及如何健

全企業組織日常運作，防止脫法行爲之經營弊端發生。

4、公司治理領域最受矚目的是：國際組織OECD將其定義爲是一種對公司進行管理和控制的體系。它規範了公司的各個參與者（例如董事會、經理階層、股東和其他利害關係人）的責任和權利分配，並且明確規範企業決策事務時所應遵循的規則與程序。

公司治理的定義雖多，但一般而言，**公司治理是一種經營指導與管理的機制，其目的在於落實公司經營者的責任，並在兼顧其他利害關係人利益下，藉由公司績效之強話，以保障股東的權益。**

（二）公司治理機制的架構圖

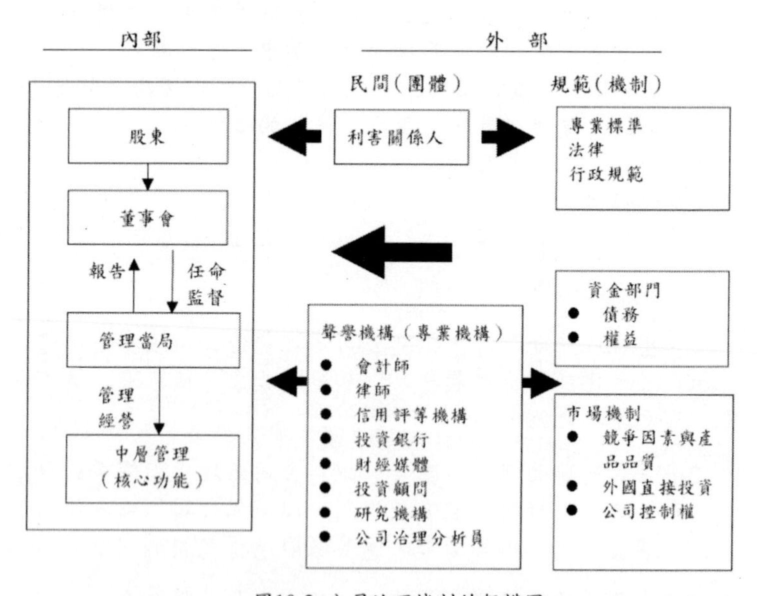

圖10-2 公司治理機制的架構圖

資料來源：世界銀行(1999)；柯承恩，會計研究月刊(173)，頁77。

（三）公司治理的範籌：公司治理所及對象之範圍有狹義及廣義之區別。

1、狹義說者主張公司治理的範圍僅限於股東與經營管理階層間之代理關係的有效控管，其重點在於董監事會機制設計及功能運作上。

2、廣義者則認爲公司治理應納入利害關係人（stakeholders）於公司治理中。所謂利害關係人，包括股東在內與其他與公司利益相關之人，如員工、債權人、客户、供應商等。

公司治理指導原則在個案之應用

公司治理強調企業所有權與經營權的分離概念，並透過法律的規範與管控設計，來有效監督企業經營活動，以落實公司經營者的責任的一種機制與過程。並在兼顧其他利害關係人利益前題下，藉由公司經營透明化，防止脫法行爲之經營弊端，以保障股東權益，降低經營風險、追求公司價值極大化。

經濟合作暨開發組織（OECD）於1998年召開之部長級會議時，提出下列五項公司治理原則，作爲企業執行及落實公司治理制度之參考基準。

(一)公司治理架構應保障股東的基本權利和決策參與權

1、個案開始，史提聯合垃圾佬於查理等人得手黃金後，於半路攔截不但奪走所有財物，更企圖殺人滅口湮滅證據，將所有的利益收歸己有，讓其他股東無法分享共同努力的成果。

2、斯娜回電答應加入查理的復仇行動，雖然查理認爲很

好，但靚仔羅認爲斯娜是很情緒化的，深怕因爲其情緒失控而影響同伴行動的結果，查理卻認爲大家也是很情緒化的，先不要過於武斷的下結論。

3、拉奥以懷疑的口吻問靚仔羅，查理是否將私事和公事混在一起，要斯娜僞裝成第四台的工作人員進入史提家竊取藍圖成功的可能性，是否會危及行動的結果，而靚仔羅同樣也持懷疑的態度，卻不敢告訴查理，心想一旦失敗，所有計劃將曝光要重新開始的成功率將更低。

解析：本案查理因策劃不夠周延致使股東獲利付之一炬，且將新手斯娜納入組織運作並從事重要任務及將背景爲大家所不熟悉扳手於最後重要關頭納入行動並分享獲利。此種種決策過程相對於保障股東權益而言，是存在危機的。可考慮給予扳手加倍酬勞採用策略聯盟的合夥人方式，請其提供協助，讓其置於核心行動的外圍，以免發生第二次的史提事件重演。

(二)公司治理架構應鼓勵公司，就利害關係人之法定權益與角色在創造財富、工作及健全財物等方面積極合作

1、約翰勸查理別學他，自認爲自己不是個好父親，在女兒的一半歲月中，都在坐牢，沒有善盡作父親的本分。

2、約翰勸其他夥伴「從一個老人的觀點來說，不要花了這錢要用來投資」。

3、約翰勸查理「去找個能和你一起度過下半生的人吧、然後永遠跟她在一起」。

4、其他夥伴要查理，執行過程中不能摻雜個人感情否則會影響計畫，以致其後果而傷害利害關係人的利益。

解析：本案對於利害關係人利益的保障並沒有納入決策，而

是在管理當局與股東間的相互提醒與勸説中產生，可見其保障是相當脆弱的。

(三)公司治理架構應確保公平對待所有的大小股東及外資股東

本案中之股東拉奧（電腦駭客）、左耳（爆破專家）、靚仔羅（駕駛好手）、貝約翰、斯娜（開鎖高手）、扳手（改裝車高手），各司其職連支槍都沒拿就成功偷取3千5百萬的黃金及奪回被史提奪走之黃金。

解析：本案管理者與股東第二次再度合作奪回被史提奪走之2千700萬黃金，對於獲利的分配並沒有爭執，可見其對於所有股東獲利的分配是公平與可被接受的。

(四)公司治理架構應能確保有關公司財務狀況、績效、所有權及其他重大資訊之正確揭露及透明性

1、查理對於每一次行動的細節都詳細規劃，每個人所扮演的角色，每一步驟的流程、時間，都讓每個參與的人員不但要清清楚楚，而且要切實掌握。例如在第一次史提與斯娜的晚餐於確認過8點沒問題後，開始與所有人員預計行動，先把保全迷昏，8點15分左耳開門，8點25分炸開保險箱，8點35分裝完貨，45分離開，直接前往聯合車站，一路都是綠燈，其他路是紅燈，警察會被困在車陣裡，9點半上車，火車10點整離開，務必要求每一成員都清楚明白，方能確保計劃的成功。

2、斯娜在與史提的晚餐中，史提疑惑斯娜不是那種喜歡喜歡冒險的人，卻答應他的邀約，斯娜回答：「我對你有一些看法，你得等著看結果」，史提卻覺得用餐氣氛融洽，談得很愉快，斯娜卻以曾有過很不好的經驗，應該要慢慢來作爲搪塞，可是卻用一句與父親同樣説過的話：「我相信任何人，但不相信他們心裏的惡魔」，而被史提揭穿是約翰的女兒，導致身分曝露。

3、查理邀請扳手加入行動，扳手不喜歡被蒙在鼓裡只有一個要求，要他加入就要跟他說實話，以消除他心中的疑慮。

解析：「疑人不用、用人不疑」，本案管理者查理對於每位股東都能採取信任的態度，對於行動的目標物、獲利、方法、時程等重大資訊均能透明且正確揭露，正是其於第一次黃金被奪後仍能再度召集原班人馬甘冒生命危險奪回黃金的重要原因。

(五)公司治理架構應確保公司董事會的策略性指導及有效作監督

1、當查理尋求斯娜參與時，其他成員質疑她的能力，但查理說「因爲她有技術而且她有動力」，係要藉助她的專長及報父仇的動機，認爲她勢必會全心投入。

2、斯娜的身分被史提拆穿後，查理警告史提說：「你不知道現在要我別殺你有多麼困難」，史提冷靜的回答：「你很清楚幹這行不能感情用事」「你殺死約翰，丟下我們，我們還不該激動嗎？」「這跟情感無關，我們要的是黃金」。

解析：倘若史提是公司一位忠實的董事，對執行者的缺乏部分敢如此建言，比起左耳與靚仔羅都覺得查理已經因爲私人感情因素而有些公私不分，卻只敢悶在心裡而不敢直言。假如這情感因素已經危害到公司的整體運作，董事會很需要出現有這種監督的力量來建言。

公司治理功能的重要性

公司治理功能可分爲興利與除弊兩個層面：

（一）就興利而言：

公司治理之主要目標在健全公司營運、追求股東與關係人的最大利益。優良公司治理的企業能妥善規劃經營方向、有效監督策略的執行、適時公開相關資訊、維護股東權益。其目的在爭取投資者的信任、增強投資人之信心，吸引長期資金及國際投資人之青睞尤其重要。

根據麥肯錫顧問公司2000年6月發表的研究報告顯示，公司治理績效較優的公司，在相同之發行條件下，相對於其他公司，投資人願意支付18%~28%之公司治理溢價以擁有其股票。相對地，缺乏妥適公司治理機制的公司，因爲容易被少數人把持而產生流弊，很可能會爲企業帶來營運失敗等負面影響。表10-1爲東亞各國中，公司治理績效較佳而被法人青睞的企業，願意購買股票之溢價幅度調查結果。

表10-1 法人願意購買公司治理績效較佳股票之溢價幅度

國家	本國投資機構	外國投資機構
日本	17.0%	21.8%
台灣	15.9%	23.5%
南韓	18.8%	28.7%
馬來西亞	22.1%	26.0%
泰國	23.1%	28.2%
印尼	24.3%	29.8%
平均	20.2%	26.3%

資料來源：曾素花，2004，我國現階段公司治理之問題研討。中原大學會計學系碩士學位論文。

公司治理的關鍵處即爲決策者領導與態度，個案中查理心思細膩縝密規劃每一次的行動，對於任何的突發狀況都能果決的作出正確判斷，且公平的對待所有成員。因而能贏得所有成員的心悅誠服，使得每一次的行動就能獲得成功的結果，無形中增加他在成員的地位（即溢價）。查理的的領導風格使得斯娜（外部董事）在報仇之外願意協助他，且給自己安全的寄託；馬哥夫（黑幫老大、外部監事）原先有點錯怪查理爲殺死堂弟的兇手，經由瘦皮猴彼得的幫忙轉而助查理一臂之力，除了關心整個計劃的進行，更在最後由他出面解決史提，並得到他該有的利益。

（二）就除弊而言：

上市上櫃公司應該存在具有獨立性的董事與監察人，透過即時的資訊觀測來監督管理者，以確保佔多數之小股東與債權人獲得應有的投資報酬。更具體的説，公司治理在於防範高階管理者因代理問題而傷害公司與股東價值，並且強化公司競爭力與管理效能，以保障資金提供者與其他利害關係人的權益。

個案中該竊盜集團第一次竊取黃金行動，因爲史提的背叛而使得全體股東獲利付之一炬，而查理身爲組織的管理者對於第二次奪取黃金行動未能記取教訓，仍未見任何除弊的防範決策，以強化管理效能來保障股東與其他利害關係人的權益。查理應獲取共識、設計一套機制以防範組織成員的臨時反叛，二來可強化防弊所需的內部控制的加強。

現代公司治理的問題

依據台灣證券交易所於2000年9月針對上市(櫃)公司發生財務危機案例分析的相關研究報告指出，我國上市公司控制股東所握有的投票權平均爲27.87%，現金流量請求權則平均爲19.19%，且控制股東佔有公司董事會多數席位，使董事會組成不具監控效果。致使大股東有機會挪用公司資產、炒作股票，甚至掏空公司資產，剝奪外部投資人的利益。特別是在股市行情持續重挫下，對於那些慣於高度擴張信用，以高槓桿運作資金的大股東而言，更容易因爲調度不靈而爆發違約交割及跳票等情事，致使公司股價巨幅下跌，甚至下市，投資人因此而遭受重大損失。

在台灣，**控制股東常透過金字塔結構(Pyramid structures)與交叉持股(cross-holdings)方式，使投票權超過其實際的現金**

流量請求權。此種所有權與控制權不對稱的現象，在家族公司與中小型企業特別明顯，而且公司高階管理階層大都與控制股東有緊密關係，因此經營權與所有權實際上並未分離。

（一）在現行的股份有限公司制度下，較常見的公司治理問題有以下幾種類型：

1、代理問題：

在股權分散情況下，股東對公司的運作一無所悉，公司的經營行爲是由高階管理者負責，爲龐大散户股東的代理人。而高階管理者爲公司運籌帷幄、作出經營決策、尋找投資機會，需有足夠的授權才能畢其功。這雖是所有權與經營權分離原則之基本精神所在，但股東仍需要有效的監督機制來維持雙方利益均衡。

（1）史提因爲無直接脱手金塊的管道，而受制於代理人葉威夫罕，但查理卻因爲將黃金的取得（所有權）與變現（經營權）集於一身，才不致於全盤皆輸，顯現投資人善選管理者與監督機制的重要性。

（2）史提對查理説：「你有你的高明之處，我也有，彼此鬥智，結果我贏了」，自以爲清楚查理接下來會迷昏保全、侵入電腦系統、請斯娜負責打開保險箱等動作，查理則堅定的反擊説：「你還是跟以前一樣，老是採取守勢，總是老二心態，沒有想像力，甚至無法決定要買什麼，只好買下其他人要的東西」。倘若史提是公司的執行者，如此缺乏創造力與競爭策略，一味的模仿只會是個注定失敗者，無法帶給公司任何希望的前景。不若查理很有自己的策略，當史提準備用武裝車輛載走黃金時，同伴們都覺得情況很糟，查理卻認爲是個好機會，保險箱自己找上我們，可以在轉運的過程中攔下它。靚仔羅卻質疑十幾條路線，不知走哪條，以及無法在塞車時攔下，查理準備以選定的路口以綠燈逼卡車沿選定的方向移動，羅仍以開槍是個不確定性因素質疑。查理要用威尼斯的方式來進行，如此明快睿智的抉擇是身爲公司代理人所需具備的特徵，是以史提與查理間存有極大反差。同樣的在不清楚哪輛車載運金塊下，由通過瓦因街與亞卡街口，由觀察哪輛車的輪胎氣壓最少，即是載運金塊車輛，亦是另一睿智判斷。

(3) 以下爲查理與史提的人格特質分析：

表 10-2 查理與史提的人格特質分析

項目	查理	史提
共同性	對事情反應敏銳，如武裝車載運黃金是好消息、馬上想到判斷載運黃金的車輛方法等。	對事情反應敏銳，如拆穿斯娜的身分後馬上想到查理後動作、由斯娜的一句話揭穿她的身分、載運前更換保險櫃等。
對待他人	對所有股東利益均霑，甚至對利害關係人亦如此，以致能贏的馬哥夫的信任。	以自己的利益為中心，即使傷害自己的親密戰友也無所謂，更遑論利害關係人。
工作上的情感	較重情義，但其工作性質不適合放入私人感情，因為會增加工作的風險以及影響事情的判斷，為其缺點。	不放私人感情於工作上，一有察覺苗頭不對，任何人都可犧牲，工作上風險較小，為其優點。
中心主見	處事較有競爭性與洞察先機，如史提載運黃金離開一事，其看法與靚仔羅、拉奥截然不同，而且認為是機會。	沒有想像力，甚至無法決定要買什麼，只好買下其他人要的東西。
心態	能夠隨著環境的變化，立刻調整自己的心態，並讓自己隨時都保持在戰略位子，不讓情勢所淹沒。	還是跟以前一樣，老是採取守勢，總是老二心態。

2、資訊不對稱：

現代股份有限公司中股東人數眾多，爲了克服過高的協調成本，將公司的管理權集中在少數人手中。多數散户投資者往往無法獲得準確和可靠的資訊，以便對投資決策作出正確的判斷。

(1) 史提讓約翰誤以爲垃圾佬失去聯繫而無法參與行動，卻是暗中聯合垃圾佬於半路攔截約翰所得手的金塊。

(2) 葉夫罕第一次與史提交易，在鑑識過史提手上的金塊後，才告訴史提身邊的錢不夠，只足夠買二塊，打算星期三再買二塊，並且由金塊上的圖案訊問史提其來源爲何？而史提一方面不知中間人有多少現款而帶了大批金塊前來交易，另一方面更不願意透露金塊的來源處，以致交易未成。當史提第二次前去交易時，葉夫罕言談間無意提到哥倫布爲伊莎貝拉女王尋找黃金，而梅迪契家族不要黃金，來自遠方的奴隸交易都是以威尼斯爲據點，從威尼斯的黃金失竊案才驚覺到金塊的來源處可疑，且威尼斯被搶走的金塊上印有舞孃的圖案，卻引來自己的殺身之禍。

(3) 斯娜感嘆的問查理：「你知道那些年來，什麼事一直困擾著我嗎？他會打電話告訴我，他又在做壞事，我知道你就在他身邊，你比我更了解他」；「那並不表示他不想你，他總是很後悔沒有當你的好爸爸」；「你怎麼知道」；「他告訴我的」，如此父女親情的問題無法直接溝通，卻需藉由第三者來傳達。

3、股東行動主義

股權高度分散化的結果，使得公司的眾多股東在經營決策上很難取得一致。無控制力或影響力的散户股東，在對公

司的現行經營不滿時，於無法有效監督經營者的情形下，常選擇了流動性和多樣性的方式，來保護自己的利益。

(1) 史提早已心存不軌的聯合垃圾佬於搶奪3,500萬美元金塊後，於半路上攔阻同伴們的座車，不但搶奪了同伴共同努力的心血，更企圖將所有同伴殺害以滅口，完全將所有財物歸爲己有，直接傷害所有股東的利益。

(2) 約翰極力的讚賞查理擬定全盤計劃，兼顧到所有的細節，使共同的目標可以達成，所有股東都可以利益均霑，但也心有所感的告訴查理，世界上有兩種小偷，一種是偷東西讓自己的生活過得更富足，另一種是靠偷東西來證明自己的價值，千萬別當後者，會錯過生命裡最重要的事物。

(3) 該竊盜集團第二次行動的目的，係成員欲奪回第一次爲史提所奪走之黃金，因此符合股東爲追求或保護自身利益所採取之利己行動。

(二) 國內曾發生有關公司治理案件的類型與手法及涉案公司如下：

表 10-3　國內發生公司治理的類型

犯罪類型(違反法條)		手法	涉案公司
內線交易(證交法§157-1)		1.賣股票獲利之消息公告前，先行買入股票	順大裕、台鳳、廣大興業、楊鐵
		2.公司退票前，先行大量賣出股票	東隆五金、萬有
		3.重新財務預測消息公告前，大量買賣股票	太欣、啟阜
操縱股價(證交法§155)		1.挪用公司資金，利用集團或人頭戶，連續以高於成交價或漲停價格買進	東隆五金、國產汽車、、順大裕、楊鐵、宏福
		2.向金主借貸資金，以人頭戶炒作	台鳳
		3.利用土地開發案與他公司策略聯盟，做為炒作之題材	台鳳
		4.與外商銀行簽訂買、賣股票選擇權及交換契約，以達利用外資鎖碼目的	台鳳
犯罪類型(違反法條)		手法	涉案公司
		5.挪用資金，同時炒作本公司股票，及購買本公司股票為標的之認股權證	台光
		6.挪用資金，利用人頭戶以略低於平盤價買進，略高於平盤價賣出，藉以維持股價	環電
		7.散布不實消息，意圖影響股價	中櫃
		8.由被告提供資金，利用人頭戶，連續買高賣低	緯成
偽作買賣(證交法§155)		1.進行以 A 戶頭高價委託買進，B 戶頭低價委託賣出之沖洗性買賣	國產汽車、順大裕
		2.先賣出股票，再以融資方式買進價格相同、數量相同之同種類股票	新巨群(台芳、聚亨、普大)
財務報表不實(證交法§20)	1.因右列虛偽情事所導致	A.偽作存貨買賣、預付款、同業往來等營業上虛偽之交易，挪用資金	正義、大中鋼鐵、環電
		B.偽作預付股款，藉繳付他公司股款之名義，挪用資金	東隆五金
		C.偽作土地交易，利用支付土地款之名，挪用資金	東隆五金
		D.偽作票券投資，利用購買商業本票或台支之名，挪用資金	國產汽車、國揚
		E.偽作資產成本及營業額，購買及販售不實發票	峰安金屬
		F.偽作債券買賣，以預付股款名義偽作會計憑證，掏空公司資產	桂宏
		G偽作土地買賣以美化財報	國豐、楊鐵、南港
財務報表不實(證交法§20)	2.因右列隱匿情事所導致	A.隱匿背書保證事項	
		(A)利用有價證券(NCD、公債)質押或承作附買回交易，直接挪用資金或做他人擔保品	正義、東隆五金、金緯、國揚、順大裕、美式家具、啟阜
		(B)利用公司票據及印信，為個人或關係企業背書保證	大中鋼鐵、環電
		B.隱匿侵佔公司股票	國揚
		C.隱匿土地買賣之非常規交易資訊	新巨群(台芳)、台光、萬有
		D.高估帳列子公司股票之真實價值	國揚
		E.隱匿關係人交易:	
		(A)隱匿關係人收取土地買賣、工程建造回扣	遠倉
		(B)挪用公司貨款及侵佔銷貨保證金	立大
公開說明書不實(證交法§32)		1.未照現金增資目的使用	東隆五金、順大裕、新巨群(亞瑟、台芳)、大中鋼鐵
		2.因財報不實所導致(詳見前述財務不實之項目)	正義、東隆五金、萬有、環電、大中鋼鐵
		3.承銷商評估報告不實-內部控制輔導不實	正義、環電、中強

資料來源:證基會投服中心，2002 年7 月。

（三）以訊碟案爲例：[21]

1、案情說明：

訊碟公司2004年上半年度財務報告顯示鉅額虧損44億餘元，且投資海外基金致現金帳户驟減25億餘元，引發外界諸多疑慮。金管會秉持維護市場秩序及保障投資人權益，迅速展開行政調查，並於同年9月13日對外公布案情。

2、涉安排人頭認購海外轉換公司債與僞作投資侵占資金：

訊碟公司於2002年發行海外轉換公司債1億1千萬美元，經查核發現主要認購人爲C公司（認購7千50萬美元）。董事長等人涉透過C公司認購2002年海外轉換公司債，惟未實際繳納款項，利用取得之貸款，出具定存確認單，並編製不實財務報告。復因2004年6月30日貸放款項須回存，僞稱將定期存款轉投資 Gold Target Fund，轉入之帳户實爲C公司所有。

3、涉內線交易：

2000~01年度多次更新財務預測，董事長、董事及其親屬等內部人涉嫌內線交易，經板橋地方法院2003年9月4日判決有罪，其中董事長處有期徒刑1年6月及罰金新臺幣250萬元。2004年度內部人獲悉簽證會計師將提列鉅額長期投資虧損後，於重大訊息公開前(8/22~8/31)，使用B君等人頭帳户於集中交易市場賣出股份，並以B君等人於甲銀行等帳户，掩飾或隱匿重大犯罪所得。

[21] 資料來源：行政院金融監督管理委員會，2005，博達案及訊碟案相關處理情形之說明。

4、疑虛增業績美化帳面：

2002年度及2003年度向甲公司虛偽採購「有版權之光碟軟體」、「CD生產線六條」及「空白光碟片」等產品，再虛偽銷售予5家虛設行號，涉以不實交易虛增營業額，虛飾財務狀況。

（四）力霸與博達、恩隆整理分析比較與因應之道：

政府在近年來為積極推動公司治理，除了為提高國家形象外，也為了讓如博達、太電、訊碟、茂矽…等地雷股情況陸續發生，希望藉助公司內外部人員的力量來讓公司透明化，使投資人的權利能受到保障。

表10-4 恩隆、博達與力霸公司治理問題比較

案例公司	恩隆	博達	力霸
發生時間	2001年	2004年	2007年
主要舞弊方式	1. 利用『特殊目的個體』掩飾虧損 2. 利用『資產負債表交易』隱藏負債	1. 利用銷貨，虛灌營收 2. 隱匿財務操作 3. 發行海外轉換公司債虛偽不實	1. 虛設子企業進行掏空 2. 發行公司債；違法票貼、授信不實向銀行詐貸 3. 炒作股票、操縱市場價格
公司治理問題	1. 經營階層道德薄弱 2. 董事會職能不彰 3. 會計師缺乏獨立性	1. 董事會結構嚴重瑕疵，缺乏獨立性 2. 財務資訊揭露不透明 3. 公司負責人與股東欠缺誠信	1. 財務資訊揭露不透明 2. 代理問題普遍存在 3. 交叉持股，董監事欠缺獨立性 4. 會計師缺乏獨立性
影響	1. 《沙賓法案》之制定 2. 財務報告製作的責任及透明度 3. 強化公司治理及透明度 4. 會計師事務所及其審計人員的獨立性	1. 公司治理相關法律條文之修訂 2. 《博達條款》之制定 3. 《會計師法》之修訂	1. 強化資訊公開制度 2. 建立獨立董監事制度 3. 強化集團治理，發揮預警功能 4. 健全企業會計制度

管理意涵

1、在本個案中，由查理所領導的竊盜集團，原是屬於組織分工細密、組織決策透明、所有利益均霑的之組織團體，領導者睿智與行動規劃周全，自有一套領導與管理機制運行，能使每一次的行動都具有最佳效率，各夥伴之間都具有高度的信任，卻因史提個人的一己私利，採行反向的股東行動主義，傷害所有股東的利益並欲殺人滅口，以讓其罪行不會曝光，此種想要全盤接收的心態，卻因查理等人的順利逃脫而不能如願，不過約翰的不幸喪生則種下公司治理的不夠健全。

2、原本此集團的運作不需外部董事與監事的角色，史提的背叛讓此外部力量介入組織的運行中，但決策者（查理）的資訊揭露與透明度，公平的對待所有股東，讓其利害關係人（如瘦皮猴彼得、扳手）能受益，與史提傷害股東利益，連同利害關係人（葉夫罕）一起殺害，公司治理的機制反應於兩人的身上，成爲強烈對比。

3、在本個案中，讓我們學到了「外賊易除、家賊難防」的道理，如果事前能找到一個有德又有才的人來擔任公司的管理者，公司將可避免災難，反之，如果是由一位心術不正的人管理，無謂是「請鬼拿藥單」，公司遲早陷入困境。再者從「制度是死的、人是活的」俚語中，印証了「人」是最重要的關鍵，所以一個企業如果一開始就能「找到對的人」來做事，總比事後訂定一些制度來防範來得好。

4、笨蛋—問題在經濟，公司治理也應該如個案中的作案模式般跳脫既有的框架，嘗試新的方法。例如利用炸藥炸開地板與路面來竊取黃金，而現實生活中民眾對於保險櫃的保險也不應該只是著重於鎖頭的構造的複雜與否，而忽略了其他硬體薄弱的防護。

（文字整理：林昆輝、陳仲文、顏世杰）

參考文獻

1. 丁立平，2003，公司治理、會計資訊與公司價值關係之研究。國立台灣大學會計學研究所碩士論文。
2. 方至民、鍾憲瑞著，2006，策略管理：建立企業永續競爭力。前程文化事業有限公司。
3. 行政院金融監督管理委員會，2005，博達案及訊碟案相關處理情形之說明。
4. 柯承恩，2000，我國公司監理體系之問題與改進建議 (上)。會計研究月刊 173: 75-81。
5. 陳俊源，2005，從比較法觀點論股東行動主義 一以股東提案權為中心。東吳大學法律學系碩士論文。
6. 曾素花，2004，我國現階段公司治理之問題研討。中原大學會計學系碩士學位論文。
7. 張宮熊，2004，現代財務管理，第四版，新文京出版股份有限公司。
8. 張雅琳，2003，我國企業獨立董事機制與經營績效之關聯性研究。大葉大學會計資訊學系碩士班碩士論文。
9. 證基會投服中心，2002，投資人園地專欄，證管雜誌，第二十卷第七期。
10. 網站：
    http://tw.knowledge.yahoo.com/question/question?qid=1007091704674 。

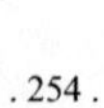

11.平衡計分卡之應用【怒海爭鋒】

【個案介紹】

在十九世紀初期，拿破崙橫行於歐州，並企圖順勢讓法蘭西海權擴張，使得當時大西洋的戰事頻繁。

當時只有英國艦隊可以阻止法蘭西海權的大肆擴張。英國海軍部命令傑克船長攔截法蘭西的私掠船「地獄號」，因此展開了一連串充滿驚濤駭浪的海上戰爭。

傑克船長面對地獄號的來勢兇兇，利用現有的資源，率領著劣勢的部隊，展開各種精彩的對戰。此外在這過程中傑克船長如何利用不同目標的達成來與船員互動、激勵作戰能力？以便順利達成海軍部所交付的任務。

在本個案中，以平衡計分卡的角度來觀察，傑克船長如何在不同的資源間、績效間取得平衡，達成團隊的目標呢？

【提示：驚奇號之短、長期願景與策略】

- 短期願景：達成英軍下達命令，攔截法國私掠船地獄號，完成軍事責任。
- 長期願景：保衛英國領土、王室與人民的安全，並打敗拿破崙所帶領的法軍侵害。
- 策略：軍隊建立全方位防衛策略，以因應各種環境之需求。

在 2001 年 9 月 11 日，美國經歷一場嚴重的恐怖攻擊事件，而此事件引發全球反恐戰爭，也讓美國軍隊的管理模式有了新的啓示。如同美國第十八任陸軍部長湯瑪斯·懷特(Thomas E. White)在 2002-2003 年綠皮書所說：「在歷史上，總有這樣的時刻；某起事件讓我們看清眼前的挑戰，清晰的程度，先前無法想像。過去的這一年，就是這麼個絕無僅有的機會。現在，我們可以很清楚的看到我們面對的挑戰是迫在眉梢的。」這句話的含意是在說，湯瑪斯·懷特認爲美國陸軍應該要因應環境的變化，而有所改變。所以，在這個內憂外患的關鍵時刻，將平衡計分卡引進軍中，要求現役軍隊強化機動能力，重傳統的攻擊武力、訓練基地，改爲目標部隊，換裝成更加輕巧的裝備，已是應未來全方位的攻擊需求。[22]

平衡計分卡絕非只能運用在改善營利組織的績效上，對其非營利組織也具有相當大的貢獻。就如同本個案怒海爭鋒中觀察到，船長傑克也利用在最具危險時刻時，**運用平衡計分卡的四大構面概念，重新創造出新的領導管理模式，並進一步提高成員間學習與成長的績效**，贏得艱鉅的任務與達成保衛國土、王室與子民不被法軍侵害的長期願景。

平衡計分卡的基本概念

卡波蘭與諾頓（Kaplan & Norton）在1992年所正式提出之平衡計分卡，是一項將績效衡量指標與公司策略結合的管理制度，可將策略有效轉化爲行動，指引組織達成目標。[23]傳統上，大部分的公司都著重短期的財務績效，以致於造成策略發展與執行上的嚴重落差，無法將公司的長期策略與短期行動有效地連結起來。**平衡計分卡保留了傳統的財務指標，**

[22] 2002-2003 年美國陸軍綠皮書：「美國陸軍的願景」。

[23] Kaplan, R. S. and D. P. Norton. 1992. The Balance Scorecard-Measures that Drive Performance. *Harvard Business Review* (Jan-Feb): 71-79.

另外加入顧客、企業內部流程、學習與成長三個構面的衡量指標，以彌補傳統財務指標的不足。

平衡計分卡提供了一套管理策略的架構，將公司的願景與策略轉化爲四大構面的衡量指標，並透過可衡量的指標，來引導策略的執行與控管，化策略爲具體行動。平衡計分卡中策略指標化的概念，不但可以讓員工更具體了解企業的願景與策略，同時也讓管理者更容易追蹤策略的執行成效。

一、平衡計分卡之基本概念（請見圖 11-1）

(一)你所衡量指標的就是你所要達成的目標

就如同在財務構面上，衡量指標是營業收入或報酬率，就知道想要達成的目標是公司價值(股東權益)極大化。平衡計分卡**強調將績效衡量的內容及模式與組織的目標、策略相結合，將組織的策略與目標納入衡量模式當中。**

(二)突破傳統單一財務面的衡量指標

改以**財務構面、顧客構面、內部流程構面、學習與成長構面等四個項度**，嘗試以一套更廣泛、更具整合性的評估方式，將組織的整體目標與執行策略結合成一致的策略管理系統，有效衡量企業的營運表現。

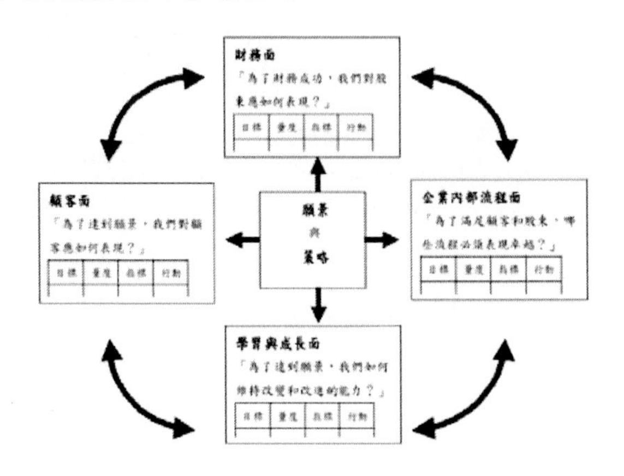

圖 11-1 平衡計分卡之基本概念圖

(三)各個構面間彼此有因果關連性（請見圖 11-2）

平衡計分卡執行上彙製策略地圖，以引導企業使用策略管理，創造更明確的企業願景。對一個複雜度極高的機構管理，經理人必須能同時從多個層面來看經營績效；而平衡計分卡讓經理人從四個觀點來觀看業務績效的衡量：以財務構面、顧客構面、內部流程構面、學習與成長構面等四個項度，來評估組織績效。**每一個向項度間的關係，是環環相扣的，彼此具有因果循環的關係存在。**

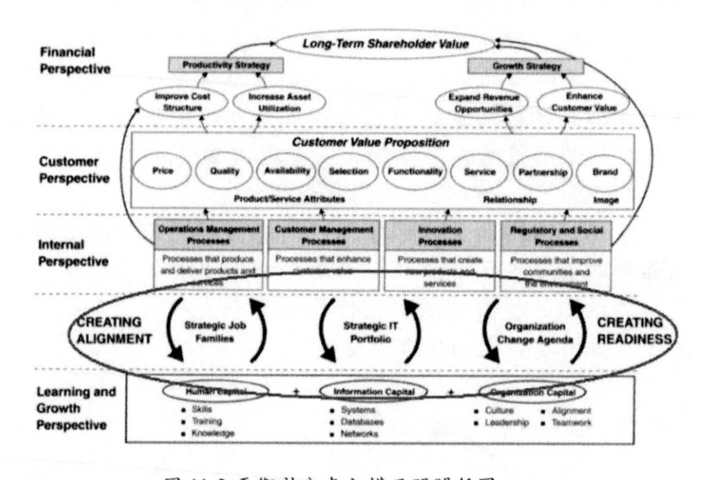

圖 11-2 平衡計分卡之構面間關係圖

資料來源：Kaplan, R. S. and D. P. Norton. 1996. *The Balanced Scorecard: Translating Strategy Into Action.* Massachusetts: Harvard Business School Press.

平衡計分卡的績效衡量

(一)平衡計分卡要求企業從四個構面來衡量績效：

1.我們的財務營運表現如何?(投資者觀點：財務數字)

2.客户是如何看待我們公司?(客户觀點：客户滿意)

3.我們必須在哪些領域中有傑出專長?(內部觀點:核心流程)
4 我們未來能夠維持優勢嗎? (長期觀點:成長學習與創新)
(二)平衡計分卡也要求企業要訴求下列的平衡,而非僅專注於某些績效指標:
1.短期指標與長期指標(學習與創新)的平衡。
2.財務指標與非財務指標(客户滿意、流程、學習與創新)的平衡。
3.內部指標(內部流程、學習成長面)與外部指標(股東面、顧客面)的平衡。
4.過去指標與未來指標(學習與創新)的平衡。
5.落後指標與領先指標(客户滿意、流程、學習與創新)的平衡。

策略地圖之管理

Kaplan & Norton 的策略地圖利用平衡計分卡的四個基本架構,在財務、客户、內部流程、學習與成長這四個構面所選出之目標項目策略性議題間,清楚描述明確的因果關係。分別思考該項策略主題,應如何藉由四個構面的連結,進行一連串的執行活動,具體加以實踐,進而促成策略之有效達成。這一連串以圖形方法,勾勒出策略目標與控制項目間清楚明確因果關係,所描繪出來的圖形稱爲「策略地圖」。

然而,**策略地圖與平衡計分卡的關係密不可分(圖 11-3),導入平衡計分卡的起始步驟,其實便是展開策略地圖,一個好的平衡計分卡,必須能將策略地圖上的目標與衡量指標、目標值及行動方案串連在一起**。完善的策略地圖,可以使平衡計分卡從績效評量工具轉化爲策略執行工具,讓企業策略成爲具體的指標與行動,並且將策略目標延伸變成部門目

標，每部門的目標再仔細延伸下去變成個人目標，也因而企業內的所有目標、計畫與員工的績效、獎酬都能與策略緊密結合。

要瞭解策略地圖與平衡計分卡運用，就需要知道此二工具在策略規劃中的角色。由圖 11-4 可看出，策略地圖與平衡計分卡乃是企業策略（strategy 規劃力）與企業目標及行動方案（targets and initiatives 執行力）間的橋樑，其中策略地圖扮演著演繹與轉化抽象策略爲實際行動方案的功能。而平衡計分卡便是有效進行衡量與聚焦、量化目標值（關鍵績效指標KPI），並且將經營主軸聚焦到特定的企業議題上。由上可見，**策略地圖即是將策略內涵實體化（具體化，由抽象到具體），而平衡計分卡更進一步將策略議題數量化（數字化，可衡量化）與聚焦化（集中在特定企業經營環節）**。經過此兩段的轉化與量化，策略不僅可以清晰看得到，更可進一步衡量其目標值應爲多少。而企業各個部門或是個人的執行成效即是由此檢驗。

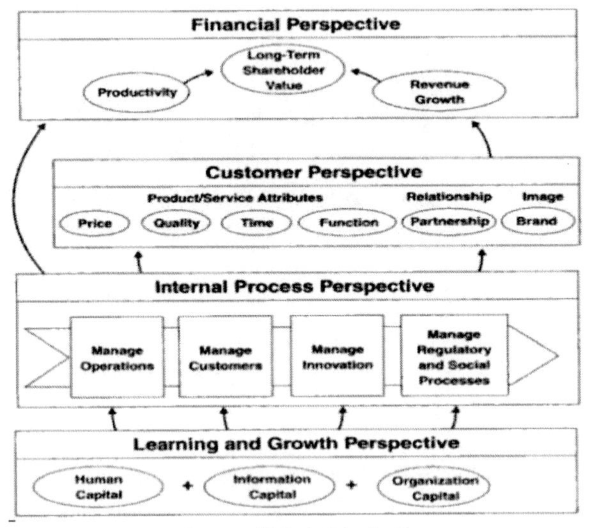

圖 11-3 策略地圖概念圖

資料來源：同圖 11-2

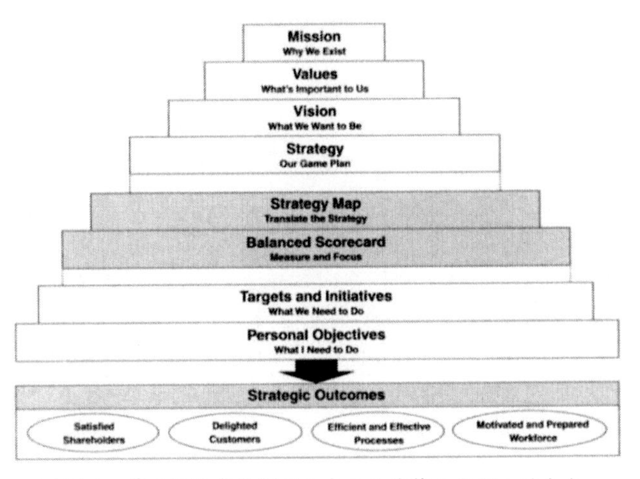

圖 11-4 策略地圖與平衡計分卡在企業策略規劃上的角色

資料來源：同圖 11-2

策略地圖有三大特色：

第一，**能清楚剖析策略之類型，且將之模組化**；策略地圖清楚的點出一般企業經營的策略方向及類型：即「成本領導」、「產品領導」、「全方位的顧客服務及問題解決者」及「系統鎖定」共四大類型。

第二，**清楚地界定內部流程之管理方向及內容**；策略地圖將內部作業流程構面的管理方向區分爲四大部分：「營運管理流程」、「顧客管理流程」、「創新流程」及「法規及社會流程」。

第三，**提出平衡計分卡與智慧資本結合之方向，且點出其精髓所在**。在知識型經濟時代，眞正會影響經營成敗的關鍵，往往是來自於具價值的無形資產，這些無形的資產被統稱爲「智慧資本」。一般而言，智慧資本包括人力資本、顧客資本、創新資本、流程資本、資訊資本及組織資本等。

策略地圖中整合平衡計分卡中的「學習與成長構面」與智慧資本中「人力」、「資訊」及「組織」等三大資本。強化了無形資產該如何與策略有效連結並得以順利推展，並據此創造企業的有形價值。實務上用來形成策略的方式甚多，但不論所使用的方式爲何，策略地圖都不失爲一種有效說明策略的統合，與前後連貫的整合模式，使績效衡量項目與目標項目都可據以建立並納入管理之中。

以下導入策略地圖進入個案怒海爭鋒之中，以便讓獨者有整體性概念。

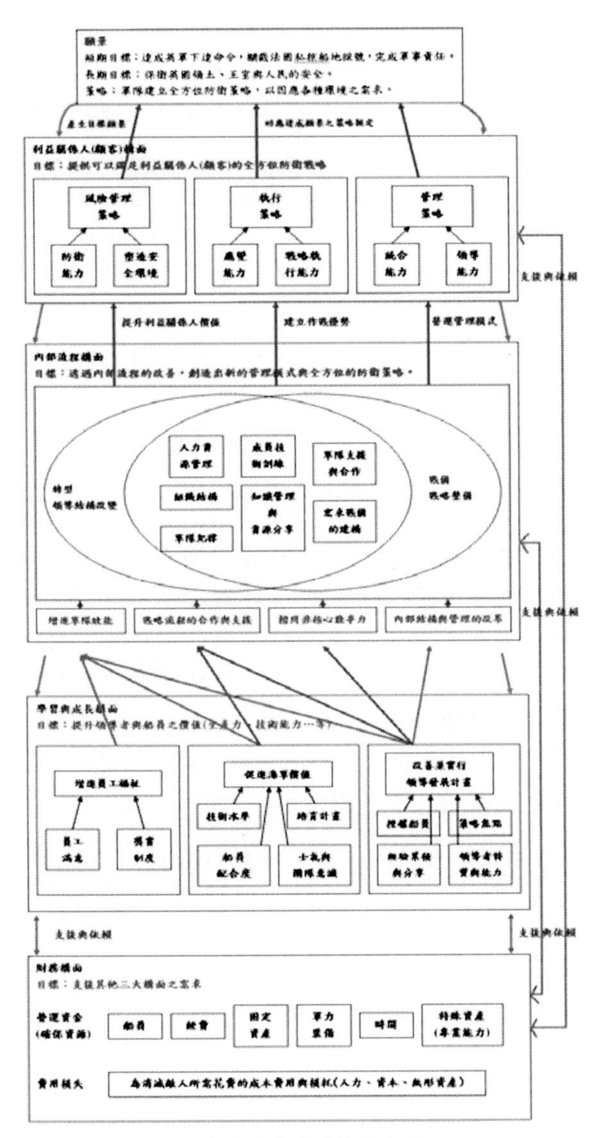

圖 11-5　個案驚奇號的策略地圖

肆、平衡計分卡的四大構面

Kaplan & Norton之平衡計分卡觀念，係將組織的任務與策略，加以具體行動化以創造企業競爭優勢，並將績效評估指標分成四個重要的構面，認爲依此四構面分別設計適量的績效衡量指標，可以提供公司營運所需的資訊，又不會使資訊太過龐雜失去效用，更重要的是可以促進企業策略與遠景的達成，此四構面分別爲顧客構面、財務構面、內部程序構面及學習成長構面組成。突破傳統單一財務面的衡量向度，以一套更周延、更具整合性的衡量方式，來衡量組織的績效與策略。將組織的目標連貫成一致的策略管理系統。

(一)顧客構面（customer perspective）

Kaplan & Norton認爲在顧客構面中，**顧客是企業營運收入的主要來源**，是企業生存發展的命脈。一個不能掌握顧客需求的企業，是無法在競爭的市場中生存的。因此在建構顧客績效衡量指標與策略性目標時，**應思考顧客如何看待我們企業，以便找出市場與顧客區隔**。透過顧客價值面瞭解顧客需求，利用顧客成果的核心衡量標準群，發揮最大的影響力，協助企業找出及衡量企業顧客面的價值計劃。[24]

1.顧客構面的五大核心量度（如圖11-6）

(1)市場佔有率：一個企業在既定市場所佔的業務比率（以顧客數、營收金額或銷售量來計算）。

(2)顧客爭取率：一個企業開創、吸引或贏得新顧客或新業務

[24] Kaplan, R. S. and D. P. Norton. 1996. *The Balanced Scorecard: Translating Strategy into Action* Boston: Harvard Business School Press.

的速度，可以是絕對數目或是相對數目。

(3)顧客維繫率：一個企業與既有顧客，保持或維繫良好關係的比率，可以是絕對數目或是相對數目。

(4)顧客滿意度：顧客滿意度是再度消費的前題。首先瞭解佔顧客的需求是什麼？一般顧客需求約略可以歸納出三大方向：

◎產品與服務方面：包括功能、價格、時間與品質。

◎顧客關係方面：包括擁有和諧而熱忱的消費環境、員工對產品的瞭解程度和提供專業的諮詢。

◎形象與商譽：反映了企業吸引顧客有形與無形的因素。如使企業的產品成爲全國知名的品牌、良好與健康的企業形象。

(5)顧客獲利率：一個顧客或一個營業區塊扣除支持顧客所需的費用外，所得的純利。可以利用作業基礎成本分析的制度，分析個別及總體顧客的獲利能力。

綜上而論，顧客構面五大核心衡量指標，主要是爲了衡量市場佔有率，顧客滿意度提升時，在顧客維繫率、獲利率與爭取率構面上也會相對提高，進一步也正面影響到市場的佔有率。當市場佔有率提高時，即表產品的銷貨收入上升，公司營業淨利與利潤也相對提高，則股東權益也會進一步增加。

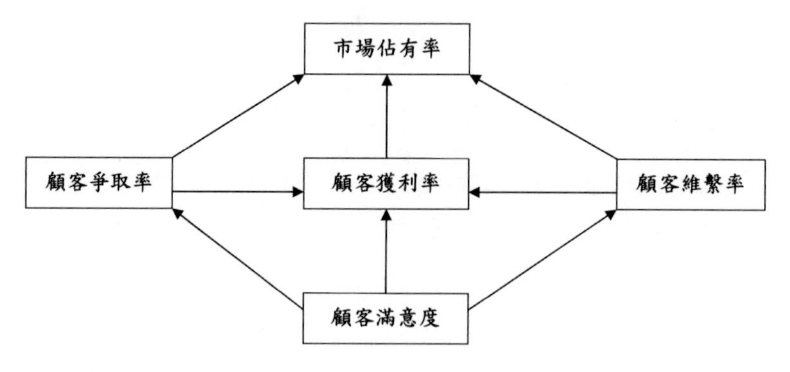

圖 11-6　顧客構面的五大核心量度

2. 驚奇號之策略地圖－顧客構面

在此個案中，由於軍隊屬於非營利組織，故衡量的尺度與營利組織較爲不同。由於驚奇號爲達成的遠景爲攔截地獄號與保衛國土、王室與英國子民。所以本文將顧客視爲英國皇室與子民等，想要提高他們對於軍隊的滿意度，則必須達成他們想要的願景。在一開始，其實驚奇號的船身設計與功能和軍隊所擁有的資源都遠比不上地獄號，但在經過重重的難關、船長傑克隊軍隊管理的改進、船員技術水準的提升下，完成了艱鉅的任務。由於任務的完成，也達到願景的實現，英國王室與子民也不再受法軍的強大威脅，所以對於傑克所帶領的軍隊其顧客滿意度也相對提高，軍隊也爭取到更多王室成員的信任與子民的愛戴，並進一步提升傑克自身的形象與名譽。

3.顧客價值主張（如圖11-7）

顧客價值主張代表企業透過產品和服務而提供的『屬

性』，目的是創造目標區隔中的顧客忠誠度與滿意度；也是顧客爭取率、延續率、市場佔有率等顧客面核心量度的驅動的力量。在制定顧客構面的目標與量度時，企業應明確提供給顧客什麼樣的「價值主張」。應注意的是：不同的產業有不同的價值主張，甚至同一個產業中不同市場區隔的價值主張也不盡相同。Kaplan & Norton爲顧客價值主張建立了一個一般性模型，其主要內容由產品/服務屬性、顧客關係、形象及商譽所組成，如下圖所示。

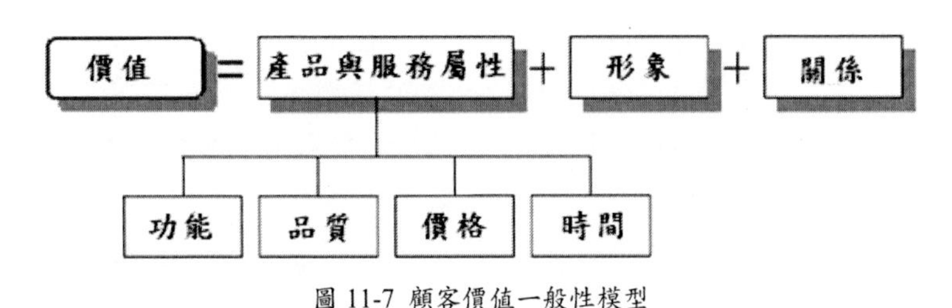

圖 11-7 顧客價值一般性模型

4. 驚奇號之顧客價值主張（如**圖 11-8**）

在顧客價值主張構面上，本文另外給予一個新的名稱爲『利益關係人構面』。由於軍隊屬於非營利組織，故衡量的尺度與營利組織較爲不同。在此英軍爲了達成願景，需提供給英國王室與子民的價值爲打敗法軍與保衛國土之安全。在產品與服務屬性上，必須提供一套全方位的防衛策略，才能達成英國王室與子民的願景，針對此全方位的防衛策略，本文擬定三個衡量目標的量度分別如下：

(1)風險管理策略：衡量指標爲軍隊的防衛與塑造安全環境之能力。如在傑克訓練下，船員的作戰能力與技術水準提高；

傑克利用濃霧與黑夜來掩蓋自己的位置所在；傑克利用聲東擊西的方式引開敵方，順利爲驚奇號脱離險境。

(2)執行策略：衡量指標爲傑克對其危機的臨場應變能力與成員的戰略執行能力。在傑克對其危機的臨場應變能力上，當驚奇號被地獄號盯上時，傑克了解軍隊實力不敵對方，所以立即作出逃離已明則保身的命令；在遇上暴風雨時，因爲船俿斷裂落海而使船身也跟著受到拖累，此時傑克在兩難相權取其輕的情況下，立即選擇切斷瓦利唯一生存的繩索，以保全船上成員的安全；爲了靠近地獄號，傑克想出假扮補鯨船，成功吸引貪婪的地獄號靠近，並一舉成功打敗。在成員的戰略執行能力上，傑克爲了能夠一舉打敗地獄號，訓練船員必須縮短發砲的時間，從原本需花費 2 分 10 秒縮短成 1 分 10 秒即可完成；傑克充分授權給部屬，寇彼得與小威相當盡責的指揮船員作戰。

(3)管理策略：衡量指標爲傑克在軍隊的統合能力與領導能力。在管理能力上，從個案中可發現，傑克相當重視紀律，因爲他認爲有紀律才能統合船員，也才能獲得船員尊重與畏懼。所以當小喬與其他船員因認爲哈侖是帶來地獄號，處處在背後說話甚至不尊重哈侖是長官時，傑克爲了讓船員明白紀律的重要性，而用鞭刑懲罰小喬，並作爲其他船員的警惕。在領導能力上，傑克原本是一個爲了自尊心而不故一切、犧牲任何代價都無所謂的獨裁領導者，對其好友史蒂芬的建言完全不以爲意，也不在乎船員的痛苦與所受到的迫害，忘記了做人最初的本質(誠信)，也讓權力腐化了心靈。但在歷經哈侖的自殺與好友意外重槍後，重新思考自己在領導管理上的錯誤，進而改變領導方式(創新領導結構)。從原本的以我爲尊的獨裁制度，轉換爲分權制度，並且接納並參考史蒂芬的建議，也信任船員的專業能力，充分授權船員職責，讓船員們有進一步的學習與成長空間。

個案中，英軍透過以上三個策略之擬定，建立出全方位的防衛策略並化爲實際行動，透過傑克的應變能力、各戰役策略的執行與對軍隊的領導統合能力，不但提升了軍隊保衛能力，也進一步提高王室與子民的安全。由上可知，利益關係人構面與願景之間的因果循環管係，三個策略的擬定是由願景所策定，而爲了達到願景才會策定此三個策略。

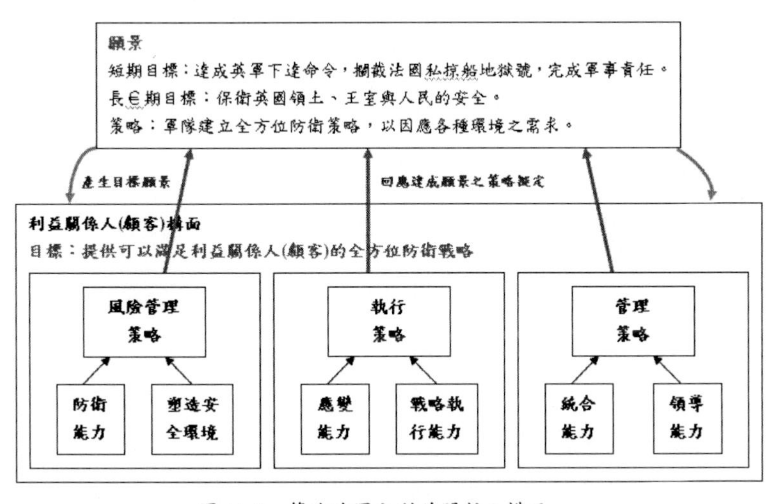

圖 11-8　策略地圖之利益關係人構面

(二)內部程序構面（internal business perspective）

在平衡計分卡內部程序構面的指標建構上，經營者**首先要思考「我們必須具備什麼優勢？」**。易言之，**爲了滿足股東及目標顧客的期望，企業必須確認創造顧客價值的程序，以及有效運用企業有限的資源**。

傳統的績效衡量系統著重於改善現有之營運程序，雖然嘗試增加品質、產出率、作業循環時間等指標，但並非針對企業程序之整體概念。平衡計分卡則是從目標顧客和股東的期望中，反向衍生出企業內部流程的目標與量度標準，並強調創新流程的概念。Kaplan & Norton 提出一個企業共通的內部流程價值鏈，包括創新流程、營運流程與售後服務三階段，建立各種衡量指標。如圖 11-9 所示。

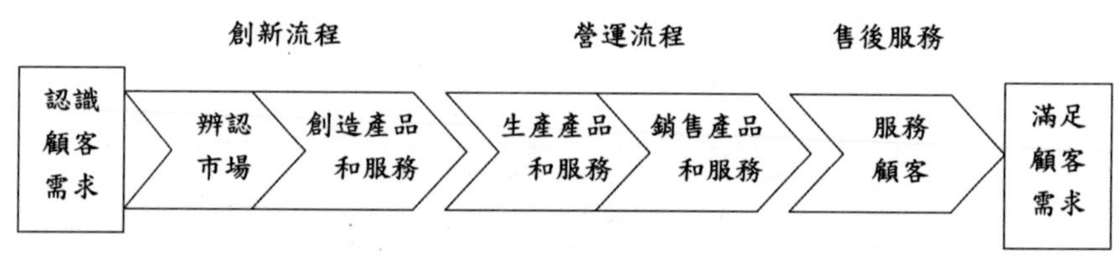

圖 11-9　內部流程價值鏈

1.創新程序

(1)市場的開發與研究：目的在辨識目標市場（包括既有與潛在顧客、新的機會市場）之規模、顧客喜好，以及目標產品或服務價格。主要衡量指標有市場佔有率、銷貨收入與毛報酬率等。

(2)創造新產品與服務：產品與服務的設計與開發流程，包括基礎研究、應用研究與開發新產品。主要衡量指標有新產品占銷貨額的比例、新產品推出速度與設計水準等。

2.營運程序

(1)產品與服務之生產流程改善或創新。主要衡量指標有產品及原料耗損率、單位成本與品質標準等。

(2)產品與服務之銷售創新。主要衡量指標有、訂單交貨速度、準時交貨次數等。

3.售後服務程序

主要衡量指標包括：顧客滿意度、品質、故障率、維修工作、成本、速度、退貨處理、付款手續與相關資訊提供。

導入驚奇號之策略地圖：

在此構面上，主要目的是要透過內部流程的改善，創造出新的管理模式與全方位的防衛策略，由於軍隊屬於非營利組織，故衡量的尺度與營利組織較爲不同。從個案中發現，傑克的領導模式的轉變(創新)，促使軍隊管理結構轉型，進而使衡量內部流程之指標也因軍隊轉型而改善。主要衡量的尺度可分爲：

(1)增進軍隊效能：主要衡量指標爲獎賞制度、團隊士氣與意識、知識管理與專業能力培訓績效等。在獎賞制度上，傑克利用傳統賞酒方式來鼓勵船員。在團隊士氣上，傑克利用言語刺激船員的戰鬥力，如不想讓自己的小孩唱法國國歌等來提高士氣。在知識管理上，傑克利用從前在那爾遜將軍所得到的啓示(要有愛國心)、自己的策略思維(兩害相權取其輕)與自己多年的航海與作戰經驗。專利能力培訓績效上，訓練員工發砲速度從原本的 2 分 10 秒縮短到 1 分 10 秒；傑克教導領航員分辨時間；醫生史蒂芬教導小威如何分辨稀有珍貴的生物。

(2)戰略流程的合作與支援：主要衡量指標爲軍隊支援與合作、領導結構。在軍隊支援與合作上，從信天翁號捕鯨船的船員相互合作，英國間諜提供地獄號行蹤，軍隊協助救出其他被囚禁之捕魚船員；在一開始地獄號知道自己行蹤時，說到法國到處有間諜，可想而知英國也是如此。在領導結構上，傑克在轉換領導模式後，以信任與充分授權給船員，授權的船員也堅守職責的相互支援指揮軍隊的作戰。

(3)擅用核心競爭力：主要衡量指標爲領導者特性與能力和知識管理與資源分享。在領導者特性與能力上，由於傑克自尊心強，對其國家下達的命令有強烈的責任感，不顧船員感受或實力是否可敵對方，仍要達成任務。在知識管理與資源分享上，透過傑克的航海與作戰經驗，多次扭轉劣勢；透過在購買糧食與營救捕鯨船船員的管道來得知地獄號的行蹤。

(4)內部結構與管理之改革：主要衡量指標爲人力資源管理、需求戰備之建構、軍隊紀律。在人力資源管理上，傑克時時刻刻要求船員堅守崗位；在需求戰備之建構上，傑克了解軍隊的資源不敵對方(船速太慢、武力太弱、船身過於脆弱、技術水準)，所以進一步研究敵方的罩門(船尾)與訓練船員技術能力，並重新擬定作戰策略，不在只是盲目的窮追猛打，而是改以循環漸進的方式誘敵出現；除了建構戰略外，也強調領導者的應變能力，如利用濃霧來掩飾自己或是在夜晚用聲東擊西法來引開敵方的注意；另外也不斷訓練船員的技術來提升作戰能力。

(5)在軍隊紀律上，傑克用嚴謹的紀律來規範水手不可以下犯上，小喬惡意的碰撞哈俞，得到傑克鞭刑的懲罰；醫生史蒂芬的勸言，傑克聽不下去，最後警告史蒂芬自己的身分不要越舉；水手遇到長官需敬禮表示尊重。但這個原本採取獨裁制度，認爲這樣才能夠得到船員的畏懼，與後來逐漸了解自己獨裁的態度與自尊心作祟，爲船員帶來莫大的痛苦與迫害。

透過衡量指標在不同的環境下，與領導模式轉型和戰略整備的相互配合，轉換出不同型態之管理模式，並進而提升對利益關係人的價值與建立作戰優勢(提高作戰能力)，以因應全方位戰備策略。

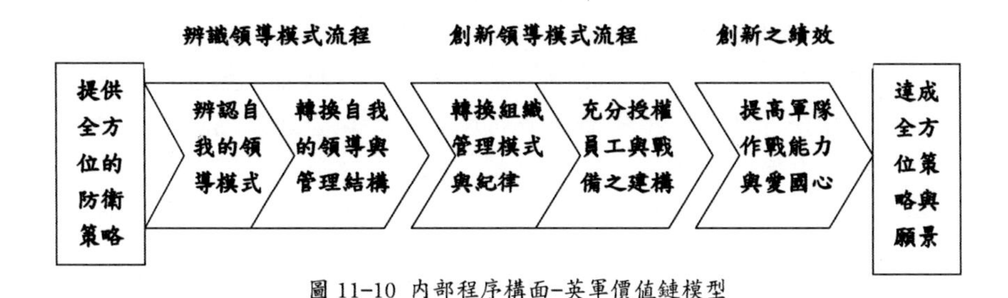

圖 11-10 內部程序構面–英軍價值鏈模型

圖 11-11 策略地圖之內部流程構面

(三)學習與成長構面（innovation and learning perspective）

學習與成長構面是組織表現卓越的基礎架構，並爲達到突破性的績效與宏大目標提供基礎動力。「學習與成長構面」強調對組織未來投資的重要性，但並非如傳統的投資觀點，僅著重新設備、新產品的研究發展。**此一構面之主旨在使平衡計分卡之前三項構面能順利達成，實現企業長期成長之目標**。平衡計分卡的財務、顧客、企業內部流程會顯示人、系統與組織程序的能力，以及要達成目標的落差。

爲了要縮小落差，企業必須投資於員工的技術能力再造、資訊與科技的加強及日常作業的調整等。Kaplan & Norton 認爲：雖然設備更新與新產品的研發很重要，然而爲了達成長期的財務成長目標，組織必須大量投資在基礎結構上，包括員工潛能的提升、資訊系統能力的增強與員工激勵、權責及目標一致性的增強等三個主要原則，以建構學習與成長構面的績效衡量指標。學習與成長衡量架構如圖 11-12 所示。

學習與成長構面的核心衡量指標爲員工滿意度、員工延續率、員工生產力，其中以員工滿意度最爲重要，經常被視爲是驅動員工延續率與生產力的主要力量。企業一旦選定了核心的員工衡量標準後，可以採上述的三大構面來促動。

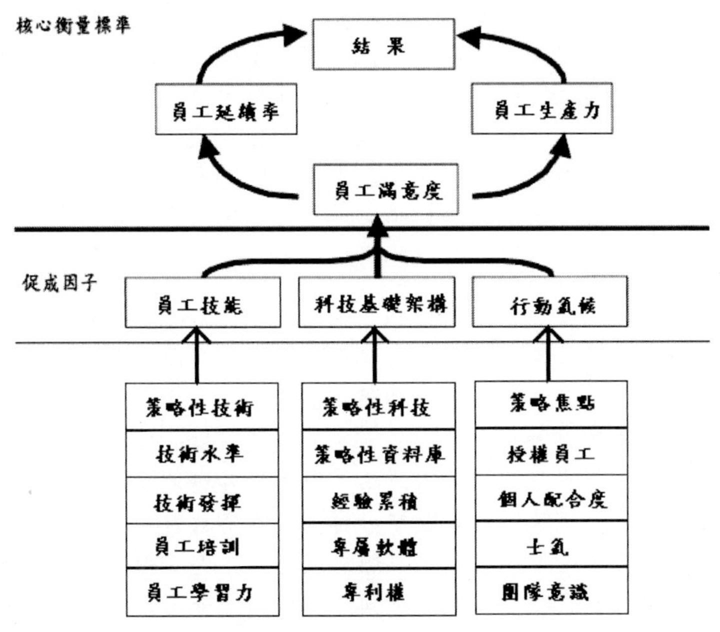

圖 11-12　學習與成長衡量架構

導入驚奇號之策略地圖

在此構面上，主要目的是要提升領導者與船員之價值(生產力、技術水準等)，以促進各構面衡量尺度之執行。從個案中發現，在船長傑克在轉換領導模式過程當中，除了提升自我的管理能力外，也透過領導模式轉變的過程，來提高船員的滿意度。可用來衡量船員滿意度之尺度，本文定爲以下三個策略：

(1)增進船員福祉：主要用來衡量的指標爲獎賞制度與員工滿意，如小喬和瓦利提供地獄號的模型給傑克，傑克則賞酒

作爲福利獎賞；在船員努力接受傑克的訓練下，。在員工滿意下，哈倫雖然在擔任值星官時不確定在濃霧中的船隻是否爲地獄號，但仍然發出作戰訊號，得到傑克的言語表揚；小喬與瓦利應提供地獄號模型給傑克，獲得獎勵，也爲促進員工滿意之方法；傑克最後仍是有遵守與史蒂芬的約定，回到加拉巴哥群島，讓史蒂芬做研究，藉以滿足史蒂芬。

(2)提高驚奇號價值：主要用來衡量的指標有船員配合度、培育訓練、技術水準、士氣與團隊意識。在船員配合度上，傑克不斷的要每個船員都堅守自己崗位，且每位船員也遵守傑克下達的指令完成任務，如寇彼得冒著生命危險來完成傑克聲東擊西的作戰策略；船員對其與地獄號之間的戰役雖有意見，認爲無論實力與資源都不敵對方，但仍相信神奇傑克，配合每次的訓練與戰役。在團隊士氣上，傑克用言語刺激船員以激發愛國心，提高團隊士氣，如不想讓自己的小孩唱法國國歌。在團隊意識上，醫生在加拉巴哥島上發現地獄號的行蹤，馬上捨棄珍貴的樣本回去像傑克稟報。在培育訓練與技術水準上，船員透過傑克的密集訓練後，提升作戰能力，像是縮短發砲時間、教導船員計算時間的方式；另外，醫生也教導小威如何辨識大自然的稀有珍貴生物。

(3)改善並實行領導發展計畫：主要用來衡量的指標有領導者經驗累積與分享、充分授權船員、策略焦點與領導者特質與能力。在經驗累積與分享上，指傑克多年的航海與作戰經驗與累積的知識，透過許多方式來船達給船員知道，如像是在餐桌上，問史蒂芬選擇小蟲之問題，傳遞出自己的策略思維-兩害相權取其輕的道理；在逃避地獄號追逐的途中，教導船員如何分辨時間等；傑克教導哈侖要拿出態度，不可與水手當朋友。在充分授權上，一改由自己從頭到尾的指揮模式，改以授權給小威和寇彼得等人來領導指揮船員作戰。

(4)在策略焦點上，傑克一直秉持著兩害相權取其輕的道理，像是第一次被偷襲時，先不選擇反擊，反而是分析敵方實力後，爲避免反擊後產生更大的損害，選擇利用霧氣來掩飾自己。第二次被偷襲則也是以拖延戰術，最後在經過聲東擊西的策略，扭轉整個局勢，讓自己與軍隊佔上風優勢；在領導者特質與能力上，針對傑克對於作戰的謀略與領導方針，來強化軍隊之作戰能力；傑克的責任感與榮譽心、自尊心也爲整體的作戰策略有極大的影響。

透過以上三個衡量尺度之策略來提高船員滿意度，進一步讓員工有堅守職責的信念並促使船員生產力提升(船員願意付出多少心力在戰役上)。最後，透過領導者與船員之價值的提升，才能促進內部流程之改善與達成利益關係人之願景。

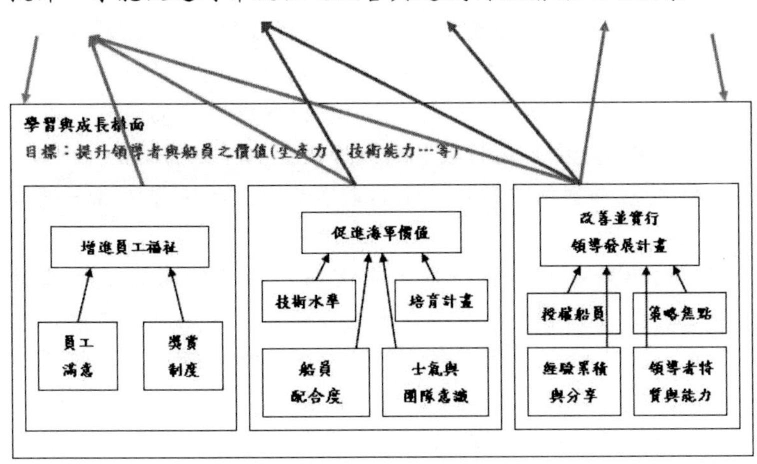

圖 11-13　策略地圖之學習與成長構面

(四)財務構面（financial perspective）

Kaplan & Norton認爲企業應**針對其所處之生命週期不同階段，因應不同的財務策略，並決定適合的財務衡量尺度。**企業的生命週期可簡化爲成長期、維持期與豐收期。當公司處於不同的發展階段，其訂定之目標以及所採行的策略也就不同，所以管理者必須採用不同但合適的衡量指標。

1. 成長期：**公司的主要目標是開發新市場、新的顧客群、新的行銷通路**，所以會產生大量投資，且可能出現負的現金流量。在衡量指標上，則可選擇較具明確可衡量出績效的指標，諸如：銷貨收入、投資週轉率、市場佔有率、新市場或新顧客銷售額占總銷售之比率...等。
2. 維持期：**公司的主要目標是維持既有的市場佔有率，並保持適度的成長**。此一階段的投資目的在於消除產銷瓶頸，擴大產能、加強改進。在衡量指標上，則可選擇較具明確可衡量出績效的指標，諸如：營業淨利、投資報酬率、產品利潤額、市場佔有率、成本降低率...等。
3. 豐收期：**公司的主要目標爲回收前段投資**，此一階段傾向於維持目前產能設備，主要目標即是擴大現金流量，回收企業過去所做的一切投資，並減少對營運資金的需求。在衡量指標上，則可選擇較具明確可衡量出績效的指標，諸如：顧客/產品別利潤額、非獲利顧客比率、現金淨流入、單位成本...等。

而無論身處何種時期，企業關注的三個財務性議題皆爲：營收成長、成本降低與生產力的提升、產能利用與投資策略。企業依生命週期在決定自身的策略之後，即可依照各項財務議題找出適合的績效衡量指標。

財務構面也顯示正確的策略如何引領企業成長、提供升獲利、控制風險與創造股東報酬的價值。財務績效衡量指標可以顯示組織過去的營運表現、企業策略的實施與執行，以及對於改善營利是否有貢獻。其衡量指標包括營業收入、資本利用率、報酬率與附加價值等。其策略訂定包括營收成長與組合、成本下降及提高生產力，以及資產利用率和投資策略等基本議題。

→導入驚奇號之策略地圖

在此構面上，由於軍隊屬於非營利組織，故衡量的尺度與營利組織較爲不同。本文在此將驚奇號所擁有的資源(營運成本)與營運費用和損耗作爲衡量指標，且以支援其他三個構面爲主要目的，與其他三個構面之間的因果關係是建立在以資源去支撐三個構面的達成，而三個構面需依賴資源最爲需求之來源。投入的資源包括了基本的船員(197 人)、固定資產-驚奇號、特殊資產-醫生史蒂芬(使用率)、武力裝備(槍、28 管大砲等武器)、基本經費(用來購買糧食、武器的資金)、時間(收到命令到打敗法國海軍的時間)、專業能力(可分爲船長勝場率、擬定策略能力(改變通路組合)與特殊資產使用率。

在船長勝場率上，亦指船長傑克的航海經驗與作戰的謀略，在過去幾乎沒有失敗過，也獲得船員們的信任與追隨，船員們有一致的堅定信念，只要跟著神奇傑克就會贏；在擬定策略能力上，傑克爲避免硬碰硬只會帶來更高的損害(高成本通路)，所以規劃出以誘敵的方式來接近地獄號(低成本通路)；在特殊資產使用率上，醫生史蒂芬的精湛醫術解救了許多的船員生命、廣博的知識可爲軍隊帶來無限的資源支援；最重要的是，他同時也是讓傑克轉變領導模式的執行改革者，是整個個案的靈魂人物)。

在費用與損失上，衡量指標可用爲消滅敵方所需花費的成本費用或損失來評估。

費用：在人力上，費用爲每次戰役所犧牲的船員；在資本上，爲整修驚奇號的費用、購買武器與砲彈的費用與購買糧食的費用支出；在無形資產上，時間成本。

損失：在人力上，除了一開始遭逢地獄號突襲死了九個人，及因暴風雨而落水溺斃的瓦利與在人資管理不當而跳水自殺的哈侖；在資本上，傑克爲了地獄號而多次放棄再加拉巴哥群島上的稀有珍貴生物。

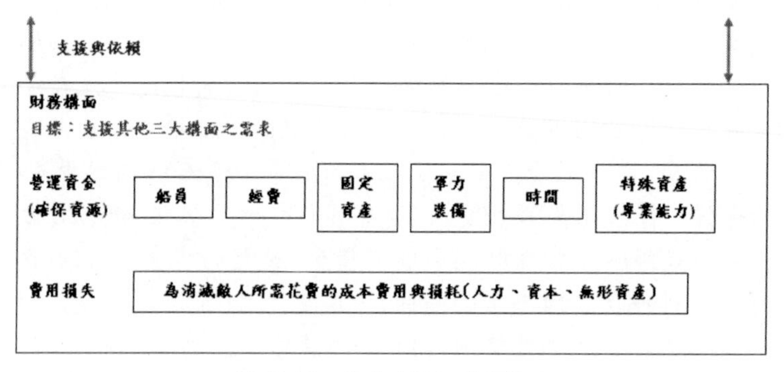

圖 11-14　策略地圖之財務構面

→將策略地圖導入驚奇號之平衡計分卡模型

願景與策略
短期願景：達成英軍下達命令，攔截法國私掠船地獄號，完成軍事責任。
長期願景：保衛英國領土、王室與人民的安全，並制止法軍的侵害。
策略：軍隊建立全方位防衛策略，以因應各種環境之需求。

利益關係人構面	
目標	制定全方位防衛戰略，提高利益關係人對於軍隊的滿意度。
量度	風險管理、執行力與組織管理之策略
指標(KPI)	風險管理：衡量指標為軍隊的防衛與塑造安全環境之能力。
	執行力：衡量指標為危機的臨場應變能力與戰略執行能力。
	組織管理：衡量指標為傑克在軍隊的統合能力與領導能力。
行動方案	風險管理：傑克訓練船員的作戰能力並提高防衛與環境之安全。
	執行力：傑克依據航海與作戰經驗分辨局勢；遇到困境以兩惡相權取其輕來降低損害。
	組織管理：傑克重視紀律；獎懲制度分明；由獨裁制度轉變為分權制度。

內部程序構面	
目標	透過內部流程的改善，創造出新的管理模式與全方位的防衛策略。
量度	增進軍隊效能、流程的合作與支援、擅用非核心競爭力與內部結構與管理之改革。
指標(KPI)	增進軍隊效能：衡量指標為獎賞制度、團隊士氣與意識、知識管理與專業能力培訓績效。
	流程的合作與支援：衡量指標為軍隊支援與合作與領導結構。
	擅用非核心競爭力：衡量指標為責任感與榮譽心和知識管理與資源分享。
	內部結構與管理之改革：衡量指標為人力資源管理、需求戰備之建構、軍事裝備、軍隊紀律。
行動方案	增進軍隊效能：傑克利用獎賞制度來提高團隊士氣；像船員傳遞航海與作戰經驗和戰略思惟；訓練船員作戰能力。
	流程的合作與支援：傑克轉換領導模式，以信任與充分授權給船員。
	擅用非核心競爭力：傑克憑藉著高度責任感，不顧一切追到地獄號；藉由多管道來得知地獄號的行蹤。
	內部結構與管理之改革：訓練船員作戰能力；了解敵方之罩門；轉換領導風格(獨裁→授權)與作戰策略(窮追猛打→誘敵)。

成長與學習構面	
目標	提升領導者與船員之價值(生產力、技術水準等)，以促進各構面衡量尺度之執行。
量度	增進船員福祉、提高驚奇號價值與改善並實行領導發展計畫。
指標(KPI)	增進船員福祉：衡量指標為獎賞制度與誠信原則。
	提高驚奇號價值：衡量指標為船員配合度、培育訓練、技術水準、士氣與團隊意識。
	改善並實行領導發展計畫：衡量指標為知識管理與分享、分權制度、策略焦點與領導能力。
行動方案	增進船員福祉：賞酒方式來犒賞船員；遵守與史蒂芬的約定。
	提高驚奇號價值：傑克訓練船員作戰能力；史蒂芬教導小威認識稀有生物；言語激發船員愛國心。
	改善並實行領導發展計畫：傑克的經驗累積與分享；充分授權船員；兩害相權取其輕；重視紀律；獎懲分明。

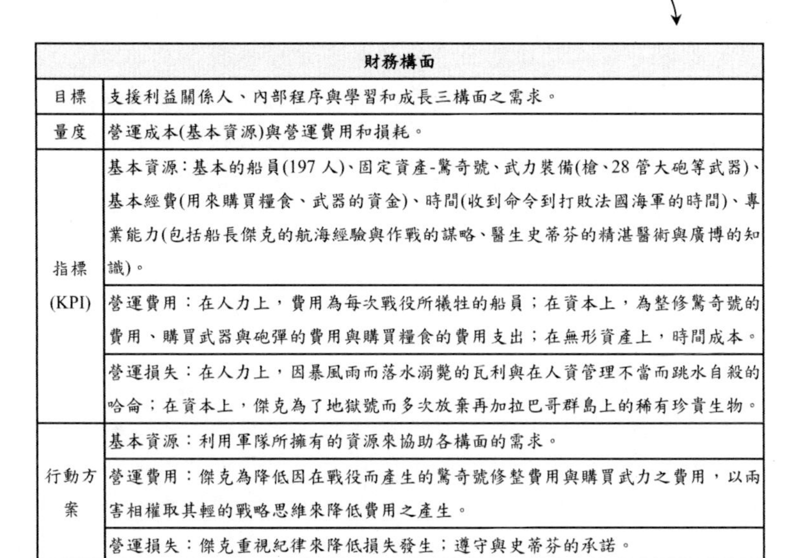

財務構面	
目標	支援利益關係人、內部程序與學習和成長三構面之需求。
量度	營運成本(基本資源)與營運費用和損耗。
指標(KPI)	基本資源：基本的船員(197 人)、固定資產-驚奇號、武力裝備(槍、28 管大砲等武器)、基本經費(用來購買糧食、武器的資金)、時間(收到命令到打敗法國海軍的時間)、專業能力(包括船長傑克的航海經驗與作戰的謀略、醫生史蒂芬的精湛醫術與廣博的知識)。
	營運費用：在人力上，費用為每次戰役所犧牲的船員；在資本上，為整修驚奇號的費用、購買武器與砲彈的費用與購買糧食的費用支出；在無形資產上，時間成本。
	營運損失：在人力上，因暴風雨而落水溺斃的瓦利與在人資管理不當而跳水自殺的哈命；在資本上，傑克為了地獄號而多次放棄再加拉巴哥群島上的稀有珍貴生物。
行動方案	基本資源：利用軍隊所擁有的資源來協助各構面的需求。
	營運費用：傑克為降低因在戰役而產生的驚奇號修整費用與購買武力之費用，以兩害相權取其輕的戰略思維來降低費用之產生。
	營運損失：傑克重視紀律來降低損失發生；遵守與史蒂芬的承諾。

圖 11-15　完整的驚奇號之策略地圖

策略地圖之核心問題

我們從之前的策略地圖中瞭解到每個構面間是層層關聯的，幾乎可說是牽一髮而動全身，爲了更加的認識策略地圖的運用，以及平衡計分卡各構面間的關係，在此分析個案：怒海爭鋒中，其關鍵的幾個抉擇是根據什麼量度來判斷，而這些抉擇又影響到什麼結果，這之間的因果關係將藉由劇情分析，更加的瞭解平衡計分卡與策略地圖的應用

(一)傑克的榮譽感、自尊心

在個案中傑克船長因其榮譽感、自尊心，造成有非贏不可的壓力，甚至是不計成本，也在所不惜。這樣的榮譽感與自尊主要還是根據財務構面當中的量度才會造就今天的傑克，在過去傑克總是打勝仗，幾乎沒有吃過敗仗，這樣的勝場率自然讓傑克及船員有極高的參考價值，再說根據投資報酬率來看，在航行了七天後遭逢兩次的對戰，都使得驚奇號處於劣勢，不論是投入的時間、成本、人力的損耗，如果就此返回港口修補船艦，似乎這些都將成爲傑克的沈沒成本，故對於傑克來說，唯一的辦法就是皆下來盡量減少成本的損失，快速的在海上修補、繼續追趕地獄號。

由於以上兩點量度都支撐著傑克的榮譽感與自信心，以及船員的團體意識，故在學習成長構面，間接的改善了領導發展計畫，使得傑克非討回面子不可，而船員也認爲只要跟著幸運傑克就能打勝仗，在此船員表現出極高度的配合度（雖然幕僚有意見，但不質疑傑克），藉以促進了英國海軍的價值。

而傑克船長也善用這樣的核心競爭力（船員的信任、自身的能力）來增強需求戰備的建構，以改善其內部流程（過去的內部流程應是靠岸修建），傑克馬上下令在淺海岸沙地帶立即修船，以爭取流失的時間，一旦需求戰備立即建構後，將可繼續執行策略，這樣的高度反應能力、戰略執行能力，更有助於達成目標，但是我們在此也看到，此時短期目標已經不單只是達成英軍的命令，在此傑克也有自身的目標，那就是非討回面子不可，這樣的願景我們最終可回溯到傑克過去的勝場率與此次戰役的投資報酬率。

以圖 11-16 來表示其策略地圖關係

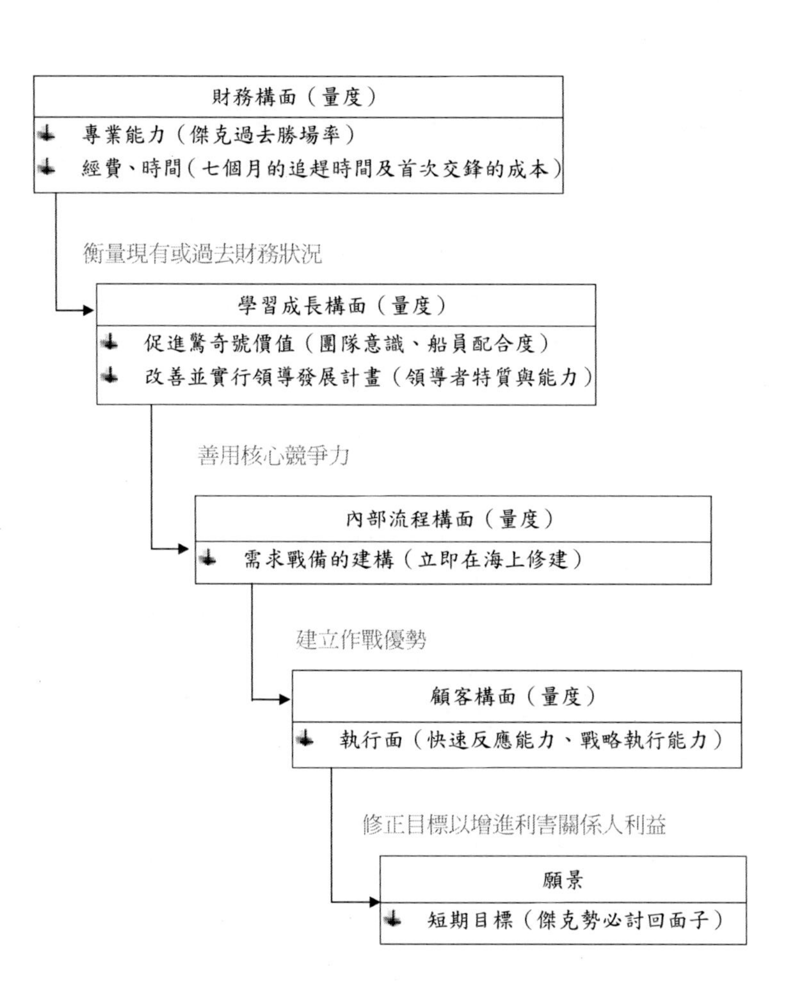

圖 11-16　驚奇號之策略地圖關連圖之一

(二)紀律

在本個案中哈倫的角色也點出紀律的重要性，同樣的我們必須要先瞭解爲何在內部流程裡的軍隊紀律量度會產生嚴重的缺失，故我們以策略地圖回溯其學習與成長構面，我們不難發現其問題發生在內部結構與管理上的改革，在改善並實行領導發戰計畫構面當中，雖然授權成員是非常完善的，但是我們必須同時考量到領導者經驗累積與分享及領導者特質與才能兩大量度的衡量。

在個案中只有到了船員挑釁哈倫的時候，船長才將自身的領導經驗傳授給哈倫，告誡他千萬不要跟水手當朋友，並且要兇一點；再者，哈倫本身的人格特質缺乏自信，從個案中一開始他沒辦法果斷的辨決在濃霧中是否有敵船，缺乏自信往往會讓水手瞧不起。基於這兩項量度，我們可歸因於其在財務構面中，專業能力量度的不足，如果人員的培訓多注意這樣的狀況，那麼在修正量度時，便要反相針對培育計畫、技術水準和 KM 來努力改善官兵自信心不足的部分，藉以修正軍隊紀律的不足。

以圖 11-17 描述修正狀況

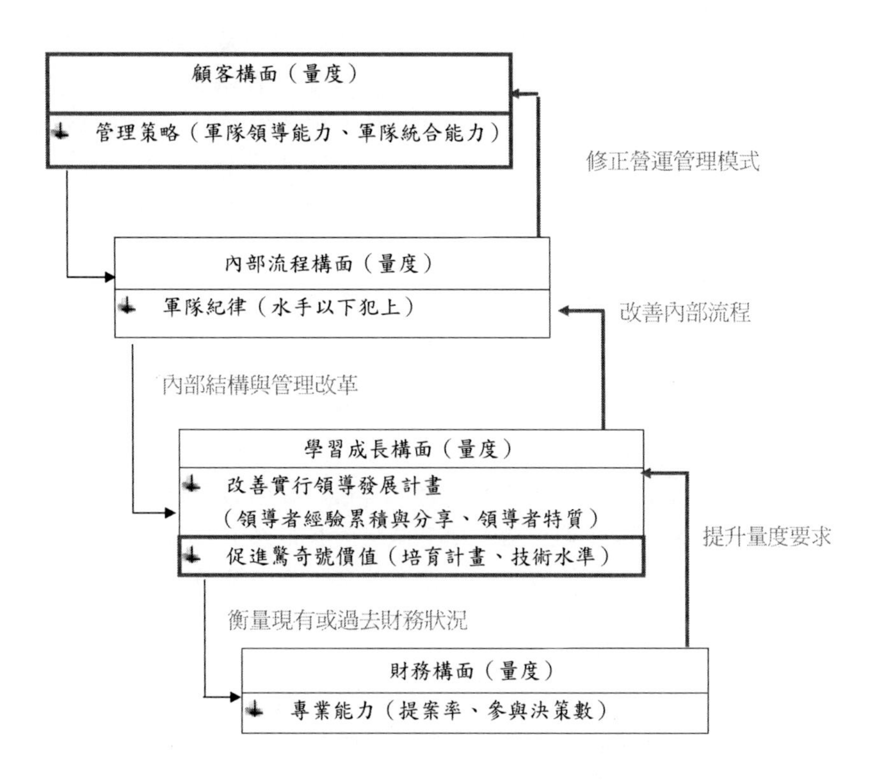

圖 11-17　驚奇號之策略地圖關連圖之二

(三)致勝關鍵因素

在本個案中，最終的致勝關鍵在於醫生提供給傑克的戰略（竹結蟲僞裝術），而這也使得最後得以驚奇號獲勝，在此我們將史蒂芬視爲特殊資產。因爲他不僅是個醫生、科學家，必要的時候還可以作戰，最重要的是他是傑克推心置腹的好友，也因爲史蒂芬的重要性，讓傑克寧願捨棄追逐不明的船，所以就財務構面來說，這個特殊資源的使用率非常的高，當特殊資源的使用率高時，其專業能力（專業知識、提案次數）的提升將相對的增加，因此直接影響到驚奇號價值（技術水準、團隊精神）以及改善領導發展計畫（領導者特質、策略焦點）。

當史蒂芬在島上看到地獄號時，寧願拋下樣本也要趕緊回去通報，這將促成一次成功的提案，而這樣的提案也會促進團隊意識；醫生其悲天憫人的性格也間接的影響到傑克的領導特質與策略焦點，過去傑克深信兩相權惡取其輕，但是在醫生面臨生死存亡的時後，傑克放棄了追逐戰船，而使得醫生得以存活。也因爲醫生的專業建議，讓傑克改變領導發戰計畫，進一步的對內部結構與管理上改革，不論是需求戰備的建構（改裝爲補鯨船）還是組織結構的改變（充分授權），而這樣的改變也使得管理與執行策略能夠提升，最後終將完成任務，由此可見史蒂芬這個特殊資源的重要性。

以策略地圖分析致勝關鍵流程。

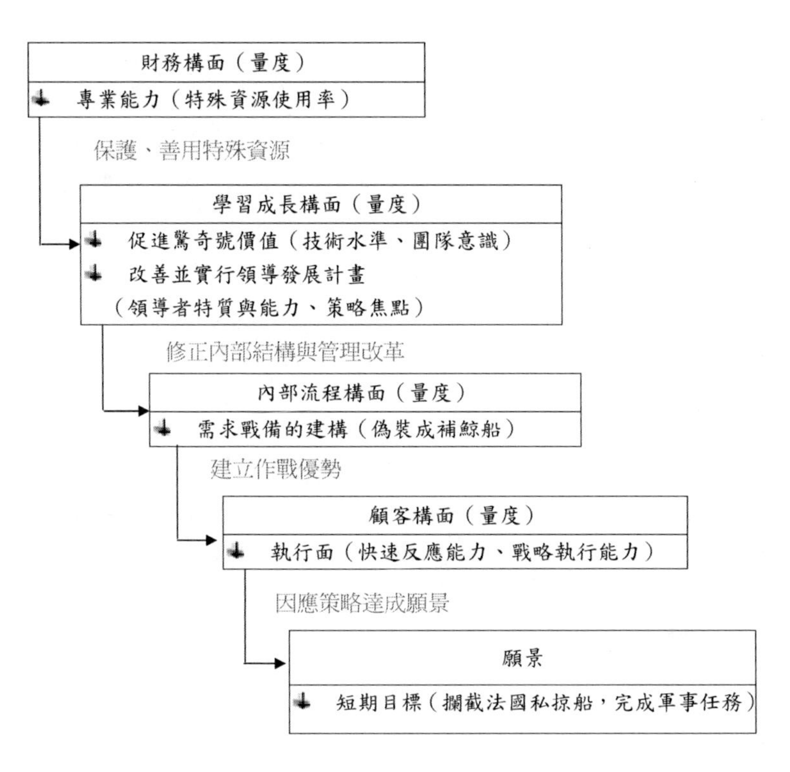

圖 11-18　驚奇號之致勝關鍵流程

管理意涵

平衡計分卡要求企業必須將企業的願景、經營策略及競爭優勢，以策略性議題、目標和衡量指標的方式轉化成員工日常營運的語言，以協助企業落實願景與策略。平衡計分卡的手法之一，就是正確引導員工的行爲，以確保企業「策略性目標」的達成。透過平衡計分卡的實施，企業的願景、經營策略及競爭優勢與「目標管理」、「預算制度」，即可產生企業資源「聚焦」的效果。平衡計分卡同時將企業績效管理以四個面向展開，協助企業掌握策略發展與執行的實際狀況。

(一) 企業不應只是注意短期績效之達成，並以短期獲利來衡量公司的價值，而是應該將願景放的更遠，以公司價值(股東權益)極大化為目標。

如同個案中，如果當初傑克的決定是追趕地獄號，而不管史蒂芬的死活，或許他能夠搶到上風處，成功的拿下地獄號，但是對於英國損失像史蒂芬這樣多功能的醫生來說，實在是得不償失。

(二) 企業愈達成長期願景的目標，除衡量過去傳統財務上的指標外，需再進一步擴大至顧客、內部流程和成長與學習構面之指標改良，才能對症下藥，解決各種問題，已達成願景。

就如果依照策略地圖分析哈倫的死，如果我們不重新評估衡量的指標，確實的找出問題所在，那麼我們或許只是單純的說，他眞的只是厄運纏身罷了，但是事實不然，或許我們在培養與訓練時就更應該注意軍人最需要的特質「自信」，缺少自信的軍官就會牽扯出這樣的悲劇。

(三) 企業導入策略地圖與平衡計分卡，主要是希望藉此提升公司價值，但並非只是管理者一個人的責任，必須透過全體成員的合作，策略化為行動，才能建立出全方位的營運模式。

從個案中我們不難發現，傑克的改變固然重要，但是我們從策略地圖中也發現，真正的關鍵其實在於史蒂芬身上，由於史蒂芬這個特殊資源使用率高，使得這家公司（驚奇號）的知道管理做得相當出色，而傑克因此受惠。在反觀如果這家公司的紀律沒有靠這群員工一起維護，那麼設想今天如果幕僚誤傷的不是史蒂芬，而是我們的領導者傑克，而且是一槍斃命，那麼會有什麼情況呢？故再看事情時，我們一定要從小著眼，從大著手，這也是策略地圖的宗旨不是嗎？一個小小的量度偏差，竟會影響到整個願景的成敗。

(四) 事在人爲，策略地圖與平衡計分卡的重點雖然是在改善組織績效，但如果沒有人將策略化爲行動執行，仍舊是一事無成。所以，**管理者的領導能力與成員之間的相互學習與成長，才能不斷改善各構面的核心問題所在，已達最終目標之願景。**

平衡計分卡之實施成功關鍵在於：企業必須先有明確的「經營策略」與「競爭優勢」，並將其轉化成爲可清楚溝通的策略議題、策略目標，以及可以衡量的績效指標，最後還要連結落實到員工的績效指標。整個過程説來簡單，執行起來恐怕不易，必須得企業全體動員（包括最高主管），耗費幾個月（甚至歷經數年）的修正才能畢其功。甚至要考慮聘請外界顧問來協助，以免閉門造車。這樣的過程不但複雜，又要投入大量資源，又無法在短期看到成果，因此企業若選擇實施平衡計分卡必須有強烈的動機及堅定的意志以及良好的溝通。

（文字整理：周文美、薛州凱）

參考文獻

1. Kaplan, R. S. and D. P. Norton. 1992. The Balance Scorecard-Measures that Drive Performance. *Harvard Business Review* (Jan-Feb): 71-79.
2. Kaplan, R. S. and D. P. Norton. 1993. Putting the Balanced Scorecard to Work. *Harvard Business Review* (Sep-Oct): 134-147.
3. Kaplan, R. S. and D. P. Norton. 1995. Chemical Bank：Implementing the Balance Scorecard. *Harvard Business School*: 1-20.
4. Kaplan, R. S. and D. P. Norton. 1996. Using The Balanced Scorecard as a Strategic Management System. *Harvard Business Review* (Jan-Feb): 75-85.
5. Kaplan, R. S. and D. P. Norton. 1996. *The Balanced Scorecard: Translating Strategy Into Action.* Massachusetts: Harvard Business School Press.
6. Kaplan, R. S. and D. P. Norton. 1996. Knowing the Score. *Financial Executive* (Nov-Dec): 30-33.
7. Kaplan, R. S. and D. P. Norton. 1996. Strategic Learning & the Balanced Scorecard. *Strategy & Leadership* (Sep-Oct): 18-24.
8. Kaplan, R. S. and D. P. Norton. 1997. Why does business need a balanced scorecard？ *Journal of Cost Management for the Manufacturing* (May): 3-5.
9. Paul R.Niven(2002)，于泳泓譯，平衡計分卡最佳實務，台北：商周出版社。
10. Robert S. Kaplan& David P.Norton(2001)，ARC 遠擎管理顧問公司策略績效事業部 譯，策略核心組織，台北：臉譜出版社。

12. 創業投資的規劃【神鬼奇航】

【個案簡介】

這是一部西洋版的七夜怪談，劇情描述總督千金伊莉莎白不幸遭到惡名昭彰的海盜巴伯沙挾持。年輕的鐵匠威爾爲拯救女友，不惜尋求與對寶藏利慾薰心的船長傑克合作，冒險前往海盜出沒的加勒比海域。傑克船長的專業知識加上威爾的犯難精神構築了一個創業的故事。然而這群受到詛咒海盜，到夜晚會便化身骷髏僵屍的恐怖軍團，對創業伙伴構成強大的威脅。神出鬼沒的鬼魅、詭譎的海域與神秘的尋寶歷程，讓這段創業過程充滿了變數。

【提示】

天使投資人：傑克史派羅船長

創業家：威爾杜納

投資標的：解救依莉莎白 / 奪取鬼盜船與寶藏。

所謂「創業投資」[25]事業，係指籌集一筆相當數額之創業資本，聘請專家爲經理人，針對創業個體提供資金進行直接投資，參與經營管理。被投資的創業個體，通常是經過創業投資家評估後認爲深具潛力、值得投資、且有專門技術而無法籌得資金的投資對象。創業投資家以其專業知識主動參與經營，使被投資企業能夠健全經營，迅速成長並在企業經營成功後，將所持有之股票賣出收回資金，再投資於另一家新的投資標的企業，週而復始進行長期投資並參與經營。創業投資家於獲取股息、紅利、及資本利得爲其投資目的，其最大特色在於冒較大之風險於獲取鉅額之資本利得，有人稱爲「風險性投資」。

狹義而言，創業投資係以其專業能力，協助創業投資人在高風險、高成長的投資方案中，選擇並投資具有發展潛力的企業，以追求未來高回收的報酬。廣義言之，創業投資乃結合資金、技術與人力，投資於具高度發展潛力及新技術、新構想、快速成長的事業，並參與經營決策，提供各種附加價值的服務，待被投資公司經營成長後，將股權出售，以獲取高額資本利得，並在收回資金後再投資，週而復始，帶動企業的升級與發展。

創業投資的特性

一、 創業投資事業基本上擁有以下幾項基本特質：

(一)結合各種資源，提供附加價值的投資活動

創業投資所從事的投資活動是結合了創業基金、資訊（在

[25] 「創業投資」的英文原名爲「Venture Capital」，如照字面意思直譯爲「風險性基金」，1982年李國鼎先生爲了避免投資人因「風險」二字而對此產業產生負面的看法，同時基於此產業爲投資早期的科技公司爲主，而將「風險性基金」更名爲「創業投資」。

本個案中爲：知道鬼盜船可能行蹤)、技術（航海知識)、市場、人才（募集專業船員）及專業管理能力（領導船員達成目標）等要素，提供各種專業性技術附加價值，週而復始地進行風險性的投資行動。

(二)長期性的投資，回收期長

一般投資新事業經營至回收的期間，大約需五年到十年左右。且在投資期間尚需配合新事業的發展階段，予以不同性質的融資，所以屬於長期性的投資。在本個案中投資期間不會太長，回收快。

(三)高風險、高報酬

創業投資事業大部份投資在高科技或產品生命週期較短的新創事業，在企業不同的成長階段中，一般而言以創業之初風險最大，另外投資的股權缺乏流通性；這些都導致創業投資擁有較高的風險。在本個案中必須冒著無法預知的航海風險與可能喪失生命危險，克服難關才能達成目的。

(四)積極參與被投資事業的經營管理

與其它的傳統投資機構或控股公司比較，創業投資公司會積極地參與被投資事業的管理活動，而不以控制該事業的所有權爲目的。主要方式是直接參與被投資事業的經營，特別是成爲董事會的一員，協助被投資事業順利進行。傑克史派羅親自擔任執行長的角色、募集船員，積極參與被投資事業的經營管理

(五)相互信任與合作的關係

創業投資家與創業家之間的關係是要建立在相互信任與

合作的基礎上，一旦創業投資家決定將資金交由創業家來運用，而創業家也願意讓創業投資家共同參與經營，必然會有一共同目標和合作的共識，一起爲共同的利益而努力。二大主角威爾杜納與傑克史派羅雖各有最終目的，但都擁有共同目標：尋找鬼盜船。

創業投資事業組成的方式

創業投資事業歷經數十年的發展，已經成爲最具高報酬率的投資管道之一。今日創業投資事業來源已由早期的富商與銀行家擴大至多元化的管道與多樣化的經營型態。概括來說，目前創業投資事業組成的方式大致有以下幾種：

1.大公司附屬的創業投資事業

大型企業集團爲實現多角化經營或水平垂直整合的發展策略，成立專門負責創業投資事務的事業單位。如宏碁智融次集團主導宏碁集團的創業投資事業。

2.法人機構主導的創業投資事業

這一類公司大部份屬於有限合夥型態的組織，主要股東爲養老信託基金、退休基金、保險公司等大型法人機構。目的在追求資金的有效利用與報酬回收。

3.專業金融機構組合的創業投資事業

由於科技產業投資的專業性與重要性日益增加，遂形成以科技事業爲主要投資對象的專業金融機構與投資銀行，如中華開發信託銀行、交通銀行等，並進而籌組創業投資事業。

4.一般基金型的創業投資事業

此類創業投資事業是由專業基金經營團隊發起，資金來源主要經由公開市場向社會大眾集資，並接受金融管理機構的監督與管理。

5.私人所組成的創業投資事業

由富商、企業家及國外投資機構等共同出資組成的投資公司，籌備過程不公開，主要是經由私人人際網路關係所組成。

6.專門目的組成的創業投資事業

此類公司多是基於產業政策目的而設立的。例如 1994 年在台灣經濟部中小企業處政策與資金支持下，所組成的華陽中小企業開發公司。

若以核心主導導向來區分，組成的型態大約可分爲三類：(1)財團主導型：如宏大(宏碁電腦)、永豐餘(永豐餘集團)、漢華(華新麗華)、德和(凱聚，碧悠電子)等；(2)高科技管理人才主導型：如漢通(邱羅火，前工研院電子所所長)、建功(胡定華，前工研院副院長)、四通(洪星程，和通創投總經理)等；(3)關係網路主導型：如華陽(青年創業家協會)、普訊(青年總裁YPO 成員)。

若以經營方向而言，本個案屬於單純的引進特有技術，並吸收專家的投資管理經驗，屬於私人所組成的創業投資事業。威爾杜納暗戀依莉莎白史旺；傑克史派羅是依莉莎白史旺的救命恩人；威爾杜納希望透過傑克史派羅的專業指引找到鬼盜船救出暗戀對象依莉莎白史旺

創業投資事業與一般的集團企業在許多向度上有重大的差異，如表 12-1 所示。以本個案爲例，有下列特色：

1. 組成型態：由掌握特殊科技管理人才（傑克史派羅）主導；亦爲特定目的（威爾杜納希望透救出暗戀對象依莉莎白史旺）所成立。

2. 資金來源：爲個人投資（個案中爲徵用軍用船攔截者號）。

3. 創投公司決策權：創投公司經理人有較高投資決策權，原始發起人幾無主導地位。

4. 投資目的：以追求投資個案利益最大及快速回收爲目的。威爾杜納的目的是救出依莉莎白史旺；傑克史派羅的目的是重新奪回鬼盜船，享受往後的榮華富貴。

5. 投資評估決策模式：傑克史派羅擁有一套完整的策略評估模式；經營團隊技術因籌備工作時間極短，較難達成。

6. 競爭優勢：因爲人際關係網絡充份，可以有較高的彈性組成經營團隊。憑藉著對產業的專業知識可以逐步成功。

7. 劣勢：經營團隊技術因籌備工作時間極短，成員素質不一，各有各的心裡盤算，種下往後經營上的困擾。個案中成員被依莉莎白史旺救出後拒絕前往搭救威爾杜納。

管理型態

我國創業投資事業的基金管理型態主要可分爲三種：自行管理基金的創投公司、委託其他創投公司管理，以及委託基金管理公司管理，截至2000年底，台灣創投事業之基金管理型態以委託基金管理公司爲最多，如表12-2所示。以本個案爲例，屬於創投公司自行管理，由執行長傑克史派羅掌握人事、技術、工作流程、財務...。

表 12-1 創投公司與集團企業之比較

比較項目	創投公司	集團企業
組成型態	1.財團主導； 2.高科技管理人才主導； 3.為特定目的所成立。	1.階級凝聚； 2.資源互補； 3.財務掛帥。
資金來源	1.國內投資機構； 2.產業界； 3.個人投資。	1.財團內部資金較為充裕，不過也要視經營績效而定； 2.財團通常為上市公司，有較強之集資能力。
決策者	創投公司經理人有較高投資決策權。	其投資決策權受董事，股東等利益相關者影響甚深。
投資產業	以未上市的高科技產業為主。而此產業的一些特性會影響投資評估。	投資範圍較廣，且不同集團可能對投資的產業有不同的偏好也有相當差異的投資策略。
投資目的	以追求投資個案利益最大及快速回收為目的。不以取得公司經營權為目的，參與管理也只站在顧問的角色。	1.以追求集團企業整體利益最大化，而不完全以投資個案的最大利益為主。所以在投資考量上，和其它分子公司間的綜效也很重要； 2.進入新行業； 3.控股為目的，使其能為財團帶來長期投資利潤。
投資評估決策模式	1.有一套完整的策略評估模式； 2.重視經營團隊產品技術。	1.一般性投資計劃評估； 2.重視財務評估。
競爭優勢	1.科技產業內的網路關係； 2.對科技產業的專業知識； 3.有較高的彈性。	1.豐沛的資源(人才，資金，管理技術和資訊)，是其投資的最大利器； 2.投資在關連性產業上能取得綜效，建立優勢。
劣勢	1.創業投資產業近年成長過劇，競爭流於惡性； 2.創業投資人才的培養不易。	1.有交易成本，代理成本，控制幅度過大的問題； 2.核心企業轉變，集團轉型，包袱也會造成問題。

資料來源：簡家業，「創業投資公司與集團企業於投資程度之比較」，中山大學企研所碩士論文，民 87 年，經修改得。

表 12-2 創投基金管理型態分析表　　單位：%

管理型態	創投公司自行管理基金	委託其他創業投資公司管理	委託基金管理公司管理	總計
家數	15	6	51	72
比例	20.83	8.33	70.83	100

資料來源：台北市創投商業同業工會，1998 年 5 月 20 日創投通報第 19 號。

天使投資人、魔鬼報酬

創業投資事業之所以在近年來風起雲湧，皆拜其存在高潛在獲利可能性所賜。任何高科技公司，從創業(初次集資)到最終上市，中間會經歷數個集資的階段。創業時的資金，部份從熟人、朋友或是其他網路關係個人得來。美國有專門投資創業初期的公司的投資人，一般稱爲「天使投資人」(Angel Investor)。稱呼這些人爲**「天使投資人」**，是因爲**他們適時在財務上或關鍵技術上（航行技術與航道識別）伸出援手，對於年輕又有熱情的創業家們，就如同天使一般。**

另外，由於他們本身對於關鍵技術或市場狀況了解深入，很快就能做成投資決定，「快、狠、準」十足是他們獨到眼光的最佳寫照。創投公司的本質是管理基金，通常會要求被投資的創業家提出具體可行的營運計劃與市場分析。所以對於創業家來說，「天使投資人」的援助就相對更爲優先考慮。在本個案中「天使投資人」就是『傑克史派羅』。

不過，如果誤以爲「天使投資人」是慈善家的話，那就錯了。他們一樣存在強烈的獲利動機，而且越早介入一個創業機會，賺的利潤可能越高。以美國矽谷目前成功的網路公司而言，通常從創業到上市所需的時間約只花 18～24 個月之間。一般在上市之前，會有 3～4 次的融資需求。「天使投資人」在初期介入，報酬率可能高達 25～100 倍，如果在上市前才介入，投資報酬可能只有 3～5 倍。高報酬當然依附著高風險，若依照投資事業各階段的預期報酬率與風險損失劃分，早期投入資產的預期報酬率與風險越高，如表 12-3 所示。「天使投資人」傑克史派羅幫助威爾的的目的，其實是奪取寶藏與原先屬於他的船隊。然而他必須冒著被英軍通緝與被鬼盜傳殺害的雙重風險。

表 12-3 投資事業各階段預期投資報酬率與風險損失

投資期別	預期投資報酬率	風險損失
種子階段	50%以上	60%
創建階段	46%-60%	50%
成長階段	30%-50%	35%
擴張階段	25%-50%	20%
成熟階段	20%-40%	15%

資料來源：同表 12-2。

創投公司的資本募集與投資決策

一、創業投資事業的投資過程

在有關創投公司投資過程的研究中，以 Tyebjee & Bruno 所提出的「創業投資家投資活動模式」最受到重視，他們將創業投資活動分爲五個階段：[26]

第一階段：取得投資案

標的公司由於規模小、成立時間不長，所以不容易判斷其是否具有發展潛力。所以經由他人介紹是創投公司取得投資案的常見方式，只有 25.6%的投資案是創業者自行提出的，另外有高達 65%的投資案是由其他創投公司或先前的被投資公司所介紹的。威爾杜納與傑克原本正邪不同不相爲謀，卻因爲有共同目標一追回海盜而相識。

第二階段：篩選投資案

[26] Tyebjee, Tyzoon T. and Albert V. Bruno，1984, "A Model of Venture Capitalist Investment Activity," *Management Science*, Vol. 30, No. 9, pp. 1051-1066.

一段創投公司的員工人數不多，卻要篩選眾多的投資方案，因此一般而言傾向選擇自己所熟悉的領域。但每一家創投公司篩選標的公司的條件並不全然相同。傑克向威爾介紹一些創業伙伴，也協助他初步分析了創業規劃。

第三階段：評估投資案

由於標的公司階成立不久，因此創投公司通常會要求標的公司提出營運計劃書，並以此作爲決定投資與否的重要依據。創投公司常以產品的市場性估計預期報酬，並以管理者的能力及所處產業狀況評估投資風險，再主觀地判斷投資與否。傑克發現其目的（重新奪回鬼盜船）與威爾杜納的目的（救出依莉莎白史旺）不衝突，因此可以進行此一創業規劃。

第四階段：合資協議

只要創投公司覺得投資方案可行，便會進入合資階段。創投公司在此時所重視的是交易的金額，以及所取得的持股比率（或利益分配）；同時，會爭取在契約中明定保障創投公司權益的條款，如擁有更換經理人的權利、增資前需得到創投公司的同意等條款。傑克、威爾與其它的創業伙伴分別提出創業要求，如有人提出傑克需歸還上次所欠的一艘船（長期債務）等。

第五階段：投資後活動

爲了降低投資失敗的風險，創投公司會適度監督被投資公司的經營管理。不同的創投公司，監督的方式及頻率不太相同。如果被投資公司發生危機，創投公司可能會適時介入，更換或增加管理團隊的成員或經營方向。例如傑克偷取金幣以確定自己可以不死以面對鬼盜船船長的挑戰、配合威爾杜納的血祭用唯一的一顆子彈殺死鬼盜船船長。

圖 12-1 創業投資事業之網路結構示意圖

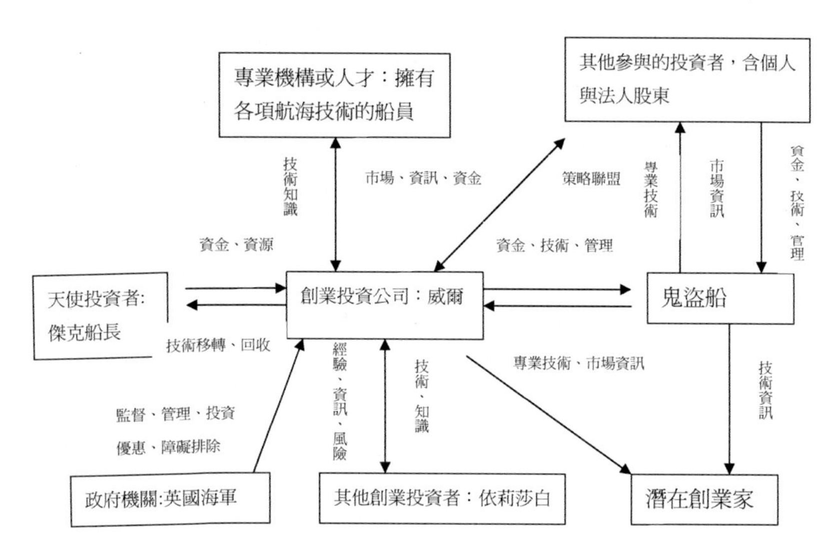

管理意涵

創業投資事業歷經數十年的發展，已經成爲最具高報酬率的投資管道之一。今日創業投資事業來源已擴大至多元化的管道與多樣化的經營型態。經由個案的討論，我們可以歸納幾個令創業投資成功的關鍵因素：

1. 創業投資所從事的投資活動是結合了創業基金、資訊（在本個案中爲：知道鬼盜船可能行蹤）、技術（航海知識）、市場、人才（募集專業船員）及專業管理能力（領導船員達成目標）等要素，提供各種專業性技術附加價值，才能成功地完成風險性的投資行動。

2. 創業投資家與創業家之間的關係是要建立在相互信任與

合作的基礎上，一旦創業投資家決定將資金交由創業家來運用，而創業家也願意讓創業投資家共同參與經營，必然會有一共同目標和合作的共識，一起爲共同的利益而努力。個案中威爾杜納與傑克史派羅雖各有最終目的，但都擁有共同目標：尋找鬼盜船。

3. 「天使投資人」，是因爲他們適時在財務上或關鍵技術上（航行技術與航道識別）伸出援手，對於年輕又有熱情的創業家們，就如同天使一般。「天使投資人」並非是慈善家，他們一樣存在強烈的獲利動機，而且越早介入一個創業機會，賺的利潤可能越高。

4. 如果被投資公司發生危機，創投公司可能會適時介入，更換或增加管理團隊的成員或經營方向，以確保創業投資的成功。

參考文獻

1. 台北市創投商業同業工會，1998 年 5 月 20 日創投通報第 19 號。
2. 張宮熊，2004，現代財務管理，第四版，新文京出版社。
3. 簡家業，1998，創業投資公司與集團企業於投資程度之比較，中山大學企研所碩士論文。
4. 劉常勇，1997，創業投資評估決策程序，會計研究月刊 134 期。
5. Tyebjee, Tyzoon T. and Albert V. Bruno，1984, “A Model of Venture Capitalist Investment Activity,” *Management Science*，Vol. 30, No. 9, pp. 1051-1066.

國家圖書館出版品預行編目資料

爆米花財務學：看電影學財務 / 張宮熊著.
--初版. -- 高雄市：玲果國際文化, 2009.09
面；14.8×20公分
ISBN 978-986-83029-1-4 (平裝)
1. 財務管理 2. 通俗作品
494.7　　98015835

爆米花財務學－看電影學財務

作　　者◎張宮熊
出 版 人◎王艷玲
出 版 者◎玲果國際文化事業有限公司
Lingo International Culture Co. Ltd.
地　　址◎804 高雄市鼓山區大順一路1041巷3號3樓
電　　話◎+886-7-5525715
E－Mail◎littlebear419@yahoo.com.tw
網　　址◎www.mybears.com.tw
劃撥帳號◎42122061　戶名：王艷玲

總經銷揚智文化事業股份有限公司
地　　址◎222 台北縣深坑鄉北深路三段260號8樓
電　　話◎+886-2-86626826 FAX:+886-2-26647633
E－Mail◎service@ycrc.com.tw
網　　址◎www.ycrc.com.tw

印刷裝訂宏冠數位印刷
ISBN 978-986-83029-1-4 （平裝）
書　　號◎FC001
出版日期2009年9月 初版一刷
定　　價◎新台幣280元整
Printed in Taiwan